LTE
无线网络优化实践

LTE Wireless Network Optimization Practice

（第2版）

▶ 张守国　周海骄　雷志纯　等／编著

U0191159

人民邮电出版社
北京

图书在版编目（CIP）数据

LTE无线网络优化实践 / 张守国等编著. -- 2版. --
北京：人民邮电出版社，2018.4
ISBN 978-7-115-47733-0

Ⅰ. ①L… Ⅱ. ①张… Ⅲ. ①无线电通信－移动网－
最佳化 Ⅳ. ①TN929.5

中国版本图书馆CIP数据核字(2018)第003827号

内 容 提 要

本书从 LTE 无线网络优化基本原理的角度出发，侧重于 LTE 无线网络优化实施中遇到的常见知识点和网络问题优化方法的介绍，涵盖了基本理论基础、参数规划、信令流程、性能分析等方面的内容。本书首先回顾了 LTE 网络结构、空中接口、关键技术、接口协议、主要参数的规划原则，使得读者对 LTE 基本原理有进一步的了解。随后本书通过对信令流程的介绍，使读者对移动台和网络的寻呼过程、业务建立过程、切换过程、载波聚合、VoLTE 等信令传输过程有一个比较全面的认识。接下来本书重点对 LTE 常见问题的分析思路进行了介绍，力求让读者掌握 LTE 无线网络问题的基本分析思路和方法，在实践运用中能够举一反三。

本书根据作者自身多年的移动网络优化经验，结合运营商的需求以及设备厂商优化维护人员的建议进行编写，对 LTE 常见问题的优化思路和方法进行了重点介绍，适合于 LTE 优化维护人员阅读和进阶使用。

♦ 编　　著　　张守国　周海骄　雷志纯　等
　　责任编辑　李　强
　　责任印制　彭志环

♦ 人民邮电出版社出版发行　　北京市丰台区成寿寺路 11 号
　　邮编　100164　　电子邮件　315@ptpress.com.cn
　　网址　http://www.ptpress.com.cn
　　北京七彩京通数码快印有限公司印刷

♦ 开本：787×1092　1/16
　　印张：16.75　　　　　　　　　2018 年 4 月第 2 版
　　字数：354 千字　　　　　　　 2024 年 8 月北京第 13 次印刷

定价：85.00 元

读者服务热线：(010)53913866　印装质量热线：(010)81055316
反盗版热线：(010)81055315
广告经营许可证：京东市监广登字20170147号

随着中国 LTE 网络的建设和完善，用户和网络负荷的增加，LTE 网络质量也面临着前所未有的挑战。与 2G、3G 网络优化相比，LTE 网络优化既有相同点又有不同点，相同的是宏观优化思路，如都需要进行覆盖优化、干扰排查、参数调整等，不同的是具体的优化方法和优化对象。本书结合一线 LTE 网络优化维护人员的需求，着重介绍了 LTE 信令流程、关键消息内容、参数规划原则、问题分析思路、定位方法等。本书在内容编排时也进行了删减，篇幅方面也有所控制，目的侧重于适用性，突出网络优化方面的内容。

第 1 章首先回顾了 LTE 网络基本理论知识，对 LTE 物理层、协议栈等进行了介绍。第 2 章介绍了主叫业务过程、被叫业务建立过程、不连续接收技术 DRX、切换过程等，对流程中的相关消息和参数进行了解释。第 3 章重点介绍了 CSFB 和 VoLTE 网络结构、功能以及信令流程。第 4 章介绍了编号规则、PCI 规划、PRACH 规划、TA 规划、邻区规划的方法和原则。第 5 章介绍了常见 LTE 网络问题产生的原因、优化思路和流程，主要围绕 LTE 网络覆盖优化、干扰分析与排查、接入问题优化、掉线优化、切换问题优化、吞吐率优化 6 个维度展开。第 6 章介绍了 LTE 混合组网、系统间互操作、地铁隧道优化的总体原则。本书结合实践，对与日常优化紧密相关的基础知识进行了深入浅出的介绍，在此基础上着重对 LTE 网络常见问题的优化思路进行详细描述，可以在 LTE 优化维护人员遇到问题时提供参考和指导。

在此非常感谢参与本书编写的浙江省电信公司的李曙海、沈保华，华信咨询设计研究院有限公司同事给予的帮助。同时也非常感谢浙江移动杭州分公司网络部和华信咨询设计研究院有限公司领导给予的指导和支持。本书责任编辑也给予了大力支持和辛勤付出，在此深表感谢！

由于作者水平有限，书中难免存在疏漏和错误之处，敬请各位读者和专家批评指正。意见和建议可反馈至作者邮箱:zhangsghz@139.com。

张守国

2018 年 3 月于杭州

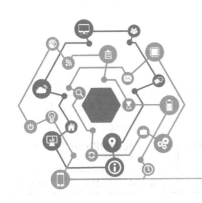

第1章　网络概述

LTE 是由 3GPP 组织制定的 UMTS 技术标准的长期演进，于 2004 年 12 月在多伦多召开的 3GPP TSG RAN#26 会议上正式立项并启动。LTE 系统引入了 OFDM 和 MIMO 等关键传输技术，显著增加了频谱效率和数据传输速率，支持 1.4MHz、3MHz、5MHz、10MHz、15MHz 和 20MHz 等多种带宽分配，且支持全球主流 2/3G 频段和一些新增频段，因而频谱分配更加灵活，系统容量显著增加。LTE 系统网络架构更加扁平化、简单化，减少了网络节点和系统复杂度，从而减小了系统时延，改善了用户体验，可开展更多业务，降低了网络部署和维护成本。

LTE 系统有两种制式：FDD-LTE 和 TDD-LTE，即频分双工 LTE 系统和时分双工 LTE 系统。FDD-LTE 和 TDD-LTE 相比，主要差别在于空中接口的物理层上，FDD-LTE 系统空口上下行传输采用一对对称的频段接收和发送数据，而 TDD-LTE 系统上下行则使用相同的频段在不同的时隙上传输。高层信令除了 MAC 和 RRC 层有少量差别，其他方面基本一致。表 1-1 为 TDD-LTE 和 FDD-LTE 的主要技术对比。

表 1-1　　　　　　　　　　　TDD-LTE 和 FDD-LTE 技术对比

名称	时分双工（TDD-LTE）	频分双工（FDD-LTE）
信道带宽配置灵活	1.4、3、5、10、15、20	1.4、3、5、10、15、20
多址方式	DL：OFDMA； UL：SC-FDMA	DL：OFDMA； UL：SC-FDMA
编码方式	卷积码、Turbo 码	卷积码、Turbo 码
调制方式	QPSK、16QAM、64QAM	QPSK、16QAM、64QAM
功控方式	开闭环结合	开闭环结合
语音解决方案	CSFB/SRVCC	CSFB/SRVCC
帧结构	Type2	Type1
子帧上下行配置	多种子帧上下行配比组合	子帧全部上行或下行
重传（HARQ）	进程数、时延与上下行配比有关	进程数与时延固定
同步	主辅同步信号符号位置不连续	主辅同步信号位置连续
天线	自然支持 AAS	不能很方便地支持 AAS
波束赋形	支持（基于上下行信道互易性）	未商用（无上下行信道互易性）
随机接入前导	Format 0~4，且一个子帧中可以传输多个随机接入资源	Format 0~3

续表

名称	时分双工（TDD-LTE）	频分双工（FDD-LTE）
参考信号	DL：支持 UE 专用 RS 和小区专用 RS； UL：支持 DMRS 和 SRS，SRS 可以位于 UpPTS 信道	DL：仅支持小区专用 RS； UL：支持 DMRS 和 SRS，SRS 位于业务子帧中
MIMO 模式	支持 TM1～TM8，常用 TM2，3，7，8	支持 TM1～TM6，常用 TM2，3

1.1 网络结构

LTE 系统架构分两部分：演进的核心网（EPC）和演进的接入网（E-UTRAN），EPC 和 E-UTRAN 合在一起称为演进的分组系统（EPS）。演进的接入网由 eNode B 组成，去掉了 2/3G 中的 BSC/RNC 功能实体，使得网络更扁平化，减少控制面和用户面的传输时延。演进的分组核心网（EPC）主要包括移动管理实体（MME）、业务网关（Serving GW）、分组数据网关（PDN GW）、归属用户服务器（HSS）和策略与计费规则功能单元（PCRF）。EPS 的网络结构如图 1-1 所示，功能实体划分如图 1-2 所示。

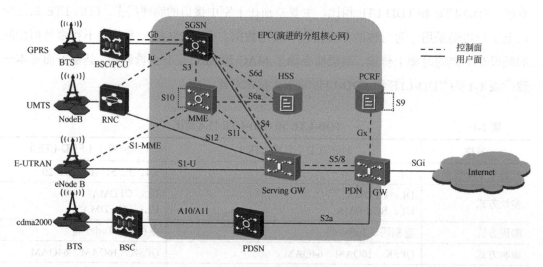

图 1-1 EPS 网络结构

eNode B：提供到 UE 的 E-UTRAN 控制面与用户面的协议终止点，eNode B 具有 NodeB 全部和 RNC 大部分的功能。eNode B 支持的主要功能分为：无线资源管理功能、终端附着时 MME 的选择、寻呼消息调度与传输、系统广播消息调度与传输、信道编解码、调制与解调、SON 功能等。eNode B 和 UE 之间的接口为 Uu 接口，eNode B 之间通过 X2 接口连接，eNode B 与 EPC 之间通过 S1 接口连接。S1 接口又分为 S1-MME 和 S1-U 两类，其中 S1-U 为 eNode B 与 S-GW 的用户面接口，S1-MME 为 eNode B 与 MME 的控制面接口，采用 S1-AP 协议，类似于 UMTS 网络中的无线网络层的控制部分，主要完成 S1 接口的无线接入承载控制、操作维护等功能。

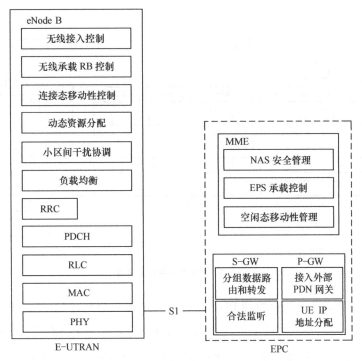

图 1-2 功能实体划分示意

MME：移动管理实体是处理 UE 与核心网络间信令交互的控制点，在 UE 和核心网间执行的协议栈称为非接入层协议（NAS）。MME 支持的主要功能分为：EPS 承载的建立、维护和释放相关的管理功能，由 NAS 协议中的会话管理层来执行；负责空闲态移动性管理，如寻呼、TAU 更新；与连接相关的功能，包括用户鉴权和密钥管理、漫游控制、NAS 层信令的加密、S-GW 选择；与其他网络交互相关的功能，包括切换语音到 2/3G 网络。MME 之间通过 S10 接口连接，MME 与 S-GW 通过 S11 接口连接，MME 与 HSS 通过 S6a 接口连接。

S-GW：主要负责 UE 用户面数据的路由和转发。当用户在 eNode B 间移动时，S-GW 作为数据承载的本地移动锚点。当用户处于 ECM-IDLE 空闲状态时，S-GW 将保留承载信息并将接收到的下行数据缓存。此外，S-GW 在拜访网络执行一些管理职能，如收集计费信息及合法监听等。S-GW 与 P-GW 通过 S5/8 连接（漫游时 S-GW 与 P-GW 通过 S8 连接）。除切换外，对于每个与 EPS 系统相关联的 UE，每个时刻仅有一个 S-GW 为之服务。

P-GW：负责用户 IP 地址分配、速率限制，分组数据的路由选择和转发并根据 PCRF 规则进行基于流量的计费，作为 3GPP 和非 3GPP 网络间的移动性锚点，接入外部 PDN 的网关。P-GW 和外部数据网络（如互联网、IMS 等）的接口为 SGi，P-GW 和 PCRF 的接口为 Gx 接口。

LTE 核心网引入 MME 和 Serving GW 后，实现了用户面与控制面的分离。控制面信令流和用户面数据流路由如图 1-3 所示。

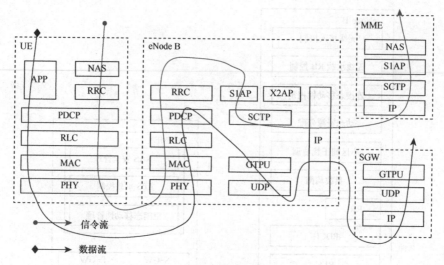

图 1-3　控制面和用户面分离

PCRF：主要负责业务数据流和 IP 承载资源的 QoS 策略与计费控制策略的制定。PCRF 间通过 S9 接口连接。非漫游场景下，在 HPLMN 中只有一个 PCRF 与 UE 的 IP 连接访问网络（IP-CAN）会话相关；漫游场景下，在业务流量 Local Breakout 时，有两个 PCRF 与一个 UE 的 IP-CAN 会话相关。

HSS：主要负责存储 LTE/SAE 网络中所有与业务相关的用户数据，如所归属 EPS 的 QoS 配置信息和用户漫游时的接入限制，保留用户可以连接的 PDN 信息。此外，HSS 还保存用户当前连接或注册的移动性管理实体标识等动态信息。

UE：用户终端，Release8 和 Release9 版本中分 5 个等级，Release10 版本新增加 3 个终端等级。不同等级终端支持的调制方式和接收 MIMO 空间复用的层数量见表 1-2。

表 1-2　　　　　　　　　　　　　　　　　　UE 类型定义

基本参数	UE 类别（Release8 和 Release9）				
	1	2	3	4	5
最大下行数据速率（Mbit/s）	10	50	100	150	300
最大上行数据速率（Mbit/s）	5	25	50	50	75
所需接收天线数量	2	2	2	2	4
所支持的下行 MIMO 流的数量	1	2	2	2	4
下行对 64QAM 的支持	√	√	√	√	√
上行对 64QAM 的支持	×	×	×	×	√
基本参数	UE 类别（Release10）		
	6	7	8
最大下行数据速率（Mbit/s）	300	300	3 000
最大上行数据速率（Mbit/s）	50	100	1 500
下行支持的 MIMO 层数	2、4	2、4	8

基本参数	UE 类别（Release 10）		
	6	7	8
上行支持的 MIMO 层数	1、2、4	1、2、4	4
下行对 64QAM 的支持	√	√	√
上行对 64QAM 的支持	×	×	√

1.2　频谱划分

　　LTE 支持全球 2/3G 主流频段，同时支持一些新增频段。目前 LTE 在不同频带的一个较宽的范围内进行定义，每一个频带都具有一个或多个独立的载波。对于 FDD-LTE，实际上并没有定义双工分离，而是典型的上下行一对载波处于它们各自频带的一个相似位置。LTE 的频段定义见表 1-3。

表 1-3　　　　　　　　　　　　　　LTE 频段定义

频段	上行（MHz）	下行（MHz）	模式
1	1 920～1 980	2 110～2 170	
2	1 850～1 910	1 930～1 990	
3	1 710～1 785	1 805～1 880	
4	1 710～1 755	2 110～2 155	
5	824～849	869～894	
6	830～840	875～885	
7	2 500～2 570	2 620～2 690	
8	880～915	925～960	
9	1 749.9～1 784.9	1 844.9～1 879.9	
10	1 710～1 770	2 110～2 170	FDD
11	1 427.9～1 447.9	1 475.9～1 495.9	
12	698～716	728～746	
13	777～787	746～756	
14	788～798	758～768	
17	704～716	734～746	
18	815～830	860～875	
19	830～845	875～890	
20	832～862	791～821	
21	1 447.9～1 462.9	1 495.9～1 510.9	
24	1 626.5～1 660.5	1 525～1 559	

频段	上行（MHz）	下行（MHz）	模式
33	1 900～1 920	1 900～1 920	TDD
34	2 010～2 025	2 010～2 025	
35	1 850～1 910	1 850～1 910	
36	1 930～1 990	1 930～1 990	
37	1 910～1 930	1 910～1 930	
38	2 570～2 620	2 570～2 620	
39	1 880～1 920	1 880～1 920	
40	2 300～2 400	2 300～2 400	
41	2 496～2 690	2 496～2 690	
42	3 400～3 600	3 400～3 600	
43	3 600～3 800	3 600～3 800	

注：频段 6 没有被使用。

一方面，对于这些频段来说，物理层规范和许多 RF 要求是相同的，但针对 UE RF 规范，这条规则存在一些例外情况。另一方面，由于基站的限制条件非常少，因而通常以一种频段不可知的方式对 eNode B 射频（RF）要求进行定义。即使出现新的要求，增加 LTE 频段也很容易，且只会影响到 RF 规范的独立部分。

LTE 承载带宽是根据信道带宽（$BW_{Channel}$）和传输带宽配置（N_{RB}）理论进行定义的，如图 1-4 所示。

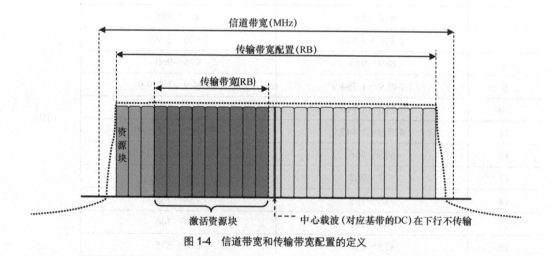

图 1-4 信道带宽和传输带宽配置的定义

传输带宽配置（N_{RB}）定义为在 LTE 信道中分配的最大资源块（RB）数。一个资源块（RB）包含 12 个子载波，它占用 180kHz 的标称带宽。尽管规范定义的传输带宽配置（N_{RB}）支持 $6 \leqslant N_{RB} \leqslant 110$ 范围内的任何值，实际中 RF 要求只能使用表 1-4 中定义的值。

表 1-4　　　　　　　　　　LTE 信道带宽中的传输带宽配置（N_{RB}）

信道带宽 $BW_{Channel}$（MHz）	1.4	3	5	10	15	20
传输带宽配置 N_{RB}	6	15	25	50	75	100

不是所有的 LTE 频段与信道带宽的组合方案都是有意义的。表 1-5 给出了标准所支持的组合，这些组合是建立在来自于运营商使用情况的基础上。需要注意的是，在表 1-5 中，如果方案具有较高的信道带宽，则标准会在更多的可用频谱内支持该方案。例如：在频段 1、2、3、4 内，标准支持带宽为 20MHz 的 LTE；但在频段 5 和 8 内，标准不支持带宽为 20MHz 的 LTE。反过来，当 LTE 的信道带宽低于 5MHz 时，标准会在较少的可用频谱（如频段 5 和 8）内支持该方案，或者在具有 2G 迁移场景的频段（如频段 2、5、8）内支持该方案。

表 1-5　　标准所支持的具有标准灵敏度（"X"）和松弛灵敏度（"O"）的传输带宽

频段	1.4MHz	3MHz	5MHz	10MHz	15MHz	20MHz
1			X	X	X	X
2	X	X	X	X	O	O
3	X	X	X	X	O	O
4	X	X	X	X	X	X
5	X		X	O		
6			X	O		
7			X	X	X	O
8	X	X	X	O		
9			X	X	O	O
10			X	X	X	X
11			X	O	O	O
12						
13	X	X	O	O		
14	X	X	O	O		
17						
...						
33			X	X	X	X
34			X	X	X	X
35	X	X	X	X	X	X
36	X	X	X	X	X	X
37			X	X	X	X
38			X	X	X	X
39			X	X	X	X
40			X	X	X	X
41			X	X	X	X
42			X	X	X	X
43			X	X	X	X

表 1-6 为目前国内各运营商频率使用情况。

表 1-6　　　　　　　　　　　　国内运营商频率使用情况

运营商	频段	上行频率（MHz）	下行频率（MHz）	制式
中国移动	3	1 710～1 735	1 805～1 830	DCS 1800
	8	890～909	935～954	PGSM900
	8	880～890	925～935	EGSM900
	34	2 010～2 025	2 010～2 025	TD-SCDMA[A]
	38	2 575～2 635	2 575～2 635	TDD-LTE[D]
	39	1 880～1 900	1 880～1 900	TD-S/TD-L[F]
	40	2 320～2 370	2 320～2 370	TDD-LTE[E]
中国电信	1	1 920～1 935	2 110～2 125	FDD-LTE
	5	824～825	869～870	CDMA800
	5	825～835	870～880	CDMA800
	40	2 370～2 390	2 370～2 390	TDD-LTE
	41	2 635～2 655	2 635～2 655	TDD-LTE
中国联通	1	1 940～1 955	2 130～2 145	UMTS 2.1G
	3	1 735～1 755	1 830～1 850	DCS1800
	8	909～915	954～960	PGSM900
	40	2 300～2 320	2 300～2 320	TDD-LTE
	41	2 555～2 575	2 555～2 575	TDD-LTE

对 LTE 而言，上、下行载波频率用绝对频点 EARFCN 表示，取值范围为 0～65 535。绝对频点 EARFCN 计算公式如下：

$$F_{DL}=F_{DL\_low}+0.1\times(N_{DL}-N_{Offs-DL})$$

$$F_{UL}=F_{UL\_low}+0.1\times(N_{UL}-N_{Offs-UL})$$

式中，F_{DL}、F_{UL} 分别为下行和上行中心频率，N_{DL}、N_{UL} 分别为下行和上行绝对频点。详细描述可参考 3GPP 36.104。LTE 常用频带和绝对频点对应关系见表 1-7。

表 1-7　　　　　　　　　　　　常用频带和频点对应关系

频段	上行			下行		
	F_{UL_low} [MHz]	$N_{Offs-UL}$	Range of N_{UL}	F_{DL_low} [MHz]	$N_{Offs-DL}$	Range of N_{DL}
1	1 920	18 000	18 000～18 599	2 110	0	0～599
2	1 850	18 600	18 600～19 199	1 930	600	600～1 199
3	1 710	19 200	19 200～19 949	1 805	1 200	1 200～1 949
4	1 710	19 950	19 950～20 399	2 110	1 950	1 950～2 399
5	824	20 400	20 400～20 649	869	2 400	2 400～2 649
6	830	20 650	20 650～20 749	875	2 650	2 650～2 749
7	2 500	20 750	20 750～21 449	2 620	2 750	2 750～3 449

频段	上行			下行		
	F_{UL_low} [MHz]	$N_{Offs-UL}$	Range of N_{UL}	F_{DL_low} [MHz]	$N_{Offs-DL}$	Range of N_{DL}
8	880	21 450	21 450～21 799	925	3 450	3 450～3 799
9	1 749.9	21 800	21 800～22 149	1 844.9	3 800	3 800～4 149
10	1 710	22 150	22 150～22 749	2 110	4 150	4 150～4 749
11	1 427.9	22 750	22 750～22 949	1 475.9	4 750	4 750～4 949
12	698	23 000	23 000～23 179	728	5 000	5 000～5 179
13	777	23 180	23 180～23 279	746	5 180	5 180～5 279
14	788	23 280	23 280～23 379	758	5 280	5 280～5 379
...						
17	704	23 730	23 730～23 849	734	5 730	5 730～5 849
18	815	23 850	23 850～23 999	860	5 850	5 850～5 999
19	830	24 000	24 000～24 149	875	6 000	6 000～6 149
20	832	24 150	24 150～24 449	791	6 150	6 150～6 449
21	1 447.9	24 450	24 450～24 599	1 495.9	6 450	6 450～6 599
...						
33	1 900	36 000	36 000～36 199	1 900	36 000	36 000～36 199
34	2 010	36 200	36 200～36 349	2 010	36 200	36 200～36 349
35	1 850	36 350	36 350～36 949	1 850	36 350	36 350～36 949
36	1 930	36 950	36 950～37 549	1 930	36 950	36 950～37 549
37	1 910	37 550	37 550～37 749	1 910	37 550	37 550～37 749
38[D]	2 570	37 750	37 750～38 249	2 570	37 750	37 750～38 249
39[F]	1 880	38 250	38 250～38 649	1 880	38 250	38 250～38 649
40[E]	2 300	38 650	38 650～39 649	2 300	38 650	38 650～39 649

1.3　无线帧结构

　　LTE 分 TDD 和 FDD 两种不同的双工方式，分别对应不同的无线帧结构。FDD 采用频率来区分上、下行，其单方向的资源在时间上连续；而 TDD 则采用时间来区分上、下行，其单方向的资源在时间上不连续，而且需要保护时间间隔，避免两个方向之间的收发干扰，所以 LTE 分别为 FDD 和 TDD 设计了各自的帧结构。

　　FDD-LTE 帧是长度为 10ms 的无线帧，由 10 个长度为 1ms 的子帧组成，每个子帧由两个长度为 0.5ms 的时隙构成，每个时隙内含有 7 个 OFDM 符号（常规 CP）或 6 个 OFDM 符号（扩展 CP），时域的基本单位 $T_s=1/$（15 000×2 048）s=0.032 55μs，基带采样率 $f_s=1/T_s=$ 30.72MHz。FDD-LTE 的帧结构如图 1-5 所示。

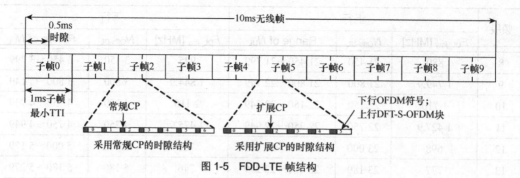

图 1-5　FDD-LTE 帧结构

LTE 时隙结构如图 1-6 所示。每个时隙由一定数量的 OFDM 符号加上相应的循环前缀（CP）组成，OFDM 的符号时间定义为可用符号时间和循环前缀的长度之和。LTE 系统定义了两种循环前缀（CP），即常规 CP 和扩展 CP，分别相当于每个时隙有 7 个和 6 个 OFDM 符号。在常规 CP 中，每个时隙的第一个 OFDM 符号的 CP 比其余 OFDM 符号的 CP 长，这样做是为了将 0.5ms 的时隙完全填充，因为一个时隙的时间单位 T_s 数（15 360）不能被 7 整除。

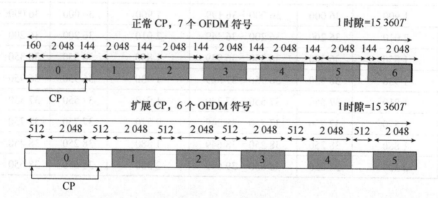

图 1-6　LTE 时隙结构

LTE 系统定义了两种 CP，主要有以下两个方面的原因。第一，虽然从总体的开销上来说，扩展 CP 的效率更低，但在具有很大时延扩展的环境中，例如，在覆盖海面范围很大的小区中，长的 CP 对信道的估计更为准确；第二，在基于 MBSFN 的多播/广播传输中，CP 不仅应覆盖传输信道的大部分时延扩展，还应能够屏蔽由于不同基站传输所带来的时间差异，因此，在 MBSFN 系统的实际操作中，也需要额外的 CP。

在系统设计时，要求 CP 长度大于无线信道的最大时延扩展，而时延扩展与小区半径和无线信道传播环境相关。通常用均方根（Root Mean Square，RMS）多径延迟扩展 τ_{rms} 来描述功率延迟分布情况，τ_{rms} 公式定义如下：

$$\tau_{rms} = T_1 d^\varepsilon y$$

其中，T_1 表示 1km 距离 RMS 时延扩展中值，d 表示小区半径，y 表示阴影衰落余量，多径时延扩展 τ_{rms} 随着小区半径的增加而增加。表 1-8 给出了不同小区半径 d，在 4 种传播环境下，包含 90% 能量的 rms 时延扩展值（μs）。

表 1-8　　　　　　　　　　　　　　　　　RMS 时延扩展

		不同小区半径 d（km）下，包含 90% 能量 RMS 时延扩展值（μs）			
		市区	郊区	农村	山区
环境		$T_1=1.0$, $\varepsilon=0.5$, $\sigma_y=2.0$dB	$T_1=0.3$, $\varepsilon=0.5$, $\sigma_y=2.0$dB	$T_1=0.1$, $\varepsilon=0.5$, $\sigma_y=2.0$dB	$T_1=0.5$, $\varepsilon=1.0$, $\sigma_y=2.0$dB
小区半径， d（km）	3km	2.5	0.8	0.25	1.9
	5km	3.2	1.0	0.32	3.2
	10km	4.6	1.4	0.46	6.3

注：σ_y 表示阴影衰落标准差。

正常 CP：正常 CP 有 7 个 OFDM 符号，第 1 个 OFDM 符号的 CP 长度是 5.21μs，第 2 到第 7 个 OFDM 符号的 CP 长度是 4.69μs，正常 CP 可以在 1.4km 的时延扩展范围内提供抗多径保护能力，适用于市区、郊区、农村以及小区半径低于 5km 的山区环境。

扩展 CP：扩展 CP 有 6 个 OFDM 符号，每个 OFDM 符号的 CP 长度均是 16.67μs，扩展 CP 可以在 5km 的时延扩展范围内提供抗多径保护能力，适用于覆盖距离大于 5km 的山区环境以及需要超远距离覆盖的海面和沙漠等环境。

TDD-LTE 帧结构也是一个长度为 10ms 的无线帧，由两个 5ms 的半帧构成，每个半帧由 5 个 1ms 的子帧组成。子帧又分为常规子帧（由两个 0.5ms 的时隙构成）和特殊子帧，特殊子帧由 DwPTS、GP 以及 UpPTS 构成。TDD 支持 5ms 和 10ms 两种上下行切换点周期。TDD-LTE 帧结构如图 1-7 所示。

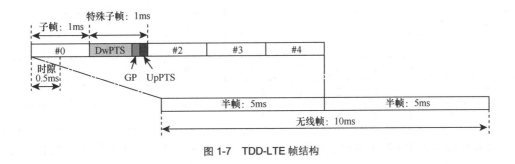

图 1-7　TDD-LTE 帧结构

TDD 帧结构有 7 种时隙配置，如表 1-9 所示。其中，子帧 0 和 5 固定为下行传输，其他子帧可以灵活配置，既可以用于上行传输也可以用于下行传输。之所以将子帧 0 和子帧

5 设置为下行传输是因为它们通常包含了 LTE 系统的同步信息，这些同步信息在每个小区的下行连续重复传输，用于初始小区搜索和邻小区搜索。

TDD 子帧配置的灵活性使其上下行子帧数具有很大的不对称性，为了避免相邻小区间上下行传输之间的严重干扰，上下行子帧分配不建议经常性地剧烈变化，但是可以较为缓慢地改变，以适应不同流量的特点，比如上下行数据量非对称性地改变。

表 1-9 中 D 代表此子帧用于下行传输，U 代表此子帧用于上行传输，S 代表特殊时隙，特殊时隙由 DwPTS、GP、UpPTS 组成，其时隙长度有 9 种形式配置，见表 1-10。

表 1-9　　　　　　　　　　　　TDD-LTE 上行子帧配置

配置	切换间隔	子帧编号									
		0	1	2	3	4	5	6	7	8	9
0	5ms	D	S	U	U	U	D	S	U	U	U
1	5ms	D	S	U	U	D	D	S	U	U	D
2	5ms	D	S	U	D	D	D	S	U	D	D
3	10ms	D	S	U	U	U	D	D	D	D	D
4	10ms	D	S	U	U	D	D	D	D	D	D
5	10ms	D	S	U	D	D	D	D	D	D	D
6	5ms	D	S	U	U	U	D	S	U	U	D

表 1-10　　　　　　　　　　　　TDD-LTE 特殊子帧配置

特殊子帧配置	常规 CP 下特殊时隙的长度（符号）			扩展 CP 下特殊时隙的长度（符号）		
	DwPTS	GP	UpPTS	DwPTS	GP	UpPTS
0	3	10	1	3	8	1
1	9	4	1	8	3	1
2	10	3	1	9	2	1
3	11	2	1	10	1	1
4	12	1	1	3	7	2
5	3	9	2	8	2	2
6	9	3	2	9	1	2
7	10	2	2	—	—	—
8	11	1	2	—	—	—

特殊时隙中的 DwPTS 可用于传输下行数据；UpPTS 不能传输上行信令或数据，但可以发送上行探测信号，配置 2 个 OFDM 符号时可用来放置物理随机接入信道，用于传输随机接入信息；GP 为上下行保护间隔，无法用来传输有效信息。

TDD-LTE 系统利用时间上的间隔完成双工转换，但为避免干扰，需预留一定的保护间隔（GP），保护间隔的大小与系统覆盖距离有关，GP 越大，覆盖距离也越大。

GP 主要由"传输时延"和"设备收发转换时延"构成，即

$$GP = 2 \times 传输时延 + T_{Rx\text{-}Tx,\,Ue}$$

$$最大覆盖距离 = 传输时延 \times c$$

其中，传输时延是指 eNode B 和 UE 之间单向传输时间；c 是光速，$T_{Rx\text{-}Tx,\,Ue}$ 为 UE 从下行接收到上行发送的转换时间，该值与输出功率的精确度有关，典型值是 10μs～40μs，在本书中，假定 $T_{Rx\text{-}Tx,\,Ue}$ 为 20μs。TDD-LTE 覆盖距离见表 1-11。

DwPTS 可用于传输下行链路控制信令和下行数据，因此 GP 越大，则 DwPTS 越小，会造成系统容量下降。在系统设计中，特殊子帧的典型配置通常选用模式 7，即 10:2:2，该配置下理论覆盖距离达到 18.4km，既能保证足够的覆盖距离，同时下行容量损失有限。扩展 CP 的特殊子帧典型配置为模式 0，即 3:8:1，覆盖距离可以达到 97km，适合于海面和沙漠等超远距离的覆盖场景。

表 1-11　　　　　　　　　　　TDD-LTE 特殊子帧配置及覆盖距离

特殊子帧配置	正常 CP				扩展 CP			
	DwPTS	GP	UpPTS	最大覆盖距离（km）	DwPTS	GP	UpPTS	最大覆盖距离（km）
0	3	10	1	104.11	3	8	1	97.00
1	9	4	1	39.81	8	3	1	34.50
2	10	3	1	29.11	9	2	1	22.00
3	11	2	1	18.41	10	1	1	9.50
4	12	1	1	7.70	3	7	2	84.50
5	3	9	2	93.41	8	2	2	22.00
6	9	3	2	29.11	9	1	2	9.50
7	10	2	2	18.41				
8	11	1	2	7.70				

TDD-LTE 和 TD-SCDMA 之间存在着密切联系。当 TDD-LTE 和 TD-SCDMA 共享站点并使用同一频段时，系统需要对上行链路/下行链路间隔进行排列，以避免不同基站收发信机之间产生干扰。由于 TD-SCDMA 持续时间与 TDD-LTE 子帧持续时间不匹配，因而 LTE 子帧参数确定过程的设计用于满足共存要求。根据上行链路/下行链路相对分离的事实，当基站之间不存在干扰的情况下，可以对 TD-SCDMA 和 TDD-LTE 的相对定时进行调整，以支持共存，如图 1-8 所示。

除了定时排列之外，当支持 TD-SCDMA 和 LTE 共存时，特殊子帧的准确配置也起着非常重要的作用。表 1-12 给出了一些匹配效果较好的配置。

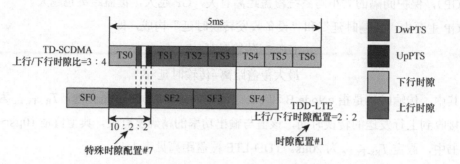

图 1-8　TDD-LTE 与 TD-SCDMA 上下行对齐

表 1-12　　　**TD-SCDMA 和 TDD-LTE 之间的共存模式实例（采用常规 CP）**

TD-SCDMA 配置	TDD-LTE 配置	特殊子帧配置（OFDM 符号）			
		配置	DwPTS	GP	UpPTS
5DL-2UL	#2（3DL-1UL）	#5	3	9	2
4DL-3UL	#1（2DL-2UL）	#7	10	2	2
2DL-5UL	#0（1DL-3UL）	#5	3	9	2

1.4　物理信道

　　信令流、数据流在各层之间传送，要通过不同的信道来承载。LTE 下行有 6 个物理信道，上行有 3 个物理信道。上行和下行逻辑信道、传输信道和物理信道对应关系如图 1-9 所示。

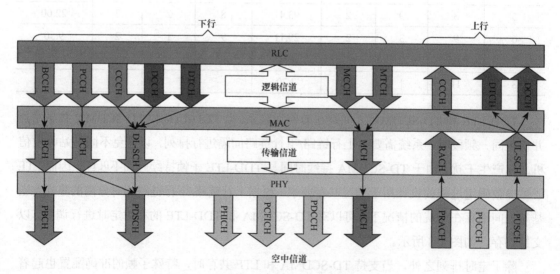

图 1-9　逻辑信道、传输信道和物理信道对应关系

上行和下行物理信道功能描述如表 1-13 所示。

表 1-13　　　　　　　　　　　　　　　LTE 物理信道功能描述

方向	信道名称	调制方式	功能描述
上行	PRACH	QPSK	物理随机接入信道，用于随机接入、发送随机接入需要的信息、Preamble 等
	PUCCH	QPSK	物理上行控制信道，UE 用 PUCCH 发送 ACK/NACK、CQI 和调度请求（SR、RI）信息
	PUSCH	QPSK、16QAM、64QAM	物理上行共享信道，用于承载上行数据和信令信息。上行资源只能选择连续的 PRB，且 PRB 个数满足 2、3、5 的倍数
下行	PBCH	QPSK	物理下行广播信道，用于传递 UE 接入系统所必需的系统信息，如下行带宽、系统帧号、PHICH 配置信息
	PHICH	BPSK	物理 HARQ 指示信道，用于 eNode B 向 UE 反馈和 PUSCH 相关的 ACK/NACK 信息
	PCFICH	QPSK	物理控制格式指示信道，用于指示一个子帧中用于 PDCCH 的 OFDM 符号数目
	PDCCH	QPSK	物理下行控制信道，用于指示 PDSCH 相关的传输格式、资源分配和 HARQ 信息等
	PDSCH	QPSK、16QAM、64QAM	物理下行共享信道，用于传输数据块
	PMCH	QPSK、16QAM、64QAM	物理多播信道，用于传递 MBMS 相关数据

LTE 网络空口上行有 1 个物理信号，下行有 2 个物理信号，各个物理信号功能如表 1-14 所示。

表 1-14　　　　　　　　　　　　　　　LTE 物理信号功能描述

方向	物理信号	功能描述
上行	参考信号	解调用参考信号（DMRS）：在 PUCCH、PUSCH 上传输，用于 PUCCH 和 PUSCH 求取信道估计矩阵，相干解调。PUSCH DMRS 固定映射在每个上行时隙的第 4 个 SC-FDMA 符号
		探测用参考信号（SRS）：独立进行发射，用作上行信道质量的估计与信道选择，计算上行信道的 CINR。对于 TDD，可以利用信道对称性获得下行信道质量
下行	同步信号	分为主同步信号（PSS）和辅同步信号（SSS），用于时频同步和小区搜索，确定唯一的物理小区号
	参考信号	公共参考信号（CRS），在天线端口 0～3 中的一个或者多个端口上传输。分布于下行子帧全带宽上，用于下行信道估计、下行信道电平和质量测量等
		专用参考信号（DRS），用于进行波束赋形传输，在天线端口 5 上传输

图 1-10 所示为下行参考信号映射图（常规 CP）。

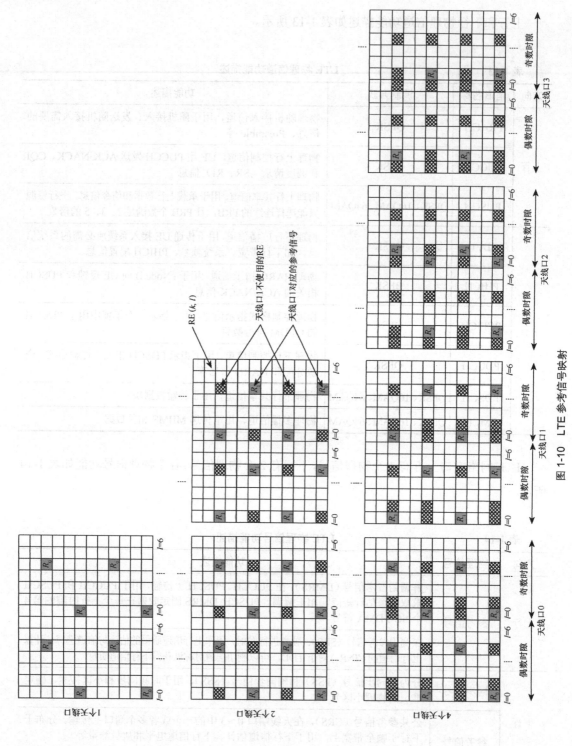

图 1-10 LTE 参考信号映射

LTE 上行和下行传输使用的物理资源可分为资源粒子（RE）、资源块（RB）、RE 组（REG）、控制信道单元（CCE）、RB 组（RBG）。各个物理资源组成见表 1-15。

表 1-15　　　　　　　　　　　　　LTE 物理资源组成和功能

资源	定义
资源粒子（RE）	网络的最小资源单位，一个 RE 在时域占用一个 OFDM 符号，在频域占用一个子载波，是最小的资源单位
RE 组（REG）	由 4 个 RE 组成。为控制信道资源分配的资源单位，主要针对 PCFICH 和 PHICH 速率很小的控制信道资源分配，提高资源的利用效率和分配灵活性
控制信道单元（CCE）	一个 CCE 包含 9 个 REG。CCE 是为了用于数据量相对较大的 PDCCH 的资源分配，每个用户的 PDCCH 只能占用 1、2、4、8 个 CCE，称为聚合级别
资源块（RB）	RB 在时域占用一个时隙，7 个 OFDM 符号，时长是 0.5ms，在频域占用 12 个子载波，是网络业务资源调用的最小单元
RB 组（RBG）	业务信道资源分配的资源单位，由一组 RB 组成

图 1-11 所示为下行时隙结构和物理资源单元的图示。

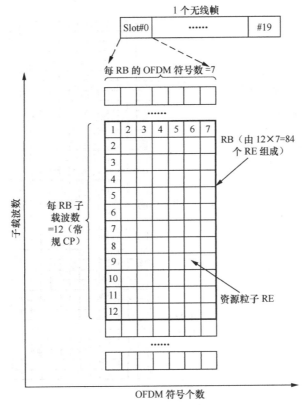

图 1-11　时隙结构和物理单元

FDD-LTE 和 TDD-LTE 时隙信道配置如图 1-12 和图 1-13 所示。

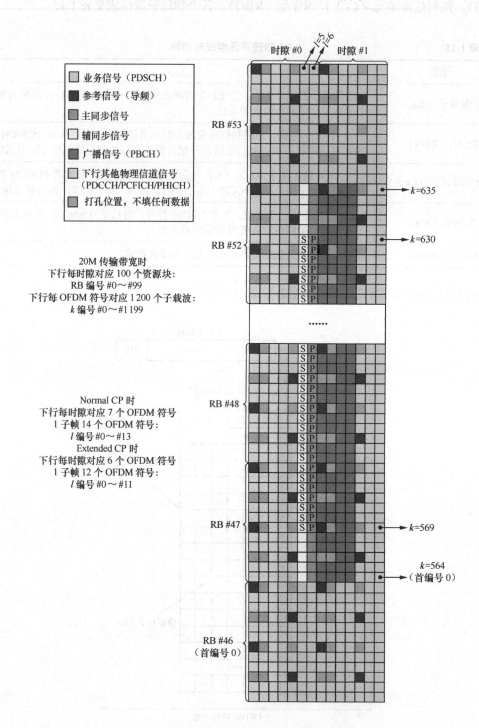

图 1-12　FDD-LTE 下行时隙信道配置（4 天线&正常 CP&20MHz）

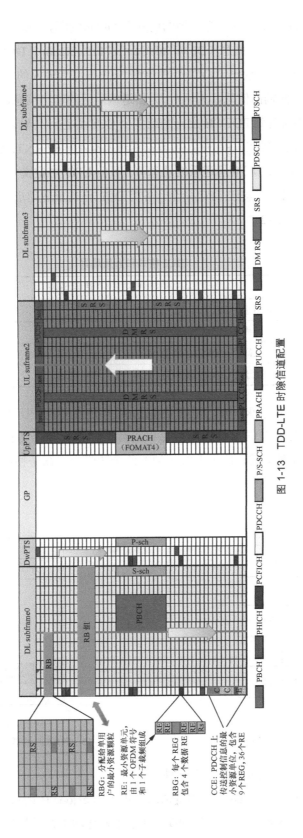

图 1-13 TDD-LTE 时隙信道配置

其中，PDCCH 总是占据下行子帧的前几个 OFDM 符号，最多达到 3 个符号（由 CFI 决定），用于传输下行控制信息（Downlink Control Information，DCI），且 DCI 信息只能在 PDCCH 上传输，图 1-14 给出了 DCI 处理流程。$a_0 \sim a_{A-1}$ 为输入的下行控制信息比特，$c_0 \sim c_{K-1}$ 为添加 CRC 后的输出信息，$d_0 \sim d_{D-1}$ 为信道编码后的输出信息，$e_0 \sim e_{E-1}$ 为速率适配后的输出信息，最终映射到 PDCCH 上一个或多个 CCE 并进行传输。

RNTI 被隐式地编码在 CRC 中，接收端通过匹配不同的 RNTI 来区分不同逻辑信道的数据，如寻呼信道消息、广播信道系统消息等。目前 LTE 中定义了 10 种 DCI 格式，分别用于上、下行资源调度和发送 TPC 命令，各类 DCI 格式及适用场景如表 1-16 所示，详细内容可参考 3GPP 36.212。

表 1-16 　　　　　　　　　　　　　　　　DCI 格式和适用场景

DCI 格式	适用场景
0	用于 PUSCH 调度
1/1a/1b/1c/1d	单码字 PDSCH 调度
2/2a	双码字 PDSCH 的调度
3/3a	用于 PUCCH 和 PUSCH 的 TPC 命令传输

上行控制信息（Uplink Control Information，UCI）可以在 PUCCH 或 PUSCH 上传输。UE 通过 UCI 发送必要的上行控制信息以支持上、下行数据传输。一个上行控制信道 PUCCH 由 1 个 RB 对组成，位于上行子帧的两个边带上，在子帧的两个时隙上下边带跳频，如图 1-15 所示。

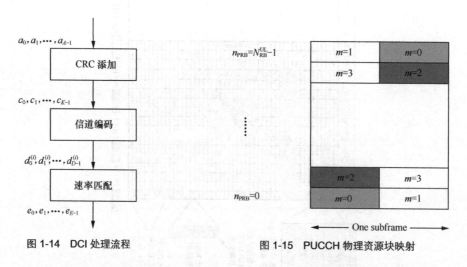

图 1-14　DCI 处理流程　　　　　　　　图 1-15　PUCCH 物理资源块映射

上行控制信息内容主要包括以下几种。

① SR（Scheduling Request）：调度请求，用于向 eNode B 请求上行 UL-SCH 资源。

② HARQ ACK/NACK：用于对 PDSCH 信道发送的下行数据进行 HARQ 确认。

③ CSI（Channel State Information）：反馈信道状态信息，包括 CQI、PMI、RI 等。

如果 UE 没有被分配用于发送 UL-SCH 数据的上行资源，则 UE 使用 PUCCH 来发送上行控制信息。如果 UE 被分配了上行资源，则使用 PUSCH 来发送上行控制信息。

表 1-17 UCI 格式和适用场景

UCI 格式	适用场景
1	调度请求（SR），用于向 eNode B 申请上行 UL-SCH 资源
1a/1b	反馈 ACK/NACK 信息，用于对 PDSCH 信道发送的下行数据进行 HARQ 确认
2/2a/2b	反馈信道状态信息，包括 CQI、PMI、RI 等，ACK/NACK 信息

1.5 关键技术

LTE 关键技术的核心是正交频分复用技术（OFDM）和多天线技术（MIMO）。通过新技术应用来保障 LTE 能提供稳定的高速率数据业务以及更高的频谱利用效率。

1.5.1 正交频分复用（OFDM）

LTE 采用的正交频分复用（OFDM）技术是一种多载波传输调制技术。OFDM 技术的原理是将高速数据流通过串并转换，分配到传输速率相对较低的若干个相互正交的子信道中进行传输。由于每个子信道中的符号周期会相对增加，因此可以减轻由无线信道的多径时延扩展带来的影响，并且可以在 OFDM 符号之间插入保护间隔，使保护间隔大于无线信道的最大时延扩展，从而最大限度地消除由于多径带来的符号间干扰（ISI），而且采用循环前缀作为保护间隔，从而避免多径带来的子载波间干扰（ICI）。

图 1-16 所示为 LTE 下行物理信道的基带信号处理流程。

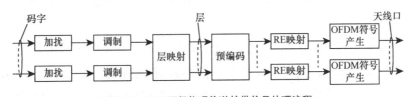

图 1-16 LTE 下行物理信道基带信号处理流程

LTE 下行物理信道的基带信号处理流程，主要节点功能描述如下。

加扰：通过一个伪随机序列对输入的码流进行加扰，将数据间的干扰随机化。每个小区使用的扰码序列和 PCI 相关，因此同频相邻小区 PCI 不能相同，避免小区间的干扰。

调制：对加扰后的比特进行调制，产生复值符号（QPSK、16QAM、64QAM）。

层映射：将复值符号按照一定规则重新排列，映射到一个或者多个传输层，不同的层可以传输相同或不同的比特信息（层数一定小于或等于天线口的数目）。

预编码：对将要在各个天线端口上发送的每个传输层上的复值符号进行预编码，目的将层数据按照一定规则映射到不同的天线端口。

RE 映射：把预编码后的复值符号映射到虚拟资源块上没有其他用途的资源单元。

OFDM 符号产生：为每一个天线端口生成复值时域 OFDM 信号。

图 1-17 所示为 LTE 下行多址接入方式 OFDMA 的示意。发端信号先进行信道编码与交织，然后进行 QAM 调制，将调制后的频域信号进行串/并变换，以及子载波映射，并对所有子载波上的符号进行逆傅里叶变换（IFFT）后生成时域信号，然后在每个 OFDM 符号前插入一个循环前缀（Cyclic Prefix，CP），即将 OFDM 符号尾部的一段复制到 OFDM 符号之前，CP 长度必须大于主要多径分量的时延扩展，保证接收端信号的正确解调，以及在多径衰落环境下保持子载波之间的正交性。

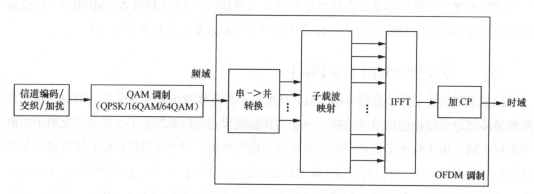

图 1-17　下行多址方式 OFDMA 的示意

LTE 规定了下行采用正交频分多址 OFDMA 技术，优点主要表现为以下几方面。

（1）频谱利用率高。由于子载波间频谱相互重叠，充分利用频带，从而提高频谱利用率。

（2）抗多径干扰与频率选择性衰落能力强，适合于多天线技术。由于 OFDM 系统把数据分散到多个子载波上，大大降低了各个子载波的符号速率，使每个码元占用带宽远小于信道的相干带宽，每个信道呈平坦衰落，从而减弱多径传播影响，对接收端均衡器要求较低。

（3）OFDM 可以采用 IFFT 和 FFT 来实现调制和解调，易于 DSP 实现。

OFDM 技术的不足主要表现为峰均比（PAPR）高、对频率偏移敏感、存在小区间干扰等问题。DFT-S-OFDM 是基于 OFDM 的一项改进技术，选择 DFT-S-OFDM，即 SC-FDMA 作为 LTE 上行多址方式，是因为 DFT-S-OFDM 具有单载波的特性，因而其发送信号峰均比较低，降低了系统对终端的功耗要求。LTE 上行多址方式如图 1-18 所示。

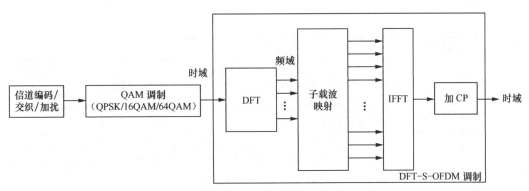

图 1-18　LTE 上行多址方式示意

1.5.2　多天线技术（MIMO）

MIMO 技术，即多入多出技术。利用多个天线同时发送和接收信号，任意一根发射天线和任意一根接收天线间形成一个单入单出（SISO）信道。按照发送端和接收端不同的天线配置，多天线系统可分为单入多出（SIMO）、多入单出（MISO）和多入多出（MIMO）3 类，如图 1-19 所示。LTE 网络利用的是将信号的空域与时域处理相结合的 MIMO 技术，在空域上利用多径传播环境中散射所产生的不同子信号流的非相关性而在接收端对不同的信号流进行分离。

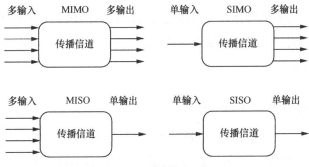

图 1-19　传输模式示意

MIMO 技术根据天线部署形态和实际应用情况可采用发射分集（MISO）、空间复用（MIMO）、接收分集（SIMO）和波束赋形 4 种实现方案。例如 MIMO 技术对于大间距非相关天线阵列，可采用空间复用方案同时传输多个数据流；对于小间距相关天线阵列，可采用波束赋形技术，减小用户间干扰，提高边缘覆盖。

LTE 定义了 8 种下行 MIMO 传输模式，其中双流波束赋形（TM8）在 Release9 版本引入，如表 1-18 所示。

表 1-18　　　　　　　　　　　　　　LTE 传输模式（TM）定义

模式	传输模式	技术描述	应用场景
1	单天线传输	信息通过单天线进行发送	未布放双通道的室分系统

续表

模式	传输模式	技术描述	应用场景
2	发射分集	同一信息的多个信号副本分别通过多个衰落特性相互独立的信道进行发送	信道质量不好时，如小区边缘，增强小区覆盖
3	开环空间复用	终端不反馈信道信息，发射端根据预定义的信道信息确定发射信号	信道质量高且空间独立性强时，提高用户吞吐率
4	闭环空间复用	需要终端反馈信道信息，发射端采用该信息进行信号预处理以产生空间独立性	信道质量高且空间独立性强时，终端静止时性能好，提高用户吞吐率
5	多用户 MIMO	基站使用相同时频资源将多个数据流发送给不同用户，接收端利用多根天线对干扰数据流进行抵消和零陷	提高小区吞吐量
6	单层传输闭环空间复用	终端反馈 RI=1 时，发射端采用单层预编码，使其适应当前的信道	相当于 TM4 的简易版本，应用于小区边缘，提高传输的可靠性
7	单流波束赋形	发射端利用上行信号来估计下行信道特征，在下行信号发送时，每根天线上乘以相应的特征权值，使其天线阵发射信号具有波束赋形效果	信道质量不好时，如小区边缘，增强小区覆盖
8	双流波束赋形	结合复用和智能天线技术，进行多路波束赋形发送，既提高用户信号强度，又提高用户峰值和均值速率	提高吞吐率

传输模式是针对单个终端而言，同小区不同终端可以有不同传输模式，eNode B 自行决定某一时刻对某一终端采用什么类型传输模式，并通过 RRC 信令通知终端。模式 3 到模式 8 中均含有发射分集，当信道质量快速恶化时，eNode B 可以快速切换到模式内发射分集模式，提高对端接收增益。

1.5.3 混合自动重传（HARQ）

混合自动重传技术基于前向纠错（FEC）和自动重传请求（ARQ）等差错控制方法，目的是降低系统的误比特率以保证服务质量。如果接收端接收到的数据 BLER 较高，那么接收端暂时保存错误的数据块，并要求发送端重发；当接收到重发数据后，与暂存的数据块混合后再联合解码。图 1-20 所示为混合自动重传（HARQ）示意。

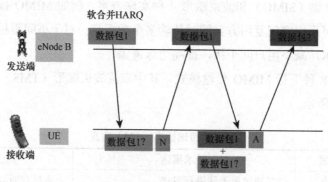

图 1-20　混合自动重传流程

LTE 下行链路采用异步自适应 HARQ，下行传输（或重传）对应的上行 ACK/NACK 消息通过 PUCCH 或 PUSCH 发送，PDCCH 指示 HARQ 进程数目以及是初传还是重传，其中重传总是通过 PDCCH 进行调度。

LTE 上行链路采用同步 HARQ，针对每个 UE（而不是每个无线承载）配置重传最大次数，上行传输（或重传）对应的下行 ACK/NACK 通过 PHICH 发送。

上行链路的 HARQ 遵循原则：当 UE 正确接收到发给自己的 PDCCH 时，无论 HARQ 反馈的内容是什么（ACK 或 NACK），UE 只按 PDCCH 的命令去做，即执行传输或重传（自适应重传）操作。当 UE 没有检测到发给自己的 PDCCH 时，由 HARQ 反馈来指示 UE 如何执行重传操作。

1.5.4　自适应调制编码（AMC）

自适应调制编码技术根据信道状态确定最佳的调制方式和信道编码组合。实现方式是通过接收端对导频或参考信号等进行测量，判断信道质量，并将信道质量映射为特定的信道质量指示（CQI），然后将 CQI 上报到发射端。发射端根据接收端反馈的 CQI 决定相应的调制方式、编码方式、传输块大小等进行数据传输。自适应编码技术原理见图 1-21。

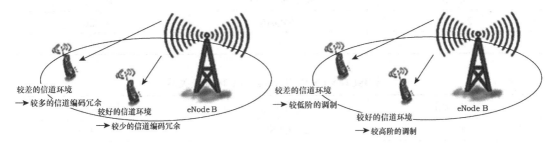

图 1-21　自适应调制编码

在小区边缘信道环境较差情况下，使用较多的信道编码冗余，空口调制采用的低阶调制，能提高空口抗干扰能力和接收端的纠错能力。反之在信道好的环境下，采用较少的编码冗余，空口采用高阶调制，提高传输效率。表 1-19 为 CQI 和调制、编码方式对应关系，表 1-20 为上行共享信道的 MCS 指示、调制和 TBS 对应关系，表 1-21 为下行共享信道的 MCS 指示、调制和 TBS 对应关系，表 1-22 为 TBS 索引和 TBS Size 对应关系。详见 3GPP 36.213。

表 1-19　　　　　　　　　　　　CQI、调制方式和信道编码方式对应关系表

CQI 索引	调制方式	Code Rate × 1024	编码效率
1	QPSK	78	0.152 3
2	QPSK	120	0.234 4
3	QPSK	193	0.377
4	QPSK	308	0.601 6
5	QPSK	449	0.877

续表

CQI 索引	调制方式	Code Rate × 1024	编码效率
6	QPSK	602	1.175 8
7	16QAM	378	1.476 6
8	16QAM	490	1.914 1
9	16QAM	616	2.406 3
10	64QAM	466	2.730 5
11	64QAM	567	3.322 3
12	64QAM	666	3.902 3
13	64QAM	772	4.523 4
14	64QAM	873	5.115 2
15	64QAM	948	5.554 7

表注：编码效率=信道编码/1024×调制效率。

表 1-20　　　　　　　　　　PUSCH MCS 索引和调制、TBS 对应关系

MCS 索引	调制阶数	TBS 索引
0~10	2（QPSK）	0~10
11~20	4（16QAM）	10~19
21~28	6（64QAM）	19~26
29~31	预留	预留

表 1-21　　　　　　　　　　PDSCH MCS 索引和调制、TBS 对应关系

MCS 索引	调制阶数	TBS 索引
0~9	2（QPSK）	0~9
10~16	4（16QAM）	9~15
17~28	6（64QAM）	15~26
29	2（QPSK）	预留
30	4（16QAM）	
31	6（64QAM）	

表 1-22　　　　　　　　　　TBS 索引和 TBS Size 对应关系

TBS Index	TBS Size (bit)									
	$N_{PRB}=1$	$N_{PRB}=2$	$N_{PRB}=3$	$N_{PRB}=4$	$N_{PRB}=5$	$N_{PRB}=6$	$N_{PRB}=7$	$N_{PRB}=8$	$N_{PRB}=9$	$N_{PRB}=10$
0	16	32	56	88	120	152	176	208	224	256
1	24	56	88	144	176	208	224	256	328	344
2	32	72	144	176	208	256	296	328	376	424
3	40	104	176	208	256	328	392	440	504	568
4	56	120	208	256	328	408	488	552	632	696
5	72	144	224	328	424	504	600	680	776	872

续表

TBS Index	TBS Size (bit)									
	$N_{PRB}=1$	$N_{PRB}=2$	$N_{PRB}=3$	$N_{PRB}=4$	$N_{PRB}=5$	$N_{PRB}=6$	$N_{PRB}=7$	$N_{PRB}=8$	$N_{PRB}=9$	$N_{PRB}=10$
6	328	176	256	392	504	600	712	808	936	1 032
7	104	224	328	472	584	712	840	968	1 096	1 224
8	120	256	392	536	680	808	968	1 096	1 256	1 384
9	136	296	456	616	776	936	1 096	1 256	1 416	1 544
10	144	328	504	680	872	1 032	1 224	1 384	1 544	1 736
11	176	376	584	776	1 000	1 192	1 384	1 608	1 800	2 024
12	208	440	680	904	1 128	1 352	1 608	1 800	2 024	2 280
13	224	488	744	1 000	1 256	1 544	1 800	2 024	2 280	2 536
14	256	552	840	1 128	1 416	1 736	1 992	2 280	2 600	2 856
15	280	600	904	1 224	1 544	1 800	2 152	2 472	2 728	3 112
16	328	632	968	1 288	1 608	1 928	2 280	2 600	2 984	3 240
17	336	696	1 064	1 416	1 800	2 152	2 536	2 856	3 240	3 624
18	376	776	1 160	1 544	1 992	2 344	2 792	3 112	3 624	4 008
19	408	840	1 288	1 736	2 152	2 600	2 984	3 496	3 880	4 264
20	440	904	1 384	1 864	2 344	2 792	3 240	3 752	4 136	4 584
21	488	1 000	1 480	1 992	2 472	2 984	3 496	4 008	4 584	4 968
22	520	1 064	1 608	2 152	2 664	3 240	3 752	4 264	4 776	5 352
23	552	1 128	1 736	2 280	2 856	3 496	4 008	4 584	5 160	5 736
24	584	1 192	1 800	2 408	2 984	3 624	4 264	4 968	5 544	5 992
25	616	1 256	1 864	2 536	3 112	3 752	4 392	5 160	5 736	6 200
26	712	1 480	2 216	2 984	3 752	4 392	5 160	5 992	6 712	7 480

1.5.5　小区间干扰协调（ICIC）

小区间干扰协调是小区干扰控制的一种方式，本质上是一种时间、频率、功率资源的调度策略，主要目的是降低边缘用户干扰，改善小区边缘的性能。

高干扰指示（HII）是相邻小区进行干扰及负荷状态交互的信令指示，属于事前干扰控制，即 eNode B 将物理资源块 PRB 分配给小区边缘用户时（通过 UE 参考信号接收功率来判断是否处于小区边缘），预测到该用户可能干扰相邻小区，也容易受相邻小区 UE 的干扰，通过高干扰指示（HII）消息将该敏感 PRB 通过 X2 接口通报给相邻小区。相邻小区接收到 HII 后，避免将自己小区的边缘用户调度到该 PRB 上。

相对窄带发射功率指示（RNTP）是本小区 PRB 上的下行发射功率等级指示，属于事前干扰控制。本小区通过 X2 接口通知邻小区本小区哪些 PRB 以高功率发射，邻小区在给边缘用户调度无线资源时，尽量避开分配这些 PRB 资源，以降低干扰。

过载指示（OI），属于事后干扰控制。当 eNode B 检测到某个 PRB 上行干扰超过一定门限时，eNode B 通过 X2 接口向邻小区发出过载指示（OI），指示该 PRB 已经受到干扰，邻小区可以通过降低该 PRB 上的功率，或不分配该 PRB，以降低干扰，如图 1-22 所示。

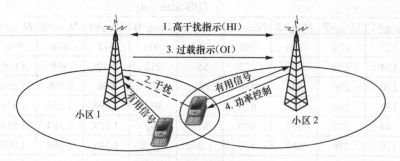

图 1-22　小区间上行功率控制

小区间功率控制由相邻小区间通过 X2 接口告知 UE 所在服务小区该 UE 对本小区干扰情况，然后由服务小区控制 UE 的上行发射功率，从而降低对相邻小区的干扰。

软频率复用（SFR）技术也是 LTE 系统控制小区间干扰的一种有效方法，基本原理是将频率划分为主频和辅频，允许小区中心的用户使用所有频率资源，并使用较小的发射功率，在小区边缘使用不同的频率（主频）且分配较大发射功率，以改善小区边缘用户的 SINR，如图 1-23 所示。

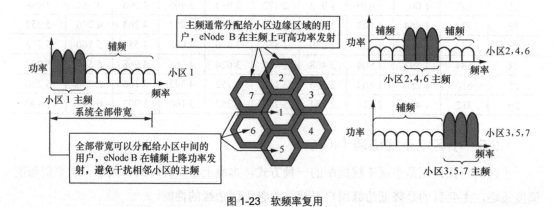

图 1-23　软频率复用

1.5.6　下行 PDSCH 功率分配

PDSCH 功率调整的目的是在业务的持续过程中，跟踪大尺度衰落，并周期性地动态调整发射功率，以满足信道质量的要求。对于下行 PDSCH 功率控制来说，一个时隙上的 OFDM 符号可以分为两类：没有参考信号的称为 Type A 符号，有参考信号的称为 Type B 符号。

PDSCH 功率控制通过调整 ρ_A 及 ρ_B 来决定某一个 UE 的 PDSCH 上不同 OFDM 符号的 EPRE。简单地说，ρ_A 用来确定不包含 CRS 的 OFDM 符号上的 PDSCH 的 EPRE，而 ρ_B 用来确定包含 CRS 的 OFDM 符号上 PDSCH 的 EPRE。PDSCH 的两种 OFDM 符号对应的数据 RE 发射功率分别为 $P_{\text{PDSCH\_A}}$ 和 $P_{\text{PDSCH\_B}}$，计算公式如下：

$P_{PDSCH\_A}=\rho_A+RS$ 配置功率（ρ_A 是指 Type A PDSCH 功率和 RS 信号功率比值）

$P_{PDSCH\_B}=\rho_B+RS$ 配置功率（ρ_B 是指 Type B PDSCH 功率和 RS 信号功率比值）

其中，$\rho_A=\delta_{power\text{-}offset}+P_A$，$\delta_{power\text{-}offset}$ 用于 MU-MIMO 的场景，表示功率平均分配给几个用户使用，例如两个用户使用的话，则两个用户各占一半功率，$\delta_{power\text{-}offset}$ 等于 -3dB，目前一般设置为 0。P_A 通过 RRC 信令下发到 UE，用于 PDSCH 解调。ρ_B 通过 PDSCH 上 EPRE 的功率因子比率 P_B 和 ρ_A 确定。P_B 表示有 RS 的 OFDM 符号中数据子载波和没有 RS 的 OFDM 符号中的数据子载波功率比值，即 ρ_B/ρ_A，P_B 通过小区参数进行配置，由 SIB2 消息广播给 UE。图 1-24 所示为 RS 发射功率、P_A 和 P_B 三者关系示意。

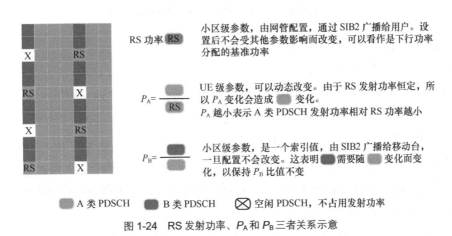

图 1-24 RS 发射功率、P_A 和 P_B 三者关系示意

不同 P_B 和天线端口数配置下，对应的 ρ_B/ρ_A 取值如表 1-23 所示。

表 1-23　　　　　　　　　　　天线端口数 1，2，4 时的 ρ_B/ρ_A 取值

P_B	ρ_B/ρ_A（天线端口数 1）	ρ_B/ρ_A（天线端口数 2，4）
0	5/5	5/4
1	4/5	4/4
2	3/5	3/4
3	2/5	2/4

小区通过高层信令指示 ρ_B/ρ_A，通过不同比值设置 RS 信号在基站总功率中的不同开销比例，来实现 RS 发射功率的提升。图 1-25 所示为不同 ρ_B/ρ_A 情况下，下行 PDSCH 和 CRS 功率分配示意图。

P_B 值越大，则 B 类数据 RE 的功率越小，由于不同 OFDM 符号子载波功率之和相同，因此相当于抬升了 RS 符号功率。实际配置时，要求 OFDM 符号总功率不超过最大允许功率 P_{MAX_OFDM}。

（1）基于 TypeA 计算的 RS 功率 $P_{CRS\_RE\_A}$

$$12\times RB\times 10^{PA/10}\times P_{CRS\_RE\_A}\leq P_{MAX\_OFDM}$$

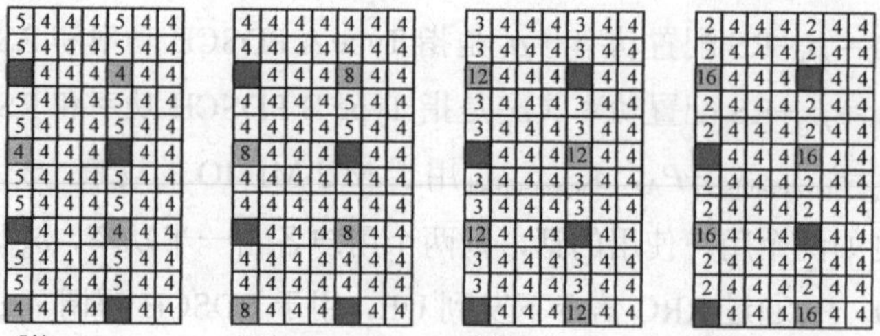

ρ_B/ρ_A	5/4	4/8	3/12	2/16
ρ_B	5/4	4/8	3/12	2/16
ρ_A	4/4	4/8	4/12	4/16
RS 所占功率	4/24=1/6	8/24=2/6	12/24=3/6	16/24=4/6

图 1-25　下行 PDSCH 和 CRS 功率分配

（2）基于 TypeB 计算的 RS 功率 $P_{CRS\_RE\_B}$

TypeB 1 天线端口计算公式：

$$12\times RB\times2/12\times P_{CRS\_RE\_B}+12\times RB\times10/12\times10^{P_A/10}\times(\rho_B/\rho_A)\times P_{CRS\_RE\_B}\leqslant P_{MAX\_OFDM}$$

TypeB 2/4 天线端口计算公式：

$$12\times RB\times2/12\times P_{CRS\_RE\_B}+12\times RB\times8/12\times10^{P_A/10}\times(\rho_B/\rho_A)\times P_{CRS\_RE\_B}\leqslant P_{MAX\_OFDM}$$

结合表 1-23 天线端口数 1、2、4 时的 ρ_B/ρ_A 取值，由于单天线端口下的 ρ_B/ρ_A 与 2/4 天线端口下的 ρ_B/ρ_A 两者的比值为 4/5，代入上面公式可以看出 1 天线端口和 2/4 天线端口的公式相同，所以 RS 的 EPRE 的取值与天线端口数无关。

以 20M 带宽为例，假设最大符号功率为 20W（43dBm），我们可以估算参考信号功率的取值范围。依据上文的计算规则，ρ_B/ρ_A 及 P_{CRS_RE} 的各种可能的取值组合如表 1-24 所示。

表 1-24　　　　　　　　参考信号功率取值范围

P_A（dB）	Type B P_{CRS_RE}（dBm）				Type A P_{CRS_RE}（dBm）
	$P_B=0$	$P_B=1$	$P_B=2$	$P_B=3$	
3	9.586	10.457	11.549	13.010	9.208
2	10.494	11.343	12.400	13.799	10.218
1	11.370	12.193	13.208	14.537	11.218
0	**12.218**	13.010	13.979	15.228	**12.218**
−1.77	13.638	14.363	15.234	16.325	13.988
−3	14.559	**15.228**	16.020	16.990	**15.228**
−4.77	15.739	16.319	16.989	17.781	16.988
−6	16.478	16.989	17.570	18.239	18.239
平均值	13.010	13.737	14.618	15.738	13.413

表中给出了 RS 的功率最大值情况，具体配置时相关人员可以依据覆盖要求取不大于这个表中所列值的一个值。当进行功率分配时（P_A 不等于 0 或 ρ_B/ρ_A 不等于 1），相

关人员应尽量取较小值，以便确保每个 UE 的ρ_B、ρ_A 分配均可满足，此时剩余功率则可用来做功率分配。P_B 越大，RS 功率在原来值的基础上抬升越高，越能获得好的信道估计，增强 PDSCH 的解调性能，但同时减少了 PDSCH（TypeB）的发射功率。RS 功率一定时，增大 P_A 会增加小区用户功率，但由于总功率一定，容易造成功率受限。

P_A 和 P_B 配置时应保证每个 OFDM 符号总功率之和相同，即所有 B 类符号子载波加上所有 RS 符号子载波功率之和等于所有 A 类符号子载波功率。根据图 1-25 RS 分布图所示，将每 RB 上 B 类符号总功率定义为 P_{tot}^B，每 RB 上 A 类符号总功率定义为 P_{tot}^A，则 RRU 功率利用率公式为：

$$\eta = \frac{\min(P_{tot}^A, P_{tot}^B)}{\max(P_{tot}^A, P_{tot}^B)}$$

由公式可以看出 P_{tot}^A 和 P_{tot}^B 相等且等于最大发射功率时，功率利用率最高。以双天线端口为例，当 $P_A = -3\text{dB}$，$P_B = 0$ 时，对应 $\rho_A = 1/2$，$\rho_B = 5/8$，可以得到 $P_{PDSCH\_A} = \rho_A \times P_{RS} = 1/2 \times P_{RS}$，$P_{PDSCH\_B} = \rho_B \times P_{RS} = 5/8 \times P_{RS}$，其中 P_{RS} 表示参考信号功率（单位：mW），则：

$$P_{tot}^A = 12 \times P_{PDSCH\_A} = 12 \times 1/2 \times P_{RS} = 6 \times P_R$$

$$P_{tot}^B = 2 \times P_{RS} + 8 \times P_{PDSCH\_B} = 2 \times P_{RS} + 8 \times 5/8 \times P_{RS} = 7 \times P_{RS}$$

$$\eta = \frac{\min(P_{tot}^A, P_{tot}^B)}{\max(P_{tot}^A, P_{tot}^B)} = 6 \times P_{RS} / (7 \times P_{RS}) = 6/7 = 86\%$$

当 $P_A = -3\text{dB}$，$P_B = 1$ 时，对应 $\rho_A = 1/2$，$\rho_B = \rho_A = 1/2$，可以得到 $P_{PDSCH\_A} = P_{PDSCH\_B} = 1/2 \times P_{RS}$。

$$P_{tot}^A = 12 \times P_{PDSCH\_A} = 12 \times 1/2 \times P_{RS} = 6 \times P_{RS}$$

$$P_{tot}^B = 2 \times P_{RS} + 8 \times P_{PDSCH\_B} = 2 \times P_{RS} + 8 \times 1/2 \times P_{RS} = 6 \times P_{RS}$$

$$\eta = \frac{\min(P_{tot}^A, P_{tot}^B)}{\max(P_{tot}^A, P_{tot}^B)} = 100\%$$

此时功率利用率最高。表 1-25 为不同 P_A 和 P_B 组合下的 RRU 功率利用率。

表 1-25　　　　　不同 P_A 和 P_B 组合下的功率利用率 η

P_B \ P_A	–6	–4.77	–3	–1.77	0	1	2	3
0	67%	75%	86%	92%	100%	97%	94%	92%
1	75%	86%	100%	92%	83%	80%	77%	75%
2	86%	100%	83%	75%	67%	63%	61%	58%
3	100%	83%	67%	58%	50%	47%	44%	42%

由表中数据分析，P_A 和 P_B 分别设置为：（0，0）、（–3，1）、（–4.77，2）、（–6，3）时可以使 RRU 功率利用率最大化。

RS 参考信号功率（Cell-specific Reference Signals Power），指示了小区参考信号的功率（绝对值）。小区参考信号用于小区搜索、下行信道估计、信道检测，直接影响到小区覆盖。

该参数通过 SIB2 广播方式通知 UE，并在整个下行系统带宽和所有子帧中保持恒定，除非 SIB2 消息中有更新（如 RS 功率增强）。下行信道的功率设定，均以参考信号功率为基准，因此参考信号功率的设定以及变更，影响到整个下行功率的设定。RS 功率过大，会造成参考信号污染以及小区间干扰，过小会造成小区选择或重选不上，数据信道无法解调等。实际规划时 RS 参考信号功率通常按照下面公式计算得到。

RS 信号功率 ＝RRU 单通道功率（dBm）－10log（总子载波数）+10log（1+P_B）

假设带宽 20MHz，RRU 单通道输出功率 20W，P_B=1，由上面的公式计算得到参考信号功率约为 15.2dBm。

1.5.7　载波聚合（CA）

载波聚合（CA）是 LTE-Advanced 阶段关键技术之一，在 3GPP R10 版本中被引入。其原理是通过将多个连续或非连续的载波聚合成更大的带宽（最大 100M），支持载波聚合的 UE 可以同时使用不同载波上的空闲 RB 资源进行数据传输，提供下行 1Gbit/s，上行 500Mbit/s 的速率。

根据聚合载波所在的频带，载波聚合可以分为频带内载波聚合和频带间载波聚合。频带内载波聚合将同频带内的两个载波聚合，用户同时在同频带的两个载波进行下行数据传输。频带内载波聚合又分为连续和非连续的载波聚合。如果部署连续载波聚合，用于聚合的两载波中心频点间隔需满足如下要求。

如果是 20MHz 和 20MHz 的两个载波，则中心频点间隔为 19.8MHz。

如果是 20MHz 和 10MHz 的两个载波，则中心频点间隔为 14.4MHz。

如果是 15MHz 和 15MHz 的两个载波，则中心频点间隔为 15MHz。

如果是 20MHz 和 15MHz 的两个载波，则中心频点间隔为 17.1MHz。

频带间载波聚合是将不同频带的两个载波聚合，用户同时在不同频带的两个载波进行下行数据传输，如图 1-26 所示。

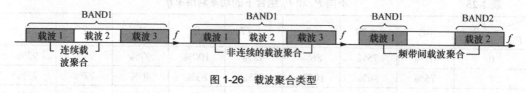

图 1-26　载波聚合类型

载波聚合的技术优势：提供更好的 QoS 保证，服务高价值客户，获取更大的收益；支持 CA 的 UE 可以同时利用多个载波上的空闲 RB 资源，实现资源利用率最大化，避免整体资源利用率的浪费；更高的传输速率，提供更好的用户体验。

1.5.8　上行多点协作（CoMP）

LTE 系统中，小区边缘用户主要受到两方面的挑战。

（1）路径损耗大，上行边缘覆盖受限；

（2）小区间干扰，边缘用户 SINR 低。

UL CoMP（Coordinated Multi-Point）技术采用联合接收方案，也可以称作上行宏分集技术。其原理是利用同一个基站不同小区的天线对某一个用户的 PUSCH 进行联合接收合并，类似于在一个小区中使用更多的天线进行接收，能够获得类似多天线的信号合并增益及干扰抑制增益，如图 1-27 所示。

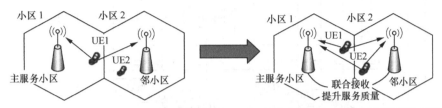

传统网络中，小区 2 所接收到的 UE1 的发送信号，对小区 2 中驻留的 UE2 形成干扰　　CoMP 技术引入后，小区 2 所接收到的 UE1 的干扰，没有被丢弃，而被用于与小区 2 所接收的 UE1 信号进行合并。对 UE1 而言，接收天线从 2 副变为 4 副

图 1-27　UL CoMP 示意

通过引入多个发送/接收节点的协同，可实现覆盖增强及边缘干扰抑制/干扰消除，增强小区边缘的性能。

1.5.9　自组织优化（SON）

自组织网络技术的主要功能可以分为自配置功能、自优化功能和自愈功能。自配置功能可以简化安装配置过程、加快网络部署速度、节省建设成本，功能包括基站自启动和自动邻区关系配置。自优化功能具有自动监测性能，能够自动优化参数、提升网络性能、缩短优化周期，功能包括自动邻区关系优化、移动健壮性优化、移动负载均衡、接入优化。自愈功能使网络能够自动发现和处理故障，加快网络恢复过程，减少故障影响。

1.6　接口协议

LTE 接口协议分为三层两面。三层分别指物理层 L1、数据链路层 L2 和网络层 L3，两面是指控制面和用户面，如图 1-28 所示。

物理层（PHY）位于无线空中接口协议栈结构的底层，直接面向实际承载数据传输的物理媒体。数据链路层包括媒体接入控制子层（MAC）、无线链路控制子层（RLC）、分组数据汇聚协议子层（PDCP），同时位于控制面和用户面，在控制平面负责无线承载信令的传输、加密和完整性保护；在用户面主要负责用户业务数据的传输和加密。网络层是指无线资源控制层（RRC），位于接入网的控制面，主要实现广播、寻呼、RRC 连接管理、RB 控制、移动性功能、UE 的测量上报和控制功能。NAS 控制协议在网络侧终止于 MME，主要实现 EPS 承载管理、鉴权、ECM 空闲状态下的移动性管理、ECM 空闲状态下发起寻呼、安全控制功能。

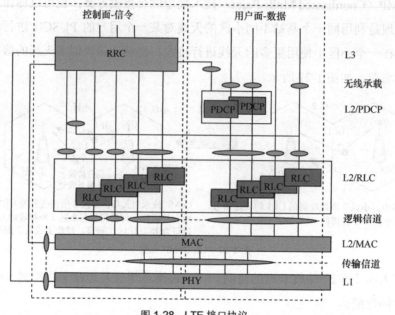

图 1-28　LTE 接口协议

用户面和控制面协议栈均包含 PHY、MAC、RLC 和 PDCP 层，控制面向上还包含 RRC 层和 NAS 层，用户面应用层数据和控制面非接入层信令（NAS）在 eNode B 透明传输。不同网元用户面协议栈和控制面协议栈对应关系分别如图 1-29 和图 1-30 所示。

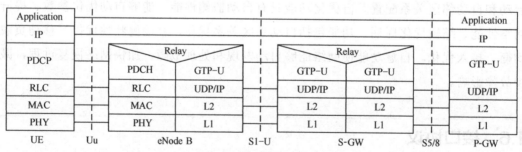

图 1-29　用户面协议栈

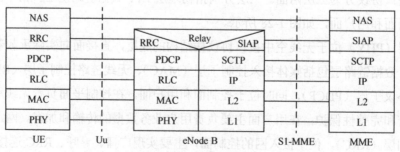

图 1-30　控制面协议栈

Uu 接口协议栈功能如图 1-31 所示。

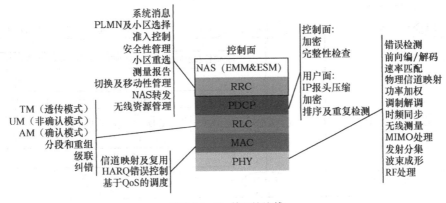

图 1-31　Uu 接口协议栈

无线承载（RB）分为信令承载（SRB）和数据承载（DRB）两个部分，其中信令承载包括 SRB0、SRB1 和 SRB2 三种类型。无线承载类型如图 1-32 所示。

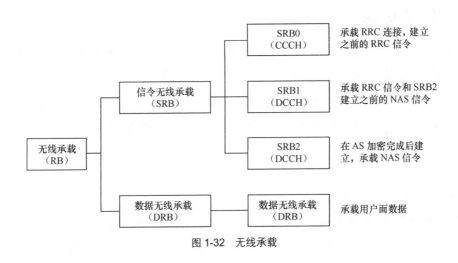

图 1-32　无线承载

图 1-33 描述了整个无线协议架构及无线承载、逻辑信道、传输信道和物理信道的使用。专用 RRC 消息通过 SRB 传输，SRB 通过 PDCP 和 RLC 层映射到逻辑信道，既可以是连接建立时的公共控制信道（CCCH），也可以是 RRC 连接状态下的专用控制信道（DCCH）。系统信息和寻呼消息各自直接映射到逻辑信道，即广播控制信道（BCCH）和寻呼控制信道（PCCH）。

所有使用 DCCH 的 RRC 消息都被 PDCP 层进行完整性保护和加密，并且使用自动请求重传（ARQ）协议在 RLC 层可靠发送。使用 CCCH 的 RRC 消息没有进行完整性保护，在 RLC 层也不使用 ARQ 协议。NAS 消息独立应用完整性保护和加密。

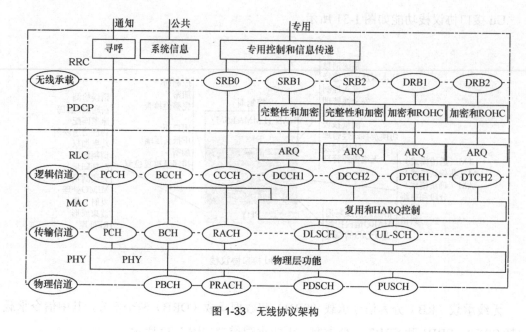

图 1-33 无线协议架构

1.7 RRM 功能

无线资源管理（RRM）功能位于 eNode B，提供空中接口的无线资源管理功能，保证空中接口无线资源的有效利用，实现最优的资源使用效率，从而满足系统所定义的无线资源相关的需求。在 LTE 的 E-UTRAN 系统中，RRM 功能的定义参考了现有 3G 系统 RRM 的基本功能，并基于 LTE 的 E-UTRAN 架构和需求特性对 RRM 功能进行了扩展。LTE 系统中所进行的无线资源管理包括对单小区无线资源的管理，同时也包括对多小区无线资源的管理。

（1）无线接入控制（RAC）

RAC 功能用于判断是否需要建立新的无线承载接入。为得到合理、可靠的判决结果，在进行接入判决时，无线接入控制需要考虑 E-UTRAN 中无线资源状态的总体情况、QoS 需求、优先级、正在进行中的会话 QoS 情况以及该新建无线承载的 QoS 需求。

（2）无线承载控制（RBC）

RBC 用于配置无线承载相关的资源，包括无线承载的建立、保持、释放。当为一个服务连接建立无线承载时，无线承载控制需要综合考虑 E-UTRAN 中无线资源的整体状况、正在进行中的会话的 QoS 需求以及该新建服务连接的 QoS 需求。

（3）连接移动性控制（CMC）

CMC 功能用于管理空闲模式及连接模式下的无线资源。在空闲模式下，CMC 不仅为小区重选算法提供一系列参数（如门限值、滞后量等），还提供用于配置 UE 测量控制以及测量报告的 E-UTRAN 广播参数，同时配合网关对 UE 进行寻呼；在连接模式下，支持无线连接的移动性，并基于 UE 与 eNode B 的测量结果切换决策，将连接从当前服务小区切换到另一个小区。

（4）动态资源分配（DRA）

DRA 又称为分组调度，该功能用于分配和释放控制面与用户面数据包的无线资源，包括缓冲区、进程资源、资源块等。动态资源分配主要考虑无线承载 QoS 需求、信道质量信息及干扰状态等信息。

（5）小区间干扰协调（ICIC）

ICIC 功能是指通过对无线资源进行管理，将小区间的干扰水平保持在可控的状态下，尤其是在小区边界地带，更需要对无线资源做些特殊的管理。

（6）负载均衡（LB）

LB 功能用于处理多个小区间不均衡的业务量，通过均衡小区间的业务量分配，提高无线资源的利用率，将正在进行中的会话的 QoS 保持在一个合理的水平上，降低掉话率。负载均衡算法可能会导致部分终端进行切换或小区重选，以均衡小区间负载状况。

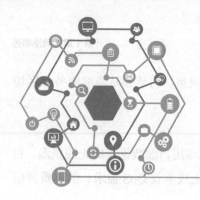

延续 3GPP 的一贯定义，RAB 为用户提供从核心网到 UE 的数据连接能力，但是在 LTE 中 RAB 更名为 E-RAB。LTE 的 E-RAB 从 SGW 开始到 UE 结束，由 S1 承载和无线承载串联而成。进入 LTE 系统的业务数据主要通过 E-RAB 进行传输，因此 LTE 对于业务的管理主要是在 E-RAB 层次上进行的。图 2-1 所示为 3GPP 定义的 EPS 承载业务分层架构示意。

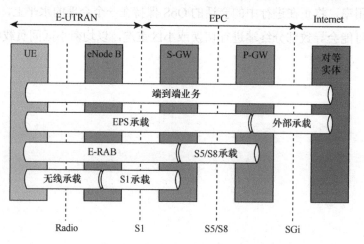

图 2-1　EPS 承载业务分层架构示意

无线承载是 eNode B 为 UE 分配的一系列协议实体及配置的总称，在 UE 和 eNode B 之间传送 EPS 数据包，包括信令承载（SRB）和数据承载（DRB），SRB 是系统信令消息实际传输的通道，DRB 是用户数据实际传输的通道。S1 承载用来传送 eNode B 和 S-GW 之间的 EPS 数据包。eNode B 存储无线承载和 S1 接口之间的一一映射关系，从而在上行链路和下行链路中绑定无线承载和 S1 承载。

2.1　随机接入过程

随机接入过程是指 UE 向系统请求接入，收到系统响应并分配上行信道资源的过程，目的是获取上行同步和上行调度资源，发生在用户初始接入、无线链路失败后重建、切换后接入新小区、上行失步时下行数据到达、上行失步时上行数据到达 5 种场景。随机接入类型分为两类：竞争模式和非竞争模式。竞争模式具有普遍适用性，适用于每种触发条件。

非竞争模式目前主要适用于切换后接入新小区和上行失步时下行数据到达。

2.1.1　竞争模式

基于竞争的随机接入流程如图2-2所示。

（1）MSG1：随机接入前导

UE 在 PRACH 信道发送随机接入请求，消息中携带 Preamble 码。传输前导的目的在于向基站指示当前终端的随机接入尝试，使基站能够估计 eNode B 和终端之间的传输延迟。

（2）MSG2：随机接入响应

eNode B 收到消息后在 PDSCH 上返回随机接入响应，并指示 UE 调整上行同步。MSG2 由 eNode B 的 MAC 层组织，并由 DL_SCH 承载，一条 MSG2 可同时响应多个 UE 的随机接入请求。基站使用 PDCCH 调度 MSG2，并通过 RA-RNTI 进行寻址，MSG2 包含上行传输定时提前量、为 MSG3 分配的上行资源、临时 C-RNTI 等，如图2-3所示。详细描述参考 3GPP 36.321 第6.1章节[6]。

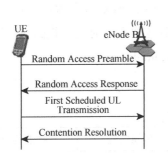

图 2-2　基于竞争的随机接入流程

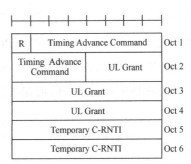

图 2-3　随机接入响应消息

（3）MSG3：第1次调度传输

UE 发送了随机接入前导后通过在随机接入响应窗口中监测 RA-RNTI 标识的 PDCCH 来接收相应的随机接入响应消息（发送 MSG2 时的 PDCCH 使用 RA-RNTI 加扰，使用 DCI 1C 格式）。随机接入响应窗的窗长由基站在广播信息 SIB2 中发送。UE 收到 MSG2 后，判断是否属于自己的随机接入响应消息（利用 Preamble ID 核对），并在 PUSCH 上发送 MSG3。针对不同的场景，MSG3 包含不同的内容，主要有以下4种。

① 初始接入：携带 RRC 连接请求，包含 UE 的初始标识 S-TMSI 或随机数。

② 连接重建：携带 RRC 层生成的 RRC 连接重建请求，C-RNTI 和 PCI。

③ 切换：传输 RRC 切换完成消息以及 UE 的 C-RNTI。

④ 上/下行数据到达：传输 UE 的 C-RNTI。

（4）MSG4：竞争解决

当不同的 UE 同时使用同一前导序列时会发生冲突，冲突解决是基于 PDCCH 上的

C-RNTI 或者 DL-SCH 上的 UE 冲突解决 ID 进行。有 C-RNTI 时，则用 C-RNTI 加扰 MSG4 的 PDCCH，冲突解决基于此 C-RNTI（连接状态）；无 C-RNTI 时，则用 TC-RNTI 加扰 PDCCH，冲突解决基于 UE 冲突解决识别号码（非连接状态）。MSG4 与 MSG3 非同步，并且支持 HARQ。UE 只有收到属于自己的下行 RRC 竞争解决消息（MSG4），才能回复 HARQ ACK。

① 连接态冲突解决过程（MSG3 中包括 C-RNTI）

UE 收到随机接入响应后，回复消息 MSG3，包含 C-RNTI，同时启动冲突解决定时器，并通过 UE 物理层来监测 PDCCH。若在冲突解决定时器内，收到在 C-RNTI 加扰的 PDCCH（MSG4），则认为竞争解决成功，并通知上层。冲突解决定时器到时仍未收到 C-RNTI 加扰的 MSG4，UE 将根据最大重传次数来决定是否重传。若 Preamble 重试次数未达到上限，则指示 RA 重试 Preamble 发送。若 Preamble 重试已经达到上限，通知 RRC 随机接入失败。

② 空闲态冲突解决过程（冲突解决基于 UE 竞争解决 ID）

UE 收到随机接入响应后，发送 MSG3，这时 MSG3 不含 C-RNTI，并启动冲突解决定时器。若 UE 在冲突解决定时器内收到 TC-RNTI 加扰的 PDCCH（MSG4），并正确解码 UE 竞争解决识别控制元素中的识别号，与保存的识别号（RRC 在启动随机接入时告知）一致，则认为竞争解决成功，同时将 TC-RNTI 提升为 C-RNTI，指示 RRC 竞争解决成功，否则认为本次竞争解决失败，重新发送 Preamble。若冲突解决定时器超时还未收到 TC-RNTI 加扰的 PDCCH，则认为本次竞争解决失败，重新发送 Preamble。

整个过程所涉及的各种信道如表 2-1 所示。

表 2-1 随机接入过程的信道映射

接入过程	方向	逻辑信道	传输信道	物理信道
参数初始化过程	下行	BCCH	BCH、DL-SCH	PBCH、PDSCH
MSG1	上行		RACH	PRACH
MSG2	下行	CCCH	DL-SCH	PDSCH
MSG3	上行	CCCH	UL-SCH	PUSCH
MSG4	下行			PDCCH

2.1.2 非竞争模式

与竞争模式相比，最大差别在于非竞争模式的接入前导是由 eNode B 分配，这样也就减少了竞争和冲突解决过程。非竞争随机接入包括两种情况：切换中随机接入；RRC 连接状态下行数据到达，如图 2-4 所示。

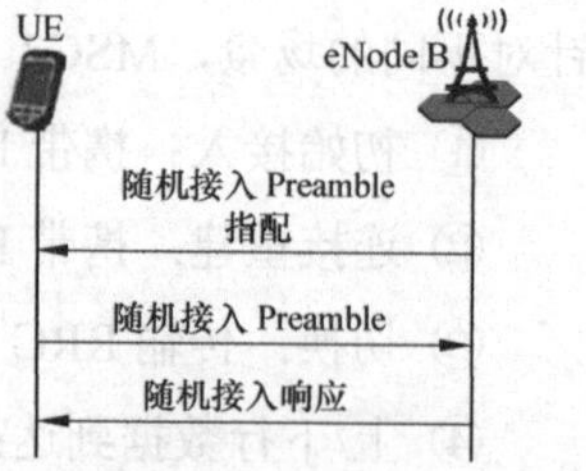

流程说明如下。

（1）MSG0：随机接入指配。eNode B 的 MAC 层通过下行专用信令（DL-SCH）给 UE 指派一个特定的 Preamble 序列（该序列不是基站在广播

图 2-4 基于非竞争的随机接入流程

信息中广播的随机接入序列组）。

（2）MSG1：随机接入前导。UE 接收到信令指示后，在特定的时频资源发送指定的 Preamble 序列。

（3）MSG2：随机接入响应。基站接收到随机接入 Preamble 序列后，发送随机接入响应。切换时，随机接入响应中至少包含 TA 信息和初始上行授权信息。下行数据到达时，随机接入响应至少包含 TA 信息和 RA 前导识别。

2.1.3　RRC 连接建立

UE 在 RRC 空闲状态下收到高层请求建立信令连接的消息后，发起 RRC 连接建立流程。UE 通过信令承载 SRB0 向 eNode B 发送 RRC 连接请求消息，如果 RRC 连接请求消息的冲突解决成功，UE 将从 eNode B 收到 RRC 连接建立消息。UE 根据 RRC 连接建立消息进行资源配置，并进入 RRC 连接状态，配置成功后向 eNode B 反馈 RRC 建立完成消息。

图 2-5 所示为 RRC 连接请求主要消息携带的信息内容。

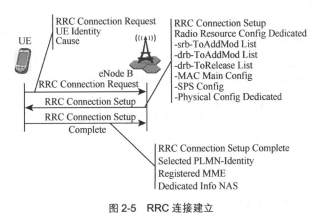

图 2-5　RRC 连接建立

2.1.4　相关参数

随机接入相关配置参数通过 SIB2 消息下发给移动台，如图 2-6 所示。与小区接入的相关参数主要有（3GPP TS 36.321）：

（1）基于竞争的随机接入前导的签名个数 60（竞争模式可用的前导个数）；

（2）Group A 中前导签名个数 56（中心用户可用的前导个数）；

（3）PRACH 的功率攀升步长（PowerRampStep）；

（4）初始前缀目标接收功率（PreambleInitialReceivedTargetPower）；

（5）前缀传送的最大次数（PreambleTransMax）；

（6）随机接入响应窗口（RA-ResponseWindowSize）；

（7）MAC 冲突解决定时器（MAC ContentionResolutionTimer）；

（8）MSG3 HARQ 的最大发送次数（maxHARQ-Msg3Tx）；

（9）逻辑根序列索引（rootSequenceIndex），该参数为规划参数；

（10）随机接入前缀的发送配置索引（PrachConfigIndex）；

（11）循环移位的索引（zeroCorrelationZoneconfig）；

（12）eNode B 对 PRACH 的绝对前缀检测门限（PRACH Absolute Preamble Threshold for ENode B Detecting Preamble）。

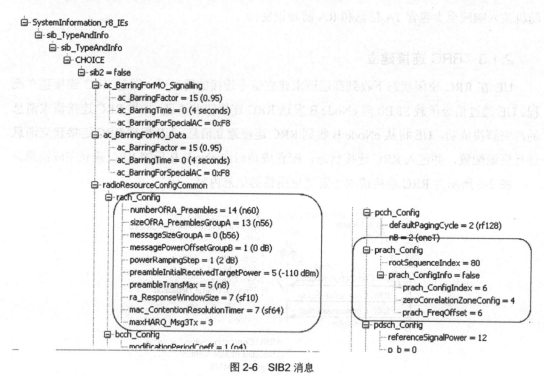

图 2-6　SIB2 消息

初始接入时终端估算的发射功率定义为：

$$P_{PRACH}=\min\{P_{max}, \ PreambleInitialReceivedTargetPower+PL\}$$

其中，P_{max} 表示高层配置的最大允许功率，PL 表示 UE 计算的下行路损估计，$Preamble InitialReceivedTargetPower$ 表示 PRACH 初始前缀目标接收功率。初始前缀目标接收功率设置过小容易造成初始发射功率过低引起接入失败，设置过大容易造成对相邻小区的干扰。实际设置中可以结合网络情况进行区别设置，如郊区（县）、农村可以适当设置得大些，而城区基站密集区域适当设置较小的值。

2.2　S1 连接建立

RRC 建立成功后，eNode B 将 RRC 连接建立完成消息携带的 NAS 消息通过初始 UE 消息发送给 MME，开始建立专用 S1 连接。当 eNode B 收到 MME 发来的初始上下文建立请求消息后，S1 连接建立完成，如图 2-7 所示。

S1 连接建立流程说明如下（参见 3GPP TS 36.413 第 9.1.4 节和第 9.1.7 节）。

（1）Initial UE Message（初始 UE 消息），由基站发往核心网，携带服务小区的 TAI、ECGI、RRC 建立原因，如 Mo-Data、Mo-Signalling、MT-Access，以及 NAS 消息等，请求在核心网创建上下文。eNode B 收到 RRC 连接建立完成消息，将给 UE 分配专用的标识 eNB-UE-S1AP-ID，并将 RRC 连接建立完成消息中的 NAS 消息和 S1APID 填入初始 UE 消息中，发送给 MME。

（2）Initial Context Setup Request（初始上下文建立请求），由核心网发往基站，消息中包含分配的 S-GW 地址（IE 中的传输层地址）、GTP-TEID、承载 QoS、安全上下文等。MME 收到初始 UE 消息后根据网络建立的具体原因处理 UE 业务请求，为 UE 分配专用的标识 MME-UE-S1AP-ID，用于建立 eNode B 和 MME 间的信令路由，指示 eNode B 为该 UE 分配资源建立数据承载。

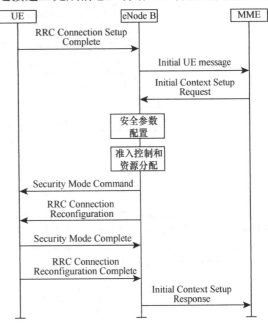

图 2-7　S1 连接建立流程

（3）Initial Context Setup Response（初始上下文建立响应），由 eNode B 发往 MME，消息中包含 eNode B 地址（IE 中的传输层地址）、GTP-TEID、接收的 EPS 承载列表、拒绝的 EPS 承载列表。

图 2-8、图 2-9、图 2-10 所示分别为初始直传消息、初始上下文请求消息和初始上下文响应消息携带的信息内容。

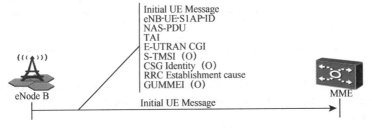

图 2-8　初始直传消息

注：初始 UE 消息必须包含 eNB-UE-S1AP-ID，NAS 协议数据单元、TAI、全球小区识别码（ECGI）、RRC 连接建立原因。有时也会携带 S-TMSI、闭合用户组（CSG）ID 和 GUMMEI 信息。

S1 建立过程中可能出现核心网不响应 UE 消息的情况。这时需要检查 MME 的配置是否正确，如在初始 UE 消息中的 TAC 在 MME 中是否有效、传输层地址配置是否正确，如果配置正常则需要与 MME 联合定位。

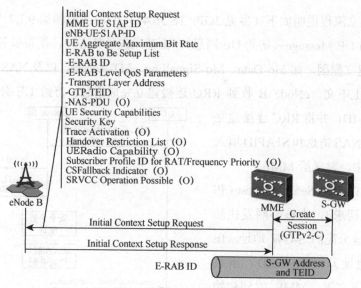

图 2-9　初始上下文请求消息

注：初始上下文建立请求消息主要包括 MME-UE-S1AP-ID、eNB-UE-S1AP-ID、UE 聚合最大速率、请求建立的 ERAB 列表（包含 ERAB ID、ERAB 级的 QoS 参数、SGW IP 地址、GTP-TEID 和 NAS 协议数据单元）、UE 安全能力、安全密钥。根据 UE 状态和业务类型（如业务类型、是否初次接入等），其也可能会携带 UE 无线能力信息、CSFB 回落指示、RAT/频率优先级等信息。

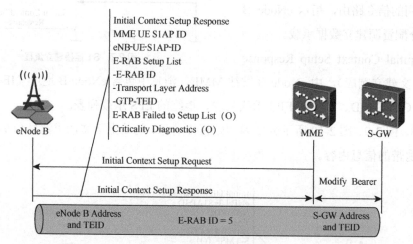

图 2-10　初始上下文响应消息

注：初始上下文建立响应消息主要包含 MME-UE-S1AP-ID、eNB-UE-S1AP-ID、建立的 ERAB 列表（包括建立的 ERAB ID、eNode B IP 地址、GTP-TEID）。如果 ERAB 建立失败，则初始上下文建立响应消息返回 ERAB 建立失败列表和失败原因信息。

2.3　RRC 连接重配置

RRC 连接重配消息主要用于建立、调整和释放无线承载，切换过程中向移动台发送测量控制消息和切换命令消息等，在附着和业务建立流程中用于配置 SRB2 和默认承载 DRB，如表 2-2 所示。

表 2-2   RRC 重配置消息类型

IE 名称	IE 描述
measConfig	测量配置消息
mobilityControlInfo	切换消息
dedicatedInfoNASList	专用信息
radioResourceConfigDedicated	无线资源配置消息
securityConfigHO	切换安全性配置

RRC 重配置流程如图 2-11 所示（详细描述可参考规范 3GPP36.331 第 6.2.2 节[2]）。

流程说明如下。

（1）RRC 连接重配置消息：业务建立过程中 eNode B 向 UE 发起 RRC 连接重配请求，分配 SRB2 和 DRB。切换时用于目标小区资源分配，包括目标小区频率（异频切换）、PCI、接入时使用的 preamble ID 等信息。图 2-12 所示为切换时 RRC 重配置消息内容。

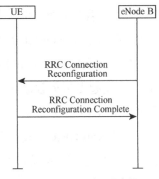

图 2-11　RRC 重配置流程

（2）RRC 连接重配置完成消息：UE 向 eNode B 发送 RRC 连接重配完成。

```
|_rrcConnectionReconfiguration :
|_rrc-TransactionIdentifier :   ---- 0x0(0) ---- *****00*
|_criticalExtensions :
  |_c1 :
    |_rrcConnectionReconfiguration-r8 :
      |_mobilityControlInfo :
        |_targetPhysCellId :   ---- 0x6a(106) ---- ******001101010*
        |_additionalSpectrumEmission :   ---- 0x1(1) ---- ********00000****
        |_t304 :   ---- ms500(4) ---- ****100*
        |_newUE-Identity :   ---- '0000110010110001'B ---- *******0000110010110001*
      |_radioResourceConfigCommon :
        |_prach-Config :
          |_rootSequenceIndex :   ---- 0x0(0) ---- **0000000000****
        |_pusch-ConfigCommon :
          |_pusch-ConfigBasic :
            |_n-SB :   ---- 0x4(4) ---- ****11**
            |_hoppingMode :   ---- interSubFrame(0) ---- ******0*
            |_pusch-HoppingOffset :   ---- 0x19(25) ---- *******0011001**
            |_enable64QAM :   ---- TRUE(1) ---- *******1*
          |_ul-ReferenceSignalsPUSCH :
            |_groupHoppingEnabled :   ---- FALSE(0) ---- *******0
            |_groupAssignmentPUSCH :   ---- 0x0(0) ---- 00000***
            |_sequenceHoppingEnabled :   ---- FALSE(0) ---- *****0**
            |_cyclicShift :   ---- 0x0(0) ---- ******000****
          |_p-Max :   ---- 0x17(23) ---- *110101*
        |_tdd-Config :
          |_subframeAssignment :   ---- sa2(2) ---- *******010*******
          |_specialSubframePatterns :   ---- ssp6(6) ---- **0110**
        |_ul-CyclicPrefixLength :   ---- len1(0) ---- *******0*
        |_rach-ConfigDedicated :
          |_ra-PreambleIndex :   ---- 0x3f(63) ---- *******111111***
          |_ra-PRACH-MaskIndex :   ---- 0x0(0) ---- *****0000********
      |_radioResourceConfigDedicated :
        |_mac-MainConfig :
          |_explicitValue :
            |_ul-SCH-Config :
              |_maxHARQ-Tx :   ---- n5(4) ---- *******0100*****
              |_periodicBSR-Timer :   ---- sf10(1) ---- ***0001*
              |_retxBSR-Timer :   ---- sf320(0) ---- *******000******
            |_ttiBundling :   ---- FALSE(0) ---- **0******
            |_timeAlignmentTimerDedicated :   ---- sf10240(6) ---- ***110**
```

图 2-12　切换时 RRC 重配置信息

2.4 专用承载建立

根据承载类型不同，承载可以分为：

（1）默认承载

（2）专用承载

当 UE 连接到一个 PDN，同时建立一个 EPS 承载时，在 PDN 连接的整个期间建立的承载都将被保留，给 UE 提供 PDN 的"永远在线"的 IP 连接，这个承载作为默认承载。默认承载只能是 Non-GBR 承载，其初始承载等级 QoS 参数由网络基于签约数据分配。

在 UE 完成初始上下文接入过程后，如果默认 EPS 承载的 QoS 不能满足业务需求，UE 可以发起专用承载建立过程。同样，专用承载建立过程也会伴随有 NAS 消息的交互，目的是在 NAS 层协商业务参数，用于接入层的资源分配。专用承载既可以是 GBR 承载，也可以是 Non-GBR 承载。而且专用承载的建立只能由 UE 或者 MME 主动发起，eNode B 不能主动发起，建立或修改一个专用承载仅能由 EPC 决定，并且承载等级 QoS 参数值总是由 EPC 分配，并且只能在连接态下发起该流程。

专用承载建立过程：

① PCRF 根据业务 QoS 参数和用户订阅信息做策略决策，生成 QoS 规则（QCI、ARP、GBR 和 MBR），并通过 Gx 接口传递给 P-GW，发送给 S-GW；

② S-GW 向 MME 发送承载建立请求，包含 IMSI、QoS、TFT、TEID、LBI 等；

③ MME 向 eNode B 发送 E-RAB 建立请求，包含 E-RAB ID、QoS、SGW TEID；

④ eNode B 接收建立请求消息后，建立数据无线承载；

⑤ eNode B 返回 E-RAB 建立响应消息，E-RAB 建立列表信息中包含成功建立的承载信息，E-RAB 建立失败列表消息中包含没有成功建立的承载消息。

专用承载修改流程：

① P-GW 发起承载修改请求，S-GW 将其发给 MME；

② MME 向 eNode B 发送 E-RAB 修改请求消息，修改一个或多个承载（E-RAB 修改列表信息包含每个承载的 QoS）；

③ eNode B 接收到 E-RAB 修改请求消息后，修改数据无线承载；

④ eNode B 返回 E-RAB 修改响应消息，E-RAB 修改列表信息中包含成功修改的承载信息，E-RAB 修改失败列表消息中包含没有成功修改的承载消息。

2.4.1 正常建立过程

图 2-13 所示为 UE 发起的专用承载建立流程，核心网回复承载建立、修改流程。如果是 MME 主动发起的承载建立流程，则图 2-13 的流程中无步骤 1 和步骤 2。

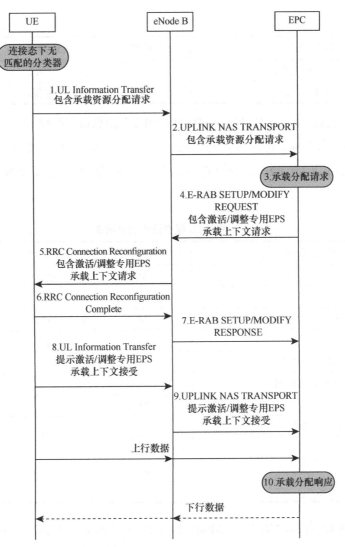

图 2-13　专用 E-RAB 建立流程

流程说明如下。

（1）在完成初始 UE 上下文建立过程后，当 UE 进行业务传输时默认 EPS 承载的 QoS 不能满足业务需求时，通过 NAS 层消息"UPLINK NAS TRANSPORT"交互向 EPC 申请建立专有承载，消息格式如表 2-3 所示。

表 2-3　　　　　　　　　　　　　　UPLINK NAS TRANSPORT 消息格式

IE/组　名称	特性	重要性	分配的重要性
消息类型	必须	重要	忽略
MME-UE-S1AP-ID	必须	重要	拒绝
eNB-UE-S1AP-ID	必须	重要	拒绝
NAS 协议数据单元	必须	重要	拒绝

续表

IE/组 名称	特性	重要性	分配的重要性
E-UTRAN 小区全球识别码（ECGI）	必须	重要	忽略
跟踪区 ID（TAI）	必须	重要	忽略

（2）MME 收到"UPLINK NAS TRANSPORT"消息后，根据 NAS 层消息内容为 UE 分配专用承载资源，并向 eNode B 发送 E-RAB 建立/调整请求消息。消息中主要携带 E-RAB 建立列表，包括 E-RAB ID、承载的 QoS 信息、传输层配置信息以及 NAS 层信息，如表 2-4 所示。

表 2-4　　　　　　　　　　　E-RAB 建立请求消息格式

IE/组 名称	特性	重要性	分配的重要性
消息类型	M	重要	拒绝
MME-UE-S1AP-ID	M	重要	拒绝
eNB-UE-S1AP-ID	M	重要	拒绝
UE 聚合最大速率	O	重要	拒绝
请求建立的 E-RAB 无线承载列表	M	重要	拒绝
>请求建立的 RAB 承载实体 IE			拒绝
>>E-RAB ID	M	—	
>> E-RAB 承载级 QoS 参数	M	—	
>> 传输层地址	M	—	
>> GTP-TEID	M	—	
>>NAS 协议数据单元	M	—	

假设建立 ARP 为 1、MBR 为 2Mbit/s 和 GBR 为 2Mbit/s 的 QCI 为 4 的专用承载，我们可以查看 S1AP ERAB_SETUP_REQ 中的 QoS 参数和配置是否一致，如果一致则配置成功。图 2-14 所示为专用 E-RAB 建立请求消息内容。

（3）eNode B 收到 E-RAB 建立请求消息后，根据 UE 申请的资源按照相应的 RRM 算法为 UE 分配相关资源，包括传输资源、无线资源、调度资源、功率资源、天线资源等，并向 UE 发送 RRC 连接重配置消息。

（4）UE 收到 RRC 连接重配置消息后，根据 eNode B 为其分配的相关资源完成参数配置，并向 eNode B 发送 RRC 连接重配置完成消息，通知 eNode B 完成。

（5）eNode B 完成上述操作后即成功地为 UE 建立起对应的 E-RAB 承载，因此向 MME 发送 E-RAB 建立响应消息，E-RAB 建立流程结束。

2.4.2　异常信令流程

（1）核心网拒绝。图 2-15 所示为核心网拒绝流程。

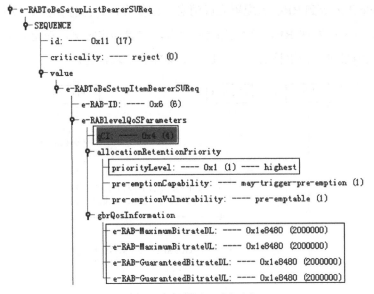

图 2-14 E-RAB 建立请求消息

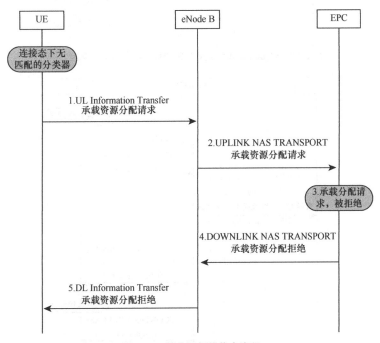

图 2-15 核心网拒绝信令流程

如果消息 5 拒绝原因值是"Unknown EPS Bearer Context"，UE 会本地去激活存在的默认承载。

（2）eNode B 本地建立失败（核心网主动发起的建立）。如果 eNode B 建立失败，会回复 E-RAB 建立响应消息，携带失败建立的承载列表和原因值，核心网应该根据原因值进行处理。eNode B 本地建立失败（核心网主动发起）的流程如图 2-16 所示。

（3）eNode B 未等到 RRC 重配置完成消息，回复失败，流程如图 2-17 所示。

eNode B 给 UE 发送 RRC 连接重配置消息，并启动定时器，在定时器超时后未收到 RRC 重配完成消息时，会给核心网发 UE 上下文释放请求消息。

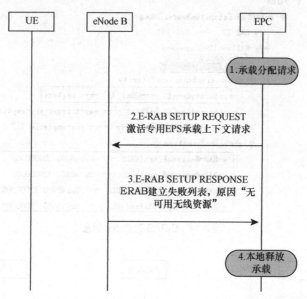

图 2-16　eNode B 本地建立失败流程（核心网主动发起）

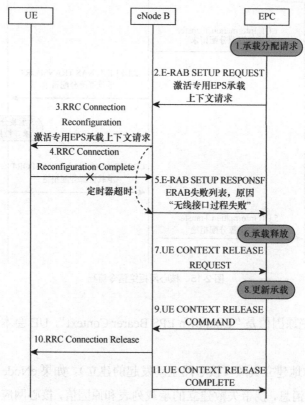

图 2-17　eNode B 未等到 RRC 重配置完成消息回复失败

（4）UE NAS 层拒绝。如果是 UE 的 NAS 层拒绝，则核心网收到后会给 eNode B 发送 E-RAB 释放消息，释放刚刚建立的 S1 承载，此时不带 NAS 协议数据单元（NAS-PDU）。eNode B 收到消息后，发 RRC 重配给 UE 来释放刚建立的 DRB 参数。详细流程如图 2-18 所示。

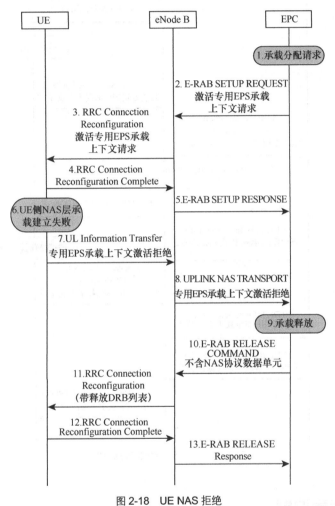

图 2-18　UE NAS 拒绝

（5）上行直传 NAS 消息丢失。上行直传 NAS 消息丢失流程如图 2-19 所示。

如果核心网没有收到 UE 回复的 NAS 消息 8，会重发请求消息，重发 4 次后，如果还没收到应答则放弃。

注：S1 接口消息内容可参考规范 3GPP 36.413。

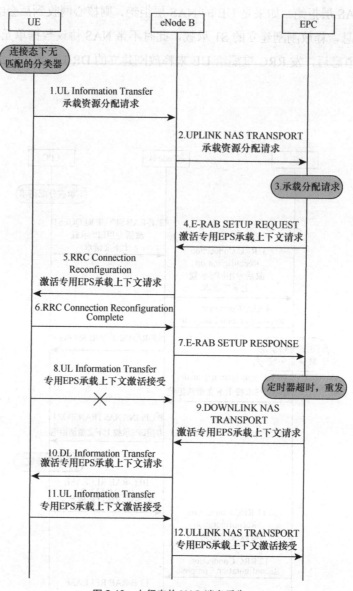

图 2-19　上行直传 NAS 消息丢失

2.5　服务质量控制

EPS 提供丰富多彩的分组业务，如音频、视频、浏览网页、电子邮件等。对不同业务用户的体验要求不一样，如语音要清晰、视频画面要流畅、浏览网页速度要快，EPS 需要将这些体验映射为各个节点能识别处理的技术参数，即 QoS 参数，再根据 QoS 参数控制用户的业务体验。

EPC/E-UTRAN 中服务质量（QoS）控制的颗粒度是一个 EPS 承载。LTE 系统中一个 UE 到一个 P-GW 之间，具有相同 QoS 等级的业务流使用同一个 EPS 承载，相同 EPS 承载的 SDF（Service Data Flow，业务数据流）接收相同承载等级的分组处理，例如调度策略、排队管理策略、速率修正策略、RLC 配置等。

根据 QoS 保证类型的不同，EPS 承载可以分为：

（1）GBR 承载

（2）Non-GBR 承载

GBR 是指承载要求的比特速率被网络"永久"恒定地分配，即使在网络资源紧张的情况下，相应的比特速率也能够保持。

Non-GBR 承载在网络拥堵的情况下，业务需要承受降低速率的要求。由于 Non-GBR 承载不需要占用固定的网络资源，因而可以长时间地建立，而 GBR 承载一般只是在需要时才建立。

2.5.1 QoS 参数

无论是 GBR 承载还是 Non-GBR 承载，都包含 QCI 和 ARP 两个参数。GBR 承载主要用于实时业务，例如语音、视频、实时游戏等，用于专用承载。GBR 承载与 GBR 和 MBR 参数相关联。Non-GBR 承载则主要用于非实时业务，例如 EMAIL、FTP、HTTP 等。Non-GBR 承载与 AMBR 参数关联。当其他 EPS 承载不传送任何数据时，AMBR 中的任一个 Non-GBR 承载都能够使用整个 AMBR。因此，AMBR 参数实际上限制了共享这一 AMBR 的所有承载能提供的总速率。APN-AMBR 由 P-GW 或 UE 限制。UE-AMBR 由 eNode B 限制。QoS 参数说明如表 2-5 所示。

表 2-5　　　　　　　　　　　　　　QoS 参数说明

QoS 参数	参数说明
QCI	3GPP 按照 QoS 要求将业务分成 9 类，并定义相应的 QCI。QCI 标准化了业务的 QoS 要求。每个 QCI 指示每类业务的资源类型、优先级、时延、丢包率等质量要求。QCI 在 EPS 各个网元中传递，避免了协商和传递大量具体的 QoS 参数。EPS 按照 QCI 来控制 QoS，不同 QCI 的 SDF 映射到不同的 EPS 承载
ARP	分配保持优先级，指示一个 EPS 承载相对另一个 EPS 承载的资源分配和保持的优先级。在资源受限情况下，eNode B 可以根据 ARP 决定是否接受一个承载建立/修改请求。在发生拥塞后，eNode B 可以根据 ARP 决定释放掉哪个或者哪几个承载
GBR/MBR	GBR 是承载预期能够提供的比特速率，MBR 是承载能够提供数据速率的上限。 GBR/MBR 均用于对 GBR 承载的带宽管理，系统通过预留资源等方式保证数据流的比特速率在不超过 GBR 时能够全部通过，比特速率超过 MBR 时全部丢弃，比特速率超过 GBR 但小于 MBR 时需要考虑网络是否拥塞，如果拥塞，则丢弃，如果不拥塞，则通过
UE-AMBR/ APN-AMBR	AMBR 是聚合最大比特速率，系统通过限制流量的方式禁止一组数据流集合的比特速率超过 AMBR，多个 EPS 承载可以共享一个 AMBR。AMBR 包括以下几种。 ① APN-AMBR：基于 APN-AMBR 的带宽管理，限制一个 UE 在一个 APN 下创建的所有 Non-GBR 承载所能使用的速率之和。 ② UE-AMBR：基于 UE-AMBR 的带宽管理，限制一个 UE 的所有 Non-GBR 承载所能使用的速率之和

各个网元中使用的 QoS 参数如表 2-6 所示。

表 2-6   各个网元使用的 QoS 参数说明

QoS 参数	QCI	ARP	GBR	MBR	UE-AMBR	APN-AMBR
HSS	Yes	Yes	No	No	Yes	Yes
P-GW	Yes	Yes	Yes	Yes	No	Yes
eNode B	Yes	Yes	Yes	Yes	Yes	No
UE	Yes	No	Yes	Yes	No	Yes

QCI 同时应用于 GBR 和 Non-GBR 承载，承载 QCI 的值决定了其在 eNode B 的处理策略。例如对于丢包率要求比较严格的承载，eNode B 一般通过配置 AM 模式来提高空口传输的准确率。协议中定义了 9 种不同的 QCI 值，如表 2-7 所示。

表 2-7   QCI 定义

QCI	承载类型	优先级	延时指标	丢包率	典型业务
1	GBR	2	100ms	10^{-2}	会话类语音业务
2		4	150ms	10^{-3}	会话类视频（实时流业务）
3		3	50ms	10^{-3}	实时游戏类业务
4		5	300ms	10^{-6}	非会话类视频（缓冲流业务）
5	Non-GBR	1	100ms	10^{-6}	IMS 信令
6		7	100ms	10^{-3}	语音、流媒体直播、交互类游戏
7		6			视频（缓冲流业务），基于 TCP 的业务（如网页浏览、邮件、聊天、P2P 文件共享、FTP 下载等）
8		8	300ms	10^{-6}	
9		9			

在接口上传输的是 QCI 的值而不是其对应的 QoS 属性，主要是为了减少接口上的控制信令数据传输，并且在多厂商互连环境和漫游环境中使得不同设备/系统间的互连互通更加容易。QoS 承载类型、保证类型及对应参数关系，如图 2-20 所示。

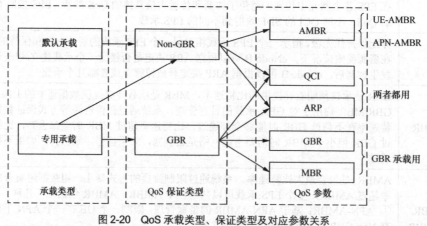

图 2-20 QoS 承载类型、保证类型及对应参数关系

2.5.2 QoS 管理

在用户入网时，用户将签订合约并将定义的合约信息保存在 HSS 中。当用户发起业务

请求时，PCRF 基于 HSS 上用户签约的 QoS 承诺确定 QoS 参数并下发给 P-GW/S-GW 和 eNode B，P-GW/S-GW 和 eNode B 基于该 QoS 参数为该用户提供服务。

eNode B 的 QoS 管理机制如图 2-21 所示。

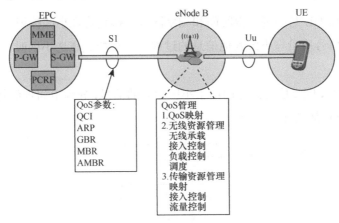

图 2-21　eNode B 的 QoS 管理机制

EPC 通过 S1 接口将业务的 QoS 参数下发给 eNode B，eNode B 将接收到的 QoS 参数映射为 eNode B 内部使用的参数，eNode B 根据 QoS 参数进行资源管理和分配，包括无线资源管理和传输资源管理，为用户提供差异化的服务。

语音业务的无线承载的 QoS 管理遵循 3GPP 定义的 PCC 架构，以保障端到端的语音质量。语音业务 QCI 信息从 IMS（P-CSCF）通过 Rx 接口传递给 PCRF。PCRF 根据业务 QoS 参数和用户订阅信息做策略决策，生成 QoS 规则（QCI、ARP、GBR 和 MBR），并通过 Gx 接口传递给 P-GW，如图 2-22 所示。

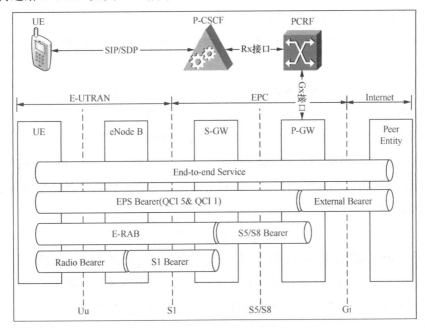

图 2-22　无线承载的 QoS 管理架构

2.6 开机入网流程

2.6.1 小区搜索

小区搜索是指 UE 与小区取得时间和频率同步，得到物理小区标识，并根据物理小区标识，获得小区信号质量与小区其他信息的过程。在选择或重选小区时，UE 将会在所有频点上搜索小区。

在 LTE 系统中，同步信号是专门用于小区搜索的信号，分为主同步信号与辅同步信号。UE 小区搜索的过程如图 2-23 所示。

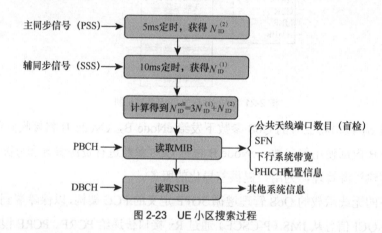

图 2-23 UE 小区搜索过程

（1）UE 检测主同步信号（PSS），获得 5ms 时钟同步，并通过主同步信号映射获取物理小区组内标识 $N_{ID}^{(2)}$。主同步信号（PSS）由长度为 63 的 Zadoff-Chu 序列截去 DC 载波后得到一个长度为 62 的序列构成，共有 3 个 PSS 序列，分别与 3 个物理小区组内标识 $N_{ID}^{(2)}$ 相对应。一个无线帧中两个 PSS 相同，且时间间隔为 5ms，因此 PSS 检测可获得 5ms 定时同步。

（2）UE 检测辅同步信号（SSS），完成帧同步，即完成小区时间同步。物理小区标识组号 $N_{ID}^{(1)}$ 和辅同步信号存在一一映射关系，所以 UE 可以通过辅同步确定物理小区所属的小区组编号 $N_{ID}^{(1)}$。辅同步信号 SSS 由两个长度为 31 的 m 序列通过循环移位构成，一个无线帧中两个 SSS 信号不同，相同 SSS 的时间间隔为 10ms，因此 SSS 检测可获得 10ms 定时同步。

（3）UE 通过物理小区标识组号 $N_{ID}^{(1)}$ 和组内标识号 $N_{ID}^{(2)}$ 计算得到完整物理小区标识 N_{ID}^{cell}，即 PCI。N_{ID}^{cell} 通过以下公式计算：

$$N_{ID}^{cell} = 3N_{ID}^{(1)} + N_{ID}^{(2)}$$

LTE 对于 RS、BCH、PCH 以及控制信令采用小区专用的加扰，并且与物理层小区 PCI 存在映射关系，因此对 BCH 进行解码前必须先获得物理层小区标识 PCI。

（4）UE 检测下行参考信号，通过解调参考信号获得时隙与频率精确同步。

（5）UE 读取 PBCH，获得下行系统带宽、系统帧号、PHICH 配置信息。天线信息映射在 CRC 的掩码当中，UE 通过盲检方式获得公共天线端口数目。

（6）UE 读取系统 SI 信息。首先读取 SIB1 消息，从 SIB1 消息中获得小区接入的相关信息和其他 SIB 的调度信息，根据调度信息接收其他类型的 SIB 消息。

2.6.2 小区选择

小区选择的目的是找到一个适合的小区或者可接受的小区，可以分为两种情况。

（1）开机/重入覆盖区。根据 NAS 指定的 PLMN（s）进行搜索，或利用存储信息加速搜索过程。

（2）离开连接状态。若 RRC 连接释放消息携带了重定向信息，则 UE 在指定的频率/RAT 选择一个合适的小区，否则在 E-UTRAN 频率中选择一个合适的小区。

UE 根据 S 准则进行小区选择，只有满足此条件的小区 UE 才能够选择驻留。小区 S 准则的判决公式为：

$$S_{rxlev} = [Q_{rxlevmeas} - (Q_{rxlevmin} + Q_{rxlevminoffset}) - P_{compensation}] > 0$$

各个参数含义如表 2-8 所示。

表 2-8 小区选择参数的含义

S_{rxlev}	小区选择接收电平值（dB）
$Q_{rxlevmeas}$	测量小区接收电平值 RSRP（dBm）
$Q_{rxlevmin}$	小区要求的最小接收电平值（dBm）
$Q_{rxlevminoffset}$	相对于 $Q_{rxlevmin}$ 的偏移量，防止"乒乓"选择
$P_{compensation}$	max（$P_{emax} - P_{umax}$，0）（dB）
P_{emax}	UE 允许使用的最大上行链路发射功率（dBm），在 SIB1 中下发给移动台
P_{umax}	由终端能力决定的最大上行发送功率，通常为 23dBm[TS 36.101]

UE 根据 S 准则寻找、标识合适的小区。如果找不到合适的小区，则标识一个可以接受的小区。当寻找到适合的小区或可以接受的小区后发起小区重选过程（适合的小区定义为 UE 可以正常驻留的小区，可以接受的小区定义为 UE 可以尝试发起紧急呼叫的小区）。

2.6.3 小区重选

小区重选是指 UE 在空闲模式下通过监测邻区和当前小区的信号质量以选择一个最好的小区提供服务的过程。当 UE 驻留当前 LTE 小区超过 1s 后，邻区的信号质量及电平满足 R 准则且满足一定重选判决准则时，终端将接入该小区驻留。

小区重选过程包括测量和重选两个过程，终端根据网络配置的相关参数（在 SIB3 下发给移动台），在满足条件时发起相应的流程。根据目标小区类型，小区重选可以分为以下两种情况。

（1）系统内同频小区测量及重选。

（2）异频/异系统小区测量及重选。

与 2/3G 网络不同，LTE 系统中引入了重选优先级的概念。在 LTE 系统，网络可配置不同频点或频率组的优先级，通过系统消息或通过 RRC 连接释放消息通知 UE。对应参数为小区重选优先级（cellReselectionPriority），取值为（0，1，2，…，7），配置单位是频点。若 UE 收到 RRC 连接释放消息中携带频率优先级信息，此时 UE 忽略广播消息中的优先级信息。对于重选优先级高于服务小区的载频，UE 始终对其测量。图 2-24 所示为不同优先级的小区重选示意。

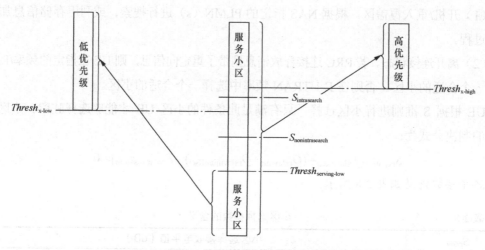

图 2-24 不同优先级的小区重选示意

注：$S_{intrasearch}$ 同频测量启动门限，$S_{nonintrasearch}$ 异频/异系统测量启动门限，$Thresh_{serving-low}$ 服务频点低优先级重选门限，$Thresh_{x-low}$ 低优先级邻区重选门限，$Thresh_{x-high}$ 高优先级重选门限。

通过配置各频点的优先级，网络能更方便地引导终端重选到高优先级的小区驻留，达到均衡网络负荷、提升资源利用率、保障 UE 信号质量等作用。

1．重选到高优先级小区的触发条件

（1）UE 在当前小区驻留超过 1s。

（2）高优先级邻区的 $S_{nonservingcell}>Thresh_{x-high}$。

（3）时间 $T_{reselection}$ 内 $S_{nonservingcell}$ 一直好于该阈值 $Thresh_{x-high}$。

$S_{nonintrasearch}$ 仅用于重选优先级相同或低于服务频点的异频/异系统，对于优先级高于服务小区的频点，UE 始终对其测量。重选到高优先级小区时不考虑服务小区电平，即使服务小区 S_{rxlev} 好于高优先级小区 $S_{nonservingcell}$，只要高优先级小区满足 $Thresh_{x-high}$ 条件就可以触发重选。

2．重选到同优先级小区的触发条件

同优先级小区重选包括测量启动和重选触发两个过程。

（1）测量启动条件

RRC 层根据服务小区 RSRP 测量结果计算 S_{rxlev}，并将其与 $S_{intraSearch}$ 和 $S_{nonintraSearch}$ 比较作为启动邻区测量的判决条件。判断规则如下。

同频测量启动准则：　　　　　　　　服务小区 $S_{rxlev} \leqslant S_{intraSearch}$。

异频/异系统测量启动准则：　　服务小区 $S_{\text{rxlev}} \leqslant S_{\text{nonintraSearch}}$。

通常要求 $S_{\text{nonintraSearch}}$ 设置小于 $S_{\text{intraSearch}}$。

（2）重选触发条件

同频小区，或同优先级异频小区重选采用 R 准则。

$$R_s = Q_{\text{meas, s}} + Q_{\text{Hyst}}$$

$$R_n = Q_{\text{meas, n}} - Q_{\text{offset, n}}$$

其中，Q_{meas} 为服务小区或邻小区 RSRP 测量值，Q_{Hyst} 为小区重选迟滞值，表示 UE 在小区重选时服务小区测量的电平 RSRP 的迟滞值。迟滞值越大服务小区的边界越大，则 UE 越难重选到邻区。$Q_{\text{offset, n}}$（Cell Q_{offset}）小区偏置，表示本小区与邻区之间的偏置，用于控制邻小区重选的难易程度，参数值越大 UE 越难重选到此邻区。同频情况下如 $Q_{\text{offsets, n}}$ 有效，等于 $Q_{\text{offsets, n}}$ 值，异频情况下如 $Q_{\text{offsets, n}}$ 有效，等于 $Q_{\text{offsets, n}}$ 与 $Q_{\text{offsetfrequency}}$ 之和。该参数在系统消息 SIB4、SIB5 中下发。

当 UE 驻留在当前服务小区超过 1s，且 $T_{\text{reselection}}$ 时间段内新小区 R_n 超过服务小区 R_s 时，UE 重选至目标小区。

3. 低优先级小区重选的触发条件

低优先级小区重选包括测量启动和重选触发两个过程。

（1）测量启动条件

RRC 层根据服务小区 RSRP 测量结果计算 S_{rxlev}，并将其与 $S_{\text{nonintrasearch}}$ 比较作为启动邻区测量的判决条件。判断规则如下：

低优先级邻区测量启动准则：服务小区 $S_{\text{rxlev}} \leqslant S_{\text{nonintrasearch}}$。

（2）重选触发条件

重选到低优先级邻区需要同时满足下面 5 个条件。

- UE 驻留在当前小区超过 1s。
- 高优先级和同优先级频率层上没有其他合适的小区。
- 服务小区 $S_{\text{servingcell}} < Thresh_{\text{serving-low}}$。
- 低优先级邻区 $S_{\text{nonservingcell}} > Thresh_{\text{x-low}}$。
- 时间 $T_{\text{reselection}}$ 内 $S_{\text{nonservingcell}}$ 一直好于该阈值 $Thresh_{\text{x-low}}$，则重选到低优先级小区。

2.6.4　附着过程

附着流程用于完成 UE 在网络中的注册。附着完成后默认承载建立成功，同时完成用户位置登记、临时身份标识 S-TMSI 的分配，以及 UE 的 IP 地址分配。附着流程空口和 S1接口的主要消息如图 2-26 所示。附着过程涉及的主要网元和接口如图 2-25 所示。

流程说明如下。

（1）步骤 1～5 建立 RRC 连接，步骤 6～9 建立 S1 连接，完成这些过程标志着 NAS 信令连接建立完成。

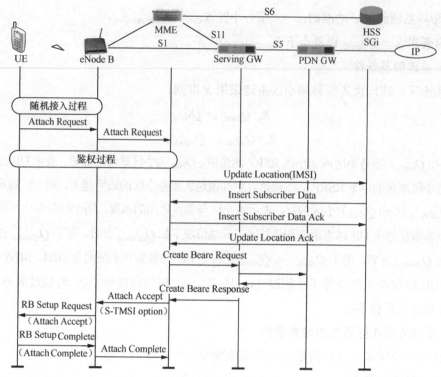

图 2-25　UE 附着过程涉及的主要网元、接口

（2）消息 7：UE 刚开机第一次附着时使用 IMSI，无 UE 识别过程。后续如果有 GUTI，使用 GUTI 附着，核心网才会发起 UE 识别过程（为上下行直传消息）。

（3）消息 9：该消息为 MME 向 eNode B 发起的初始上下文建立请求，请求 eNode B 建立承载资源，同时携带安全上下文、用户无线能力（可选）、切换限制列表（可选）等参数。UE 的安全能力参数通过附着请求消息发送给核心网，核心网再通过该消息发送给 eNode B。如果 UE 的网络能力（安全能力）信息改变的话，需要发起 TAU。

（4）消息 10～12：如果消息 9 带了 UE 无线能力信息单元，则 eNode B 不会发送 UE 能力查询消息给 UE，即没有 10～12 过程；否则会进行 UE 能力查询过程，UE 上报无线能力信息后，eNode B 再发 UE 能力信息指示消息给核心网上报 UE 的无线能力信息。为了减少空口开销，在空闲态下 MME 会保存 UE 无线能力信息，在初始上下文建立请求消息发送给 eNode B。除非 UE 在执行附着、GERAN/UTRAN 附着后第一次 TA 更新或 UE 无线能力改变引发的 TAU 过程，这些情况下 MME 不会带 UE 无线能力信息给 eNode B，而把本地保存的 UE 无线能力信息删除，这时 eNode B 会要求 UE 提供能力信息，并报给 MME。在连接态下，eNode B 会一直保存 UE 无线能力信息。UE 的 E-UTRAN 无线能力信息如果发生改变，需要先分离、再附着。

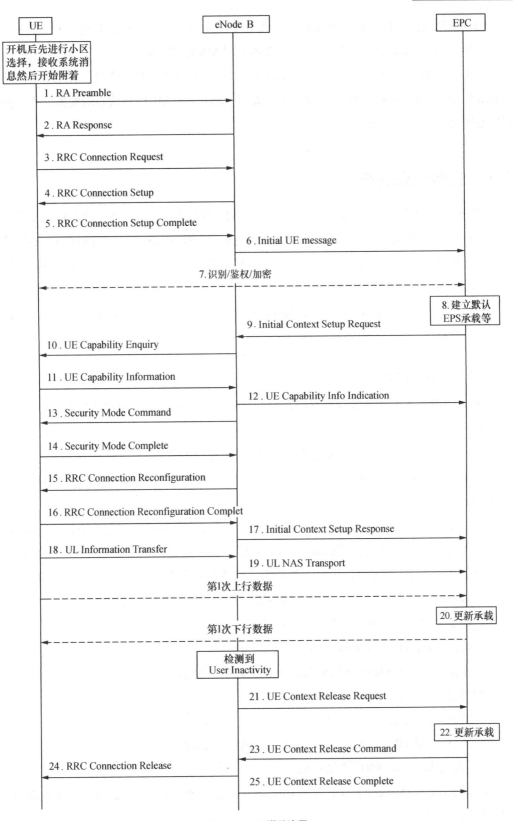

图 2-26　UE 附着流程

（5）消息 21～25：UE 上下文释放，其触发条件通常是由于人工干预、未知的失败原因、用户未激活、UE 侧信令连接释放，或核心网 MME 侧问题，如鉴权失败等。

如果发起 IMSI Attach 时，UE 的 IMSI 与另外一个 UE 的 IMSI 重复，并且其他 UE 已经完成登记，则核心网会释放先前的 UE。如果 IMSI 中的 MNC 与核心网配置的不一致，则核心网会回复附着拒绝。

2.7　业务建立流程

UE 在空闲模式下需要发送或接收业务数据时，发起业务建立过程。当 UE 发起业务建立时需先发起随机接入过程，业务建立请求消息由 "RRC Connection Setup Comlete" 携带给网络，整个流程类似于主叫过程。当下行数据到达时，网络侧先对 UE 进行寻呼，随后 UE 发起随机接入过程和业务建立过程，类似于被叫接入。业务建立流程的目的是完成初始上下文建立，在 S1 接口上建立 S1 承载，在 Uu 接口上建立数据无线承载，打通 UE 到 EPC 之间的路由，为后面的数据传输做好准备。

2.7.1　主叫流程

UE 在空闲模式下需要发送数据时，发起主叫业务建立过程，如图 2-27 所示。

（1）消息 1～5 是 RRC 建立过程，又称为空口建立。

（2）消息 6～8 是初始上下文建立，也称为 S1 接口的建立。

① 消息 6 初始 UE 消息由 eNode B 向 EPC 发起，包含业务请求信息，服务小区的 TAI 和 ECGI。

② 消息 7 为鉴权过程，当 UE 与 EPC 第一次进行注册时进行，之后不再进行确认。

③ 消息 8 初始上下文建立请求消息，请求 eNode B 建立承载资源，同时携带安全上下文信息，S-GW 的 IP 地址，用户无线能力（可选）等参数。

（3）消息 9～11，是消息 8 中没有携带用户无线能力信息时发起的流程。

① 消息 9 是 eNode B 向 UE 发起 UE 能力询问。

② 消息 10 是 UE 向 eNode B 发送 UE 能力信息。

③ 消息 11 是 eNode B 向 EPC 发送 UE 能力信息指示。

（4）消息 12～13，安全模式激活。

① 消息 12 是 eNode B 向 UE 发起安全模式激活命令。

② 消息 13 是 UE 向 eNode B 发送安全模式激活完成。

（5）消息 14～15，RRC 连接重配。

① 消息 14 是 eNode B 向 UE 发起 RRC 连接重配请求，为用户分配信令无线承载 SRB2 和数据承载 DRB。

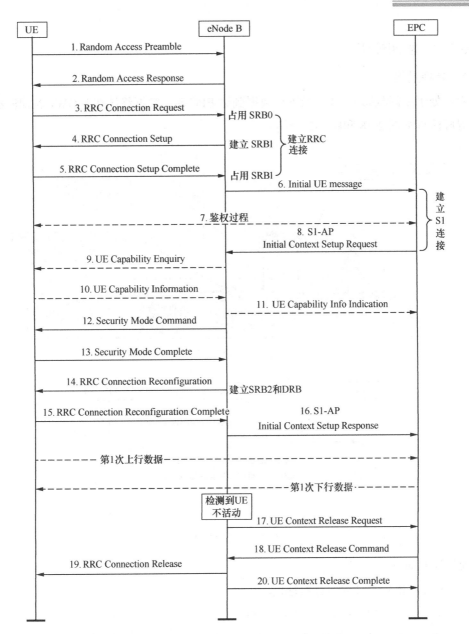

图 2-27　UE 主叫流程

② 消息 15 是 UE 向 eNode B 发送 RRC 连接重配完成。

（6）消息 16 是对消息 8 初始上下文建立请求的响应消息，完成 ERAB 承载建立，消息携带 eNode B 的 IP 地址、EPS 承载列表等。

（7）消息 17～20，UE 上下文释放操作，释放 NAS 信令连接和 RRC 信令连接。

2.7.2 被叫流程

1．寻呼过程

对于处于空闲状态的 UE，当下行数据到达 EPC 时，数据终结在 S-GW，MME 发起寻呼。寻呼流程如图 2-28 和图 2-29 所示。

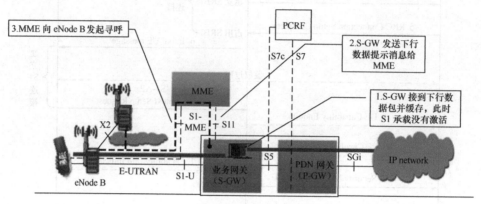

图 2-28　寻呼过程

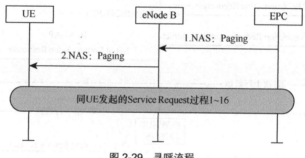

图 2-29　寻呼流程

流程说明如下。

（1）S-GW 接收并缓存下行数据包。

（2）S-GW 向 MME 发出下行数据通知。

（3）MME 向 UE 注册的 TA 列表内的所有 eNode B 发出寻呼消息，要求 eNode B 在其覆盖范围内寻呼 UE。

（4）UE 收到寻呼后，发起业务请求流程，重建无线承载和 S1-U 承载，S-GW 开始清空缓存。

2．不连续接收

为了降低终端功耗，通常建议开启不连续接收功能（DRX）。终端周期时间内只在特定子帧监听是否有自己的寻呼消息。DRX 实现过程如下。

（1）终端在一个 DRX 的周期内，只在相应的寻呼无线帧（PF）上的寻呼时刻（PO）监听 PDCCH 上是否携带有 P-RNTI，进而判断相应的 PDSCH 上是否有其承载寻呼消息。

（2）如果有其寻呼消息，按照 PDCCH 上的指示接收 PDSCH 物理信道上的数据，否则依照 DRX 周期进入休眠。

利用这种机制，在一个寻呼周期内终端只在特定时刻接收 PDCCH，然后再根据需要接收 PDSCH，而其他时间可以休眠，以达到省电的目的。主要寻呼参数说明如下。

（1）T：寻呼周期，在系统消息 SIB2 中广播给终端，取值范围是 {32, 64, 128, 256}，单位是无线帧。

（2）nB：寻呼密度，表示在一个寻呼周期内包含的寻呼时刻（子帧）的数量。网络在系统消息 SIB2 中广播给终端，取值范围 {4T, 2T, T, 1/2T, 1/4T, 1/8T, 1/16T, 1/32T}。

（3）N: min(T, nB)，取 {T, nB} 两者最小值。

（4）Ns: max(1, nB/T)，取 {1, nB/T} 两者最大值。

（5）UE_ID: $IMSI$ mod 1 024，取 $IMSI$ 除以 1 024 的余数。

寻呼无线帧 PF 和寻呼子帧 PO 的计算如下。

函数 mod 表示求余数，div 表示整除，floor 表示求最接近的倍数，如 5 mod 3=2，7 div 3=2，floor(8, 3)=6。

（1）寻呼无线帧 PF

$$SFN \bmod T = (T \operatorname{div} N) \times (UE\_ID \bmod N)$$

凡是满足上面公式的所有系统帧号 SFN 的值，都是寻呼无线帧 PF。

（2）寻呼子帧 PO

首先计算 i_s，计算公式为：i_s = floor(UE_ID, N) mod Ns，然后利用 i_s 与 PO 之间的映射关系得到寻呼子帧位置 PO，详见规范 3GPP 36.304[4]。

FDD 情况下 i_s 与 PO 之间对应关系如表 2-9 所示。

表 2-9　　　　　　　　　　　FDD 情况下 i_s 与 PO 之间对应关系

N_s	PO（i_s=0）	PO（i_s=1）	PO（i_s=2）	PO（i_s=3）
1	4	N/A	N/A	N/A
2	4	9	N/A	N/A
4	0	4	5	9

TDD 情况下 i_s 与 PO 之间对应关系如表 2-10 所示。

表 2-10　　　　　　　　　　　TDD 情况下 i_s 与 PO 之间对应关系

N_s	PO（i_s=0）	PO（i_s=1）	PO（i_s=2）	PO（i_s=3）
1	0	N/A	N/A	N/A
2	0	5	N/A	N/A
4	0	1	5	6

PO 是终端需要监听的 PDCCH 在无线帧上的子帧号，因此需计算出 PF 之后，再计算出本终端的 PO 在 PF 上的位置 i_s，然后再根据 i_s 与 PO 之间的映射关系，得到终端应该

去监听的 PDCCH 物理信道所出现的准确时间位置。

假定 FDD-LTE 系统，T 为 64，即 DRX 周期=64；nB=2T，则可以得到：N=min（T, nB）=64；Ns=max($1, nB/T$)=2；$UE\_ID = IMSI$ mod 1024 = 5。根据 PF 计算公式，当 SFN=5，64＋5，…，的时候，满足 SFN mod T = (T div N) ×(UE_ID mod N)=5。i_s = floor(UE_ID, N) mod Ns =0，查表得出 PO＝4（FDD），如图 2-30 所示。

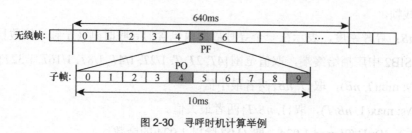

图 2-30　寻呼时机计算举例

2.8　切换流程

LTE 连接态移动管理可以分为同频切换、异频切换、异系统切换和非切换原因的重定向 4 类，如图 2-31 所示。

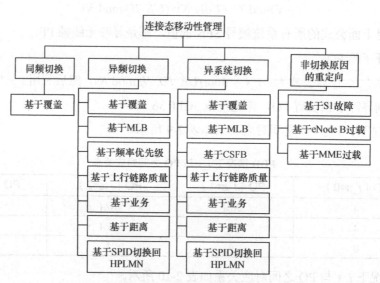

图 2-31　LTE 连接态移动管理

整个切换流程可分为 3 个阶段 6 个步骤，3 个阶段分别是测量、判决和执行。

（1）测量阶段。UE 根据 eNode B 下发的测量配置消息进行相关测量，并将测量结果上报给 eNode B。

（2）判决阶段。eNode B 根据 UE 上报的测量结果进行评估，决定是否触发切换。

（3）执行阶段。eNode B 根据决策结果，控制 UE 切换到目标小区，由 UE 完成切换。

LTE 切换的 6 个步骤分别为测量控制下发、测量报告上报、切换判决、资源准备、切换执行、原有资源释放。

根据网元，LTE 切换又可以分为站内切换、站间 X2 切换和站间 S1 切换 3 类，如图 2-32 所示。

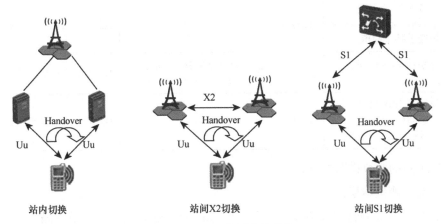

图 2-32　LTE 系统内切换种类

站内切换不涉及 S1、X2 接口。站间 X2 切换要求两基站间配置 X2 接口，且传输正常；站间 S1 切换发生在两基站没有配置 X2 接口或 X2 接口故障，或两基站跨 MME 场景下。

2.8.1　测量事件类型

对连接态的 UE 终端，E-UTRAN 通过专用信令消息下发 UE 测量配置信息。UE 根据 E-UTRAN 提供的测量配置信息进行测量，并上报测量报告，包括服务小区、邻区和监测到其他小区 RSRP 等信息。测量上报分为周期性上报和事件型上报两类，其中事件触发上报是协议中为切换测量与判决定义的一个概念，涉及 5 类 LTE 系统内切换触发事件和 2 类异系统切换触发事件，见表 2-11，详细描述可参考 3GPP 36.331 第 5.5 章节。

表 2-11　　　　　　　　　　　　　　　　　LTE 事件触发种类

事件	描述	规则	使用方法
A1	服务小区质量高于某个阈值	A1-1（触发）：$Ms-Hys>Thresh$ A1-2（取消）：$Ms+Hys<Thresh$	A1 用于停止异频/异系统测量。但在基于频率优先级的切换中，A1 用于启动异频测量
A2	服务小区质量低于某个阈值	A2-1（触发）：$Ms+Hys<Thresh$ A2-2（取消）：$Ms-Hys>Thresh$	A2 用于启动异频/异系统测量。但在基于频率优先级的切换中，事件 A2 用于停止异频测量
A3	同频/异频邻区质量与服务小区质量的差值高于某个阈值"Off"	A3-1（触发）： $Mn+Ofn+Ocn-Hys>Ms+Ofs+Ocs+Off$ A3-2（取消）： $Mn+Ofn+Ocn+Hys<Ms+Ofs+Ocs+Off$	A3 用于启动同频/异频切换请求和 ICIC 决策
A4	异频邻区质量高于某个阈值	A4-1（触发）： $Mn+Ofn+Ocn-Hys>Thresh$ A4-2（取消）： $Mn+Ofn+Ocn+Hys<Thresh$	A4 用于启动异频切换请求

续表

事件	描述	规则	使用方法
A5	异频邻区质量高于某个阈值,而服务小区质量低于某个阈值	A2+A4	A5用于启动异频切换请求
B1	异系统邻区质量高于某个阈值	B1-1（触发）：$Mn+Ofn-Hys>Thresh$ B1-2（取消）：$Mn+Ofn+Hys<Thresh$	B1用于启动异系统切换请求
B2	异系统邻区质量高于某个阈值,而服务小区质量低于某个阈值	A2+B1	B2用于启动异系统切换请求

表 2-11 中的参数说明如下。

Mn：邻区测量结果。

Ofn：邻区频率的特定频率偏置，由参数 QoffsetFreq 决定，此参数在测量控制消息的测量对象中下发。

Ocn：邻区的小区偏移量，由参数 CellIndividualOffset(CIO)决定。用于控制同频测量事件发生的难易程度，该值越大越容易触发同频测量报告上报。当该值不为零时在测量控制消息中下发，否则不下发，公式计算时默认为 0。参考 3GPP TS 36.331。

Ms：服务小区的测量结果。

Ofs：服务小区的特定频率偏置，由参数 QoffsetFreq 决定，此参数在测量控制消息的测量对象中下发。

Ocs：服务小区的特定小区偏置，由参数 CellSpecificOffset 决定。此参数在测量控制消息中下发。

Hys：事件迟滞参数，如 A3 事件由参数 IntraFreqHoA3Hyst 决定，在测量控制消息中下发。

Off：事件 A3 偏置参数，由参数 IntraFreqHoA3Offset 决定。该参数针对事件 A3 设置，用于调节切换的难易程度，该值与测量值相加用于事件触发和取消的评估。此参数在测量控制消息的测量对象中下发，可取正值或负值，当取正值时，增加事件触发的难度，延缓切换；当取负值时，降低事件触发的难度，提前进行切换。

1．同频切换事件上报

同频切换只能使用 A3 事件。在触发时间 T_{A3} 内邻区质量一直高于服务小区质量，满足一定偏置时，UE 上报 A3 事件。eNode B 收到 A3 后进行切换判决。

A3-1（触发条件）：$Mn+Ofn+Ocn-Hys>Ms+Ofs+Ocs+Off$

A3-2（取消条件）：$Mn+Ofn+Ocn+Hys<Ms+Ofs+Ocs+Off$

A3 事件示意如图 2-33 所示。

2．异频切换事件上报

A2 事件：用于启动异频测量，服务小区信号的电平或质量低于指定门限时触发。UE

上报 A2 事件后，eNode B 下发异频测量控制信息给移动台。

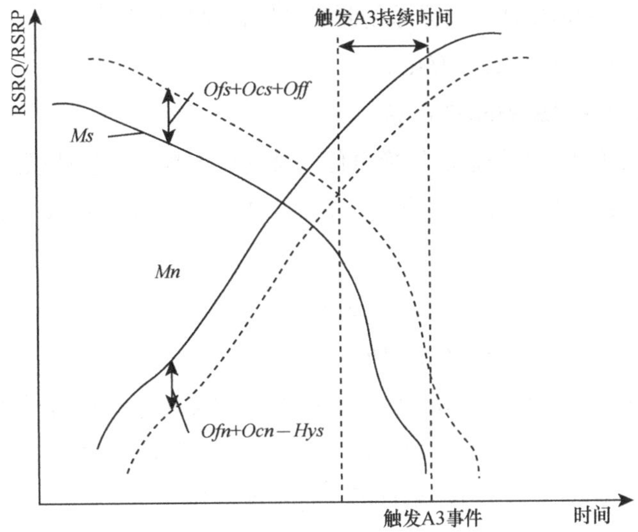

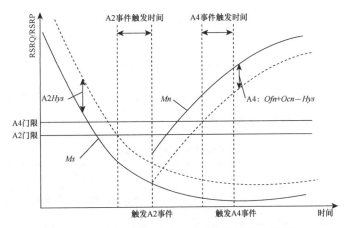

图 2-33　同频切换事件（A3 事件）示意

（1）A2-1（触发）：$Ms+Hys<Thresh$

（2）A2-2（取消）：$Ms-Hys>Thresh$

A4 事件：用于触发系统内异频切换。移动台上报 A2 事件后，网络侧下发 A4 事件测量控制。邻区质量高于 A4 事件指定门限时 UE 上报 A4 事件。eNode B 收到 A4 事件后进行切换判决。

（1）A4-1（触发）：$Mn+Ofn+Ocn-Hys>Thresh$

（2）A4-2（取消）：$Mn+Ofn+Ocn+Hys<Thresh$

A4 事件示意如图 2-34 所示。

图 2-34　异频切换事件（A2 事件和 A4 事件）示意

3. 异系统切换事件上报

异系统切换事件分为两类：基于非覆盖切换的 B1 事件和基于覆盖切换的 B2 事件。

A2 事件：用于启动异系统测量，服务小区信号的电平或者质量低于指定门限时触发。UE 上报 A2 事件后，eNode B 下发异系统测量控制信息给移动台。

（1）A2-1（触发）：$Ms+Hys<Thresh$

（2）A2-2（取消）：$Ms-Hys>Thresh$

B1 事件：异系统基于非覆盖的切换事件。移动台上报 A2 事件以后，网络侧下发 B1 事件测量控制。异系统邻区质量高于指定门限时，UE 上报 B1 事件，eNode B 收到 B1 事件后进行切换判决。

（1）B1-1（触发）：$Mn+Ofn-Hys>Thresh$

（2）B1-2（取消）：$Mn+Ofn+Hys<Thresh$

B2 事件：异系统基于覆盖的切换事件。移动台上报 A2 事件后，网络侧下发 B2 事件测量控制。服务小区信号质量低于一个绝对门限且系统邻区信号质量高于设置的门限 2 时，UE 上报 B2 事件，eNode B 收到 B2 事件后进行切换判决。

（1）B2-1（触发）：$Mn+Ofn-Hys>Thresh1$ 同时 $Ms+Hys<Thresh2$

（2）B2-2（取消）：$Mn+Ofn+Hys<Thresh1$ 或者 $Ms-Hys>Thresh2$

B2 事件示意如图 2-35 所示。

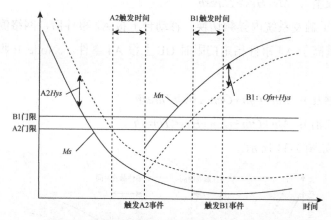

图 2-35　异系统切换事件（A2 事件和 B1 事件）示意

和 2/3G 系统类似，在 LTE 切换原因中也分为覆盖切换、质量切换等不同原因的切换，表 2-12 所示为不同切换类型定义的条件。

表 2-12　　　　　　　　　　　　　　不同切换类型定义条件

切换类型		测量触发
基于覆盖	同频切换	在 UE 建立无线承载时，eNode B 通过信令 RRC 连接重配置消息默认下发同频邻区测量配置信息
	异频切换 异系统切换	基于覆盖的异频/异系统切换测量配置在服务小区信号质量小于一定门限时下发

续表

切换类型		测量触发
基于负载	异频切换 异系统切换	基于负载的异频/异系统切换测量均由 MLB（Mobility Load Balancing）算法触发
基于频率 优先级	异频切换	基于频率优先级的异频切换测量配置在服务小区信号质量大于一定门限时下发
基于业务	异频切换 异系统切换	在处理初始上下文建立请求消息或承载建立、修改、删除消息之后，判断识别 UE 的业务状态，识别有需要切换的 QCI 用户。 异频：QCI 指定频点与当前频点不同时，触发异频测量，将 UE 切换到 QCI 指定的频点上。 异系统：含有某个 QCI（一般是 QCI=1）的 UE，触发异系统测量，切换到异系统
基于上行 链路质量	异频切换 异系统切换	当 eNode B 发现 UE 上行链路质量变差时，则触发基于上行链路质量的异频/异系统切换测量
基于 SPID 切换回 HPLMN	异频切换 异系统切换	判断 SPID 表中最高优先级的频点所属的 PLMN 是否与当前服务小区频点所属的 PLMN 相同，如果不同，则启动异频/异系统测量，测量对象为 SPID 表中所有比服务小区所在频点优先级更高的异频/异系统邻区频点，收到 A4/B1/B2 测量报告后启动切换
基于距离	异频切换 异系统切换	当 eNode B 发现 UE 上报的 TA 值超过某一个门限时，则触发基于距离的异频/异系统测量
CSFB	异系统切换	当 UE 在 LTE 系统发起语音业务时，则启动异系统测量（只能是支持语音业务的异系统，包括 GERAN、UTRAN），然后根据测量上报结果发起异系统切换

4. 异频/异系统测量 GAP

通常情况下 UE 只有一个接收机，同一时刻只能在一个频点上接收信号。异频与异系统测量时 UE 需要离开当前频点一段时间来进行测量。GAP 定义了异频或异系统测量时 UE 离开当前频点到其他频点测量的时间间隔。当需要进行异频或异系统测量时，eNode B 将下发测量 GAP 相关配置，UE 将按照 eNode B 的配置指示启动测量 GAP。测量 GAP 有模式 1 和模式 2，模式 1 中 T_{gap} 为 6ms，周期 T_{period} 为 40ms；模式 2 中 T_{gap} 为 6ms，周期 T_{period} 为 80ms，采用哪种模式进行测量由参数 GapPatternType 决定。

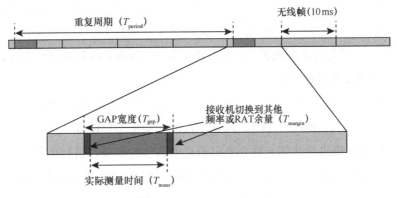

图 2-36　GAP 周期示意

71

2.8.2 切换信令流程

1. 基站内切换

站内切换的过程比较简单，由于切换源小区和目标小区都在一个小区，所以基站在内部进行判决，并且不需要向核心网申请更换数据传输路径，如图 2-37 所示。

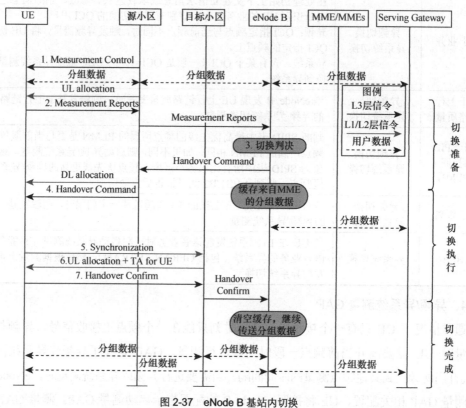

图 2-37　eNode B 基站内切换

流程说明如下。

消息 1：eNode B 向 UE 发送测量控制消息，包含测量对象、报告配置、测量标识、服务小区测量门限等。UE 根据 eNode B 下发的测量配置消息进行相关测量。

消息 2：UE 上报合适的测量报告，包含测量标识、服务小区测量结果 RSRP 和 RSRQ、邻小区测量结果 PCI 和 RSRP 等。

消息 3～4：基站收到测量报告后进行切换判决，并下发切换命令给 UE，要求切换到新的小区，消息中包含目标小区 PCI、频点、T304、新的 UEID 等。

消息 5～7：UE 接收到此信元后会采用消息中携带的配置在目标小区接入。

接入成功后，目标小区会上报重配置完成消息，指示基站切换成功。基站收到在新小区的完成消息后会按照新小区的配置给 UE 重新下发测量配置。

2．X2 接口切换

eNode B 收到测量报告后先通过 X2 口向目标小区发送切换申请,得到目标小区反馈后才会向终端发送切换命令,UE 接入成功后 eNode B 向核心网发送用户面切换请求,目的是通知核心网将终端的数据传输路由转移到目标小区,如图 2-38 所示。

消息 1:在无线承载建立时,源 eNode B 下发测量控制消息给 UE,用于控制 UE 连接态的测量过程。

消息 2:UE 根据测量结果上报测量报告。

消息 3:源 eNode B 根据测量报告进行切换决策。

消息 4:当源 eNode B 决定切换后,源 eNode B 通过 X2 口发出切换请求消息给目标 eNode B,通知目标 eNode B 准备切换。

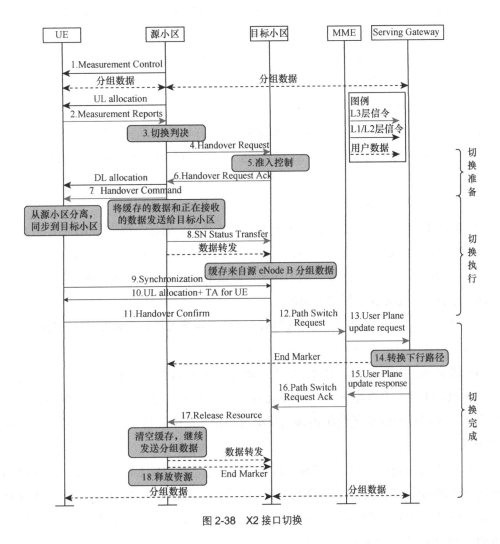

图 2-38　X2 接口切换

消息 5:目标 eNode B 进行准入判断,若判断为资源准入,再由目标 eNode B 依据 EPS

的 QoS 信息执行准入控制。

消息 6：目标 eNode B 对源 eNode B 发送切换请求响应消息。

消息 7：源 eNode B 下发切换命令给 UE，指示切换开始。

消息 8：源 eNode B 将 PDCP SN 传送给目标 eNode B，并随后开始数据转发。

消息 9～10：UE 进行目标 eNode B 的随机接入，完成 UE 与目标 eNode B 之间的上行同步。

消息 11：当 UE 成功接入目标小区时，UE 发送 RRC 连接重配置完成消息给目标 eNode B。

消息 12～16：目标 eNode B 通过 S1 口发送用户面切换请求消息给核心网，告知核心网 UE 已经切换到新 eNode B，要求核心网完成用户面切换。

消息 17：核心网完成用户面切换后，向目标 eNode B 发送用户面切换请求响应消息，表示可以在新的 SAE 承载上进行业务通信。

消息 18：通过发送 UE 上下文释放消息，目标 eNode B 通知源 eNode B 切换成功，并触发源 eNode B 的资源释放。

3. S1 接口切换

S1 切换发生在没有 X2 口或 X2 接口故障时，其切换流程和 X2 口基本一致，但所有的站间交互信令都是通过核心网 S1 口转发，时延比 X2 口略大。S1 接口切换如图 2-39 所示。

（1）消息 1～3：同 X2 切换。

（2）消息 4：源 eNode B 向 MME 发送切换请求消息，消息中携带 MME-UE-S1AP-ID、eNode B-UE-S1AP-ID、切换类型、切换原因、源基站标识、目标基站标识等。如果本流程属于不同 MME 下两个 eNode B 之间的切换，则该消息可以通过 MME 侧的路由功能被正确地转发给目标 eNode B 所属的 MME。

（3）消息 5：目标 eNode B 从所属 MME 收到切换请求消息后触发目标 eNode B 进行切换准备，为该用户在新的小区下建立新的 SAE 承载。

（4）消息 6：目标 eNode B 根据 EPS 承载的 QoS 为用户分配资源，并且为用户预留一个 C-RNTI 及一个 RACH 导码（RACH 导码的预留为可选）。另外，单独列出（新建情况下）或相对于源小区使用的接入层配置增量（重配置情况下）作为目标小区的接入层配置。

（5）消息 7：目标小区根据 EPS 承载的相关信息，在完成 L1/L2 相关配置后向 MME 发送切换请求响应。该消息中携带新的 C-RNTI、目标 eNode B 加密算法参数、专用 RACH 导码及导码过期时间（可选）、其他接入参数、SIB 等，另外，如果有必要该消息可能会包括 RNL/TNL 信息作为数据转发隧道。

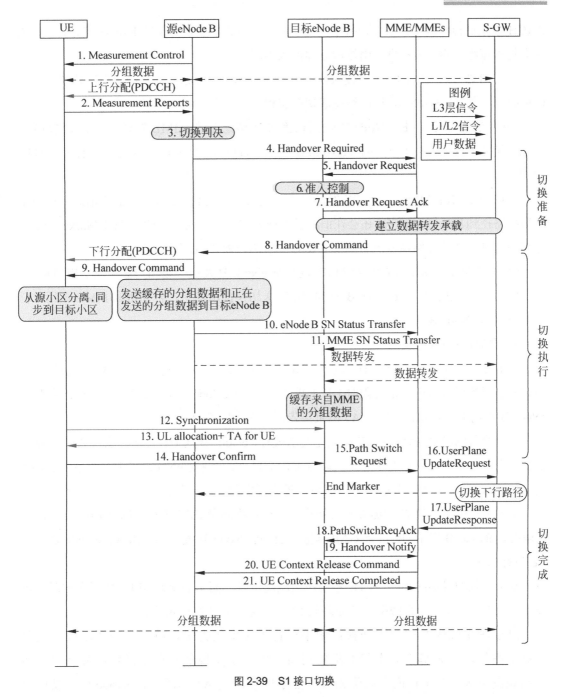

图 2-39　S1 接口切换

（6）消息 8～9：MME 向源基站发送切换命令消息。源基站收到后向 UE 发送切换命令消息（RRC 消息），通知 UE 进行切换。

（7）消息 10～11：源基站经过 MME 向目标基站发送 SN 状态消息，告知 SAE 承载的上行 PDCP SN 接收状态和下行 PDCP SN 发送状态，开始数据转发。

（8）消息 12～13：UE 收到切换命令消息后，执行向目标 eNode B 同步的流程，通过

RACH 接入目标小区。如果在切换中 UE 收到了目标 eNode B 分配的 RACH 前导码，则采用非抢占流程，否则 UE 将采用抢占流程接入小区。

（9）消息 14：当 UE 成功接入目标小区后，UE 向目标小区发送切换确认消息（含 C-RNTI），通知目标 eNode B 已经完成切换流程。

（10）消息 15：目标 eNode B 收到切换证实消息后向 MME 发送用户面切换请求消息，请求更新用户面下行的（eNode B 端的）GTP-U 到 S-GW 的隧道终结点（GTP TEID）。

（11）消息 16：MME 向 S-GW 发送用户面更新请求消息，S-GW 收到该消息后切换下行数据路径到目标侧。S-GW 还会在旧路径上向源 eNode B 发送一条"End Marker"结束标识数据包，然后开始释放所有到源 eNode B 的用户面/TNL 资源。

（12）消息 17~18：S-GW 经 MME 向目标 eNode B 发送一条用户面更新响应消息。

（13）消息 19：目标 eNode B 向 MME 发送切换提示消息，告知所属 MME 该用户已经切换到本 eNode B。

4. 异频/异系统切换

基于覆盖的异频切换：UE 建立无线承载时，eNode B 向 UE 发送异频 A1/A2 测量控制。当服务小区的质量低于一定门限时 UE 上报 A2，触发 eNode B 下发异频 A3/A4/A5 测量。eNode B 收到 UE 上报的 A3/A4/A5 测量报告后发起异频切换。

基于覆盖的异系统切换：UE 建立无线承载时，eNode B 向 UE 发送异系统 A1/A2 测量控制。当服务小区的质量低于一定门限时 UE 上报 A2，触发 eNode B 下发异系统 B1/B2 测量。eNode B 收到 UE 上报的 B1/B2 测量报告后发起异系统切换。

基于上行链路质量的异频/异系统切换：上行链路测量 IBLER 和目标 IBLER 差值高于门限时，eNode B 指示 UE 进行 GAP 测量，UE 向 eNode B 发送测量报告，eNode B 指示 UE 进行切换。

基于负载的异系统切换：LTE 系统在出现高负载，而 UTRAN/GERAN 低负载时，可以将一些 UE 切换到异系统中，从而降低 LTE 负载，如图 2-40 所示。

基于频率优先级的异频切换：如果配置了频率优先级，特别是高频段频点配置了高优先级，此时基于频率优先级的切换可以用来实现低频段小区将部分负载均衡到高频段小区。当 UE 位于低优先级频点小区且满足 A1 门限时，eNode B 可以控制该 UE 切换到高优先级频点，并且支持基于测量的切换和盲切换。基于异频优先级的异频切换如图 2-41 所示。部署场景一般为高优先级频点和低优先级频点同覆盖，高优先级频点带宽大但是无法提供连续覆盖，低优先级频点带宽窄但能够提供连续覆盖。

基于距离的异频/异系统切换：适用于海面等超远覆盖场景，采用距离切换后可以避免源 eNode B 出现超远距离覆盖。

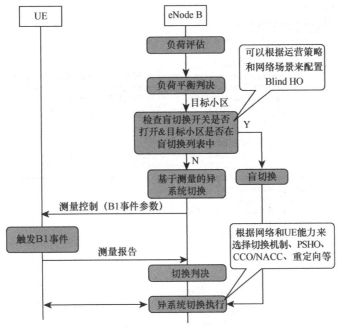

图 2-40　基于负载的异系统切换

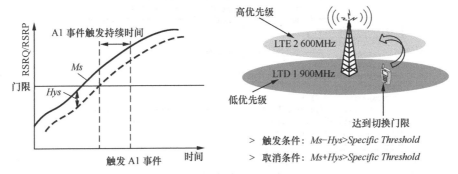

图 2-41　基于频率优先级的异频切换

2.8.3　主要消息内容

1. 测量控制消息

测量控制信息通过 RRC 重配消息下发，包括 UE 需要测量的对象、报告配置、测量标识、数量配置、服务小区质量门限控制、移动状态检测等，如图 2-42 所示。UE 侧维护一个测量配置数据库 VarMeasConfig，在 VarMeasConfig 中每个测量 Id（measId）对应一个测量对象（measObjectId）和一个上报事件标识（reportConfigId）。其中，measId 是数据库测量配置条目索引；measObjectId 是测量对象标识，指明 UE 需要测量的系统制式、频点和物理小区；reportConfigId 是测量报告标识，指明上报事件类型、上报方式（如事件触发或周期性上报）。此外，还包含与 measId 无关的公共配置项，如数量配置 quantityConfig、服务小区质量门限控制（s-Measure）和移动状态检测等。

```
_rrcConnectionReconfiguration-r8 :
 |_measConfig :
   |_measObjectToAddModList :
     |_MeasObjectToAddMod :
       |_measObjectId :      — 0x1(1) —— **00000*
       |_measObject :
         |_measObjectEUTRA :
           |_carrierFreq :      —— 0x940c(37900) —— *1001010000001100*******
           |_allowedMeasBandwidth :   —— mbw100(5) —— *101****
           |_presenceAntennaPort1 :   —— FALSE(0) —— ****0***
           |_neighCellConfig :   —— '01'B(40 ) —— *****01*
           |_offsetFreq :   —— dB0(15) —— *******01111****
           |_cellsToAddModList :
             |_CellsToAddMod :
               |_cellIndex :   —— 0x1(1) —— *00000**
               |_physCellId :   —— 0x63(99) —— ******001100011*
               |_cellIndividualOffset :   —— dB0(15) —— *******01111****
   |_reportConfigToAddModList :
     |_ReportConfigToAddMod :
       |_reportConfigId :   —— 0x1(1) —— *00000**
       |_reportConfig :
         |_reportConfigEUTRA :
           |_triggerType :
             |_event :
               |_eventId :
                 |_eventA3 :
                   |_a3-Offset :   —— 0x0(0) —— *****011110*****
                   |_reportOnLeave :   —— FALSE(0) —— ***0****
               |_hysteresis :   —— 0x0(0) —— ****00000*******
               |_timeToTrigger :   —— ms0(0) —— *0000***
           |_triggerQuantity :   —— rsrp(0) —— ******0**
           |_reportQuantity :   —— sameAsTriggerQuantity(0) —— ******0*
           |_maxReportCells :   —— 0x4(4) —— *******011******
           |_reportInterval :   —— ms240(1) —— **0001**
           |_reportAmount :   —— infinity(7) —— ******111*******
   |_measIdToAddModList :
     |_MeasIdToAddMod :
       |_measId :   —— 0x1(1) —— ******00000*****
       |_measObjectId :   —— 0x1(1) —— ***00000
       |_reportConfigId :   —— 0x1(1) —— 00000***
   |_quantityConfig :
     |_quantityConfigEUTRA :
       |_filterCoefficientRSRP :   —— fc6(6) —— ****00110*******
       |_filterCoefficientRSRQ :   —— fc6(6) —— *00110**
   |_s-Measure :   —— 0x0(0) —— *******0000000***
   |_speedStatePars :
   |_release :   —— (0)
```

图 2-42　测量配置消息

测量对象	对象 Id		对象 Id	测量 Id	上报 Id		上报 Id	上报事件
E-UTRAN 频率1	1		1	1	1		1	事件A1
E-UTRAN 频率2	2		2	2	2		2	事件A3
UMTS 频率1	3		3	3	3		3	事件B1
UMTS 频率2	4		4	4	3		4	事件B2
GERAN频率集	5		5	5	4			

图 2-43　测量对象和测量标识、上报事件的关系

（1）测量对象（MeasurementObject）

以频点为基本单位，每个被配置的测量对象为一个单独频点，拥有单独的测量对象标识（Id），对于 E-UTRAN 同频和异频测量，测量对象是一个单一的 E-UTRAN 载波频率。与该载波频率相关的小区，E-UTRAN 可能配置小区偏移量（Offset）列表和黑名

单小区列表。在测量评估及测量报告中不对黑名单的小区进行任何操作，测量对象各个
字段含义如下。

measObjectToAddMod	添加/修改测量对象
measObjectId	测量对象标识
carrierFreqE-UTRAN	承载频率
allowedMeasBandwidth	允许的测量带宽
presenceAntennaPort1	标识所有邻区是否都使用天线接口 1
neighCellConfig	相邻小区配置
offsetFreq	承载频率的偏移值
cellsToAddModList	相邻小区添加/修改列表，配置相邻小区
cellIndex	邻区列表中的索引
physCellId	物理小区标识
cellIndividualOffset	表示适用于特定邻区的小区各自偏移

（2）报告配置（reportConfig）

ReportConfigToAddMod	添加/修改报告配置
reportConfigId	报告配置标识
triggerType	报告触发类型，分为事件型和周期型
eventA3	事件 A3
a3-Offset	事件 A3 偏置参数，实际值=$IE\ value \times 0.5\ dB$
reportOnLeave	表明当 cellsTriggeredList 中的小区处于离开状态时，UE 是否初始化测量上报过程
hysteresis	滞后参数，实际值 $= IE\ Value \times 0.5\ dB$
timeToTrigger	满足条件时触发测量报告的时间
triggerQuantity	用于评估事件触发条件的量 RSRP 或 RSRQ
reportQuantity	表示测量报告中包含的量 RSRP 或 RSRQ
maxReportCells	测量报告中上报最大小区数，不包括服务小区
reportInterval	表示周期上报测量报告的间隔
reportAmount	同频或者异频切换事件触发后周期上报测量报告的次数，Infinity 表示无限次

（3）测量标识（measId）

测量标识列表中每一个测量标识对应一个具有报告配置的测量对象。通过配置多个
测量标识，能够使得多个测量对象对应同一报告配置，同时使得多个报告配置对应同一
测量对象。在测量报告中，测量标识用作索引号。MeasIdToAddModList 中包含要添加或
修改的测量标识列表，其中每个条目都有 measId，相关的 measObject Id 以及相关的

reportConfigId。

（4）数量配置（quantityConfig）

数量配置决定了测量的数量，以及用于该测量类型的所有评估和相关报告的滤波器，每一个滤波器配置一个测量值。

（5）服务小区质量门限（s-Measure）

物理小区质量阈值，控制 UE 是否在同频、异频和异系统邻区间执行测量。如果 s-Measure 值为"0"表示无效的 s-Measure。如果 s-Measure 不为"0"时要求服务小区的 RSRP 低于这个值，UE 才执行相关测量。

2．测量报告

终端根据测量控制消息要求进行测量，将满足条件的小区上报给服务小区，内容包括测量 ID、服务小区 RSRP 和 RSRQ 的测量值、邻小区的 PCI 和 RSRP。需要注意的是，LTE 中终端上报的测量报告不一定是邻区配置里下发的邻区，因此在分析问题时维护人员可以使用测量报告值及测量控制中的邻区信息来判断是否为漏配邻区。

3．切换命令

切换命令是指带有移动控制信息的重配命令，包含了目标小区的频点（异频切换）、PCI 以及接入需要的所有配置，告知终端目标小区已准备好终端接入。

4．在目标小区随机接入（MSG1）

终端在目标小区使用源小区在切换命令中携带的接入配置接入。

5．基站随机接入响应（PAR）

目前切换都为非竞争切换，所以到这一步基本上就可以确认终端在目标小区成功接入了。

6．终端反馈切换完成

实际上，重配完成消息在收到切换命令后就已经结束，在目标侧的随机接入可认为是由重配完成消息发起的目标侧随机接入过程，重配完成消息包含在 MSG3 中发送。

2.9　TAU 更新过程

TAU 主要用于在网络中登记移动台位置信息，给用户分配新的 GUTI。核心网在同一个 MME pool 内用 GUTI 唯一标识一个 UE，若 TAU 过程中更换了 MME pool，则核心网会在 TAU ACCEPT 消息中携带新 GUTI 分配给 UE。在 LTE 系统中为了避免 UE 在 TA 边界移动时产生大量的跟踪区更新，系统可以为 UE 指配多个跟踪区，构成一个 TA 列表（TAI List），最大可以由 16 个 TAI 组成。UE 在附着或 TA 更新时，TAL 由 MME 通过 ATTACH ACCEPT 或 TAU ACCEPT 消息发送给 UE 保存，UE 移动过程中进入的 TAI 包含在 TA list 时，UE 无须发起 TAU 过程。当需要寻呼 UE 时，网络会在 TA list 所包含的小区内向 UE 发送寻呼消息。通常有 6 种场景会触发 TA 更新，如图 2-44 所示。

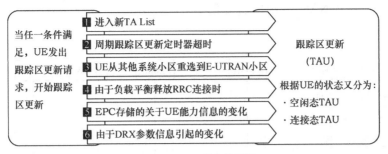

图 2-44　TAU 发起的场景

注：UE 侦测到进入一个不在之前注册到的 MME 的 TAI list 中的 TA；周期性 TAU 定时器 T3412 超时；UE 接收到底层发来的原因为"load balancing TAU required"的 RRC 连接断开的通知；UE 从底层接收到一个"RRC 连接失败"的通知，且没有数据等待发送。

当周期性 TAU 定时器 T3412 超时后，UE 发起周期性 TA 更新，或 UE 进入一个小区，该小区所属 TAI 不在 UE 保存的 TAI list 内时，UE 发起正常 TAU 流程。后者分为空闲态发起和连接态发起（切换时）两种情况。

2.9.1　空闲态 TAU 过程

空闲状态下，如果有上行数据或者上行信令（与 TAU 无关的）发送，UE 可以在 TAU 请求消息中设置"激活"标识，以请求建立用户面资源，并且 TAU 完成后保持 NAS 信令连接。如果没有设置"激活"标识，则 TAU 完成后释放 NAS 信令连接。

UE 空闲态下发起 TAU 也可以携带 EPS 承载上下文状态 IE，如果 UE 携带该 IE，MME 回复消息也带该 IE，双方 EPS 承载通过该 IE 保持同步。

图 2-45 所示为空闲态下发起的不设置"激活"标识的正常 TAU 流程图。

（1）空闲态的 UE 监听广播中的 TAI 不在保存的 TAU list 时，发起随机接入过程，即 MSG1 消息。

（2）eNode B 检测到 MSG1 消息后，向 UE 发送随机接入响应消息，即 MSG2。

（3）UE 收到随机接入响应后，根据 MSG2 的 TA 调整上行发送时间，向 eNode B 发送 RRC 连接请求消息。

（4）eNode B 向 UE 发送 RRC 连接建立消息，包含建立 SRB1 承载信息和无线资源配置信息。

（5）UE 完成 SRB1 承载和无线资源配置，向 eNode B 发送 RRC 连接建立完成消息，包含 NAS 层 TAU 请求信息。

（6）eNode B 选择 MME，向 MME 发送"Initial UE Message"消息，包含 NAS 层 TAU 请求消息。

（7）MME 向 eNode B 发送"Downlink NAS Transport"消息，包含 NAS 层 TAU 接受消息。

（8）eNode B 接收到"Downlink NAS Transport"消息，向 UE 发送"DL information

Transfer"消息，包含 NAS 层 TAU 接受消息。

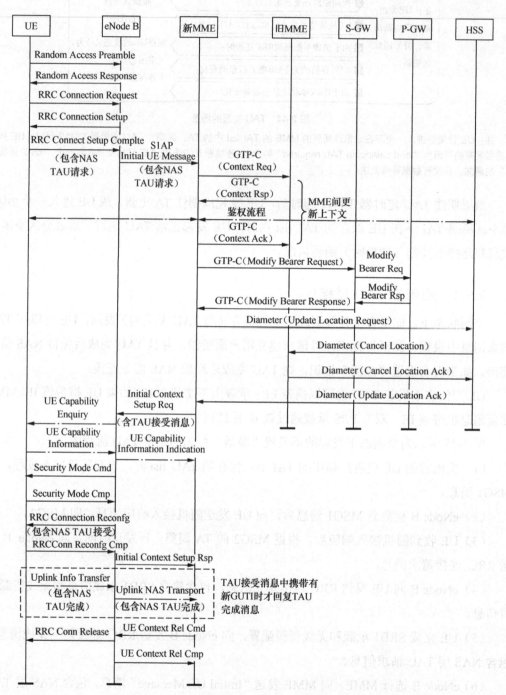

图 2-45　空闲态下发起的不设置"激活"标识的正常 TAU 流程

（9）在 TAU 过程中，如果分配了 GUTI，UE 才会向 eNode B 发送"UL Information Transfer"，包含 NAS 层 TAU 完成消息。

（10）eNode B 向 MME 发送"Uplink NAS Transport"消息，包含 NAS 层 TAU 完成消息。

（11）TAU 过程完成，释放链路，MME 向 eNode B 发送 UE 上下文释放命令消息，指示 eNode B 释放 UE 上下文。

（12）eNode B 向 UE 发送 RRC 连接释放消息，指示 UE 释放 RRC 链路，并向 MME 发送 UE 上下文释放完成消息进行响应。

2.9.2　连接态 TAU 过程

图 2-46 所示为连接态下发起的 TAU 过程。

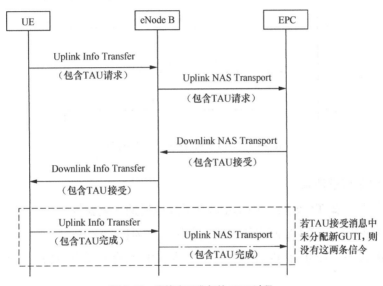

图 2-46　连接态下发起的 TAU 过程

注：如果 eNode B 给 UE 下发的"TAU accept"消息未分配一个新的 GUTI，则 UE 不用反馈；切换下发起的 TAU，完成后不会释放 NAS 信令连接；连接态下发起的 TAU，不能带"激活"标识。

（1）连接态的 UE 进行 TAU 过程，首先向 eNode B 发送"UL Information Transfer"消息，包含 NAS 层 TAU 请求信息。

（2）eNode B 向 MME 发送上行直传"Uplink NAS Transport"消息，包含 NAS 层 TAU 请求信息。

（3）MME 向基站发送下行直传"Downlink NAS Transport"消息，包含 NAS 层 TAU 接受消息。

（4）eNode B 向 UE 发送"DL Information Transfer"消息，包含 NAS 层 TAU 接受消息。

（5）UE 向 eNode B 发送"UL Information Transfer"消息，包含 NAS 层 TAU 完成信息。

（6）eNode B 向 MME 发送上行直传"Uplink NAS Transport"消息，包含 NAS 层 TAU 完成信息。

2.9.3 相关消息说明

图 2-47 所示为 TAU 更新过程的主要信令交互过程。

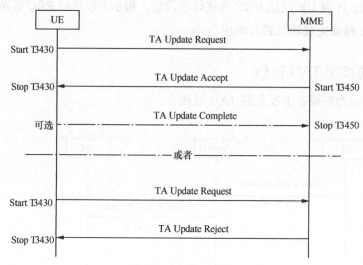

图 2-47 TAU 更新过程的信令交互流程

（1）TA 更新请求消息

① 更新类型，如 TA 更新、TA/LA 联合更新或周期性更新等。

② UE 网络能力，当 UE 网络能力发生变化时，须包含该 IE。

③ TMSI 状态，在联合 TAU 规程中，如果 UE 没有有效的 TMSI，那么通过该 IE 指示。

④ 上下文状态，如果 UE 的承载上下文发生了变化，UE 可用该 IE 向网络侧说明其仍处于激活状态的 EPS 承载上下文。

⑤ NAS 密钥集标识符 ASME。如果 UE 有一个 EPS 安全上下文，UE 通过密钥集标识符 KSIASME 指示，若网络侧发现有相匹配的安全上下文，双方就无须重新鉴权。否则，该值设为"no key is available"。

（2）TA 更新接收消息

① 更新结果和上下文状态。其中，上下文状态为网络侧向 UE 侧指明其中为 UE 激活的 EPS 承载上下文，如果在 TA 更新请求消息中包含该 IE，则本消息中也要包含该 IE，双方通过这个 IE 来保持同步。

② NAS 密钥集标识符 ASME。从其他制式切换到 E-UTRAN 时，网络侧向 UE 侧指明其与 UE 共享的安全上下文的 KSI。

（3）TA 更新拒绝消息

包含拒绝原因，如 HSS 不能识别的 IMSI、非法的 UE 等。

（4）TA 更新完成消息

如果 TA 更新接收消息中包含了为 UE 分配的新的 GUTI，那么 UE 需要回复 TA 更新完成消息，否则不用回复。

2.10 CA 业务流程

载波聚合的小区分为主小区 Pcell 和辅小区 Scell。Pcell 是 UE 初始接入时的小区，负责与 UE 之间的 RRC 通信。Scell 由 Pcell 小区通过 RRC 重配置消息添加，用于提供额外的无线资源。载波聚合业务流程如图 2-48 所示。

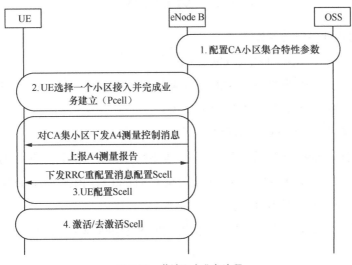

图 2-48　载波聚合业务流程

流程说明如下。

（1）eNode B 端配置 CA 小区集和相关的特性参数。CA 小区集是指在 eNode B 上将若干小区配置到一个逻辑集合内，只有该集合内的小区才允许聚合。

（2）支持 CA 的 UE 在 Pcell 建立初始连接，并完成业务建立过程。Pcell 是 CA UE 驻留的小区，即主服务小区。

（3）eNode B 根据 CA 小区集下发 A4 测量控制消息，让 UE 对 CA 集小区进行测量，并根据 UE 上报结果，对于可以作为 Scell 的小区，向 UE 发送 RRC 重配置消息，将该小区配置为 UE 的 Scell。

（4）eNode B 检测业务量，当业务量上升并超过门限时激活 Scell，此时 Pcell 和 Scell 共同为该 UE 进行数据传输，当业务量下降并低于门限时去激活 Scell。

CA UE 共有 3 种状态：CC 未配置、CC 配置未激活和 CC 激活。其中，Scell 的去激活、删除只能由 eNode B 控制，另外 Pcell 不能去激活，且 Pcell 的变更需通过切换流程实现。3 种状态迁移如图 2-49 所示。

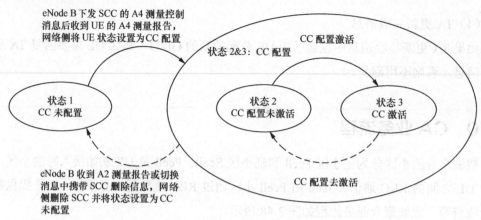

图 2-49　UE 的状态迁移

状态迁移的 4 种典型场景如下。

场景 1：A4 事件触发的辅载波（SCC）配置

业务建立完成后，网络侧下发 SCC 的 A4 测量控制消息，收到 UE 上报的 A4 测量报告后，网络侧将 UE 状态设置为"CC 配置"态。

场景 2：业务量触发的 SCC 激活/去激活

通过 MAC-CE，eNode B 激活/去激活 SCC。当下行吞吐量大于激活 SCC 的吞吐量门限时，eNode B 则激活 SCC；当下行吞吐量小于去激活 SCC 的吞吐量门限时，eNode B 则去激活 SCC。

场景 3：A2 事件触发的 SCC 去配置

在"CC 配置"状态，当收到 A2 测量报告，网络侧删除 SCC，将 UE 状态设置为"CC 未配置"。

场景 4：切换过程

在"CC 配置"状态，当 UE 上报切换测量报告，eNode B 在下发的切换重配置消息中携带 SCC 删除信息并删除 SCC，则 UE 状态转换为"CC 未配置"。切换完成后，eNode B 再重新下发 A4 测量控制消息进行 SCC 配置。

2.11　空口主要消息

空口系统消息主要有 MIB、SIB1～SIB9。每个系统消息块所包含的信息不同，如表 2-13 所示。各个系统消息块所包含的具体内容请参见 3GPP TS 36.331 的第 6.2.2 和第 6.3.1 章节。

表 2-13　　　　　　　　　　　　　　系统消息块包含的信息

类型	消息内容
MIB	小区下行带宽、PHICH 配置参数、无线帧号 SFN
SIB1	小区接入与小区选择的相关参数，其他 SIB 调度信息
SIB2	公共和共享信道配置信息，定时器和上行带宽

类型	消息内容
SIB3	小区重选信息（公共参数，适用于同频、异频、异系统）
SIB4	小区重选信息（同频邻小区和频率）
SIB5	小区重选信息（异频邻小区和频率）
SIB6	小区重选信息（UTRA 邻小区和频率）
SIB7	小区重选信息（GERAN 邻小区和频率）
SIB8	小区重选信息（CDMA 邻小区和频率）
SIB9	Home eNodeB 标识（HNBID）

MIB 消息：当子帧 0 的 SFN 模 4 等于 0 时，发送 MIB，且在每个子帧 0 上重复发送，因此 MIB 的周期为固定的 40ms 或者 4 个无线帧（rf4）。MIB 消息的物理资源映射如图 2-50 所示。

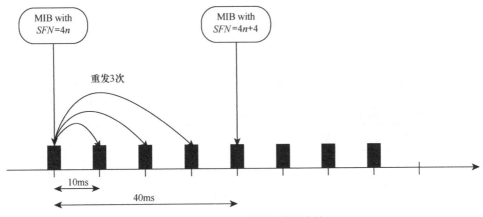

图 2-50　MIB 消息的物理资源映射

SIB1 消息：当子帧 5 的 SFN 模 8 等于 0 时，发送 SIB1，当子帧 5 的 SFN 模 2 等于 0 时，重传 SIB1，因此 SIB1 的周期为固定的 80ms 或者 8 个无线帧（rf8）。SIB1 消息的物理资源映射如图 2-51 所示。

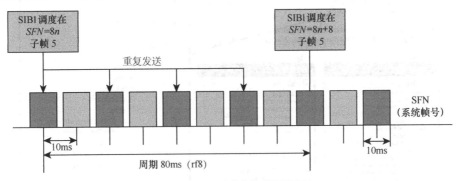

图 2-51　SIB1 消息的物理资源映射

SIB2～SIB13 消息：SIB2～SIB13 设置了 1、2、3 调度等级（Scheduling Class），每个调度等级可分别设置调度周期与目标 MCS，相同调度等级的 SIB 可以映射到同一条

SI-message 传输（当前版本最多放入 6 条 SIB）。物理资源映射如图 2-52 所示。

图 2-52　SIB2～SIB13 消息的物理资源映射

SI-message 周期即调度周期，调度等级的周期可设置为{80ms，160ms，320ms，640ms，1 280ms，2 560ms，5 120ms}。三类调度等级调度周期关系如下。

SibClass1TargetPeriodicity≤SibClass2TargetPeriodicity≤SibClass3TargetPeriodicity。

SIB2～SIB13 对应的调度等级和周期如图 2-53 所示。

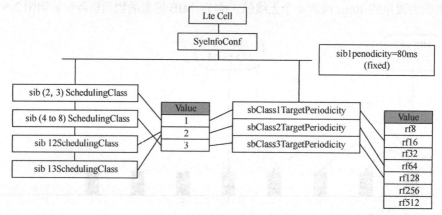

图 2-53　系统消息调度周期关系

图 2-54、图 2-55 和图 2-56 为测试中 MIB 和 SIB 系统消息查询示意。

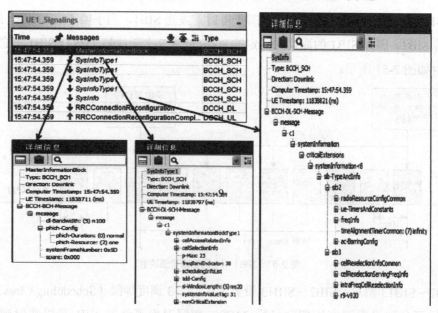

图 2-54　MIB、SIB1 和 SIB 消息内容

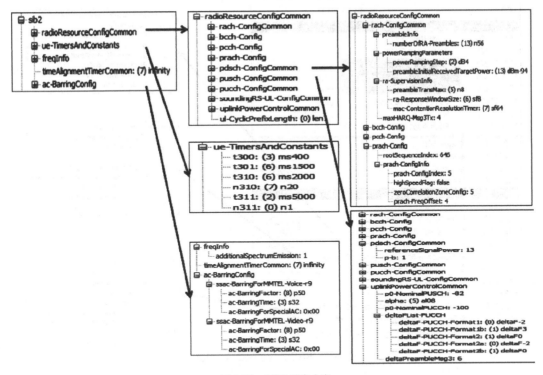

图 2-55　SIB2 消息内容

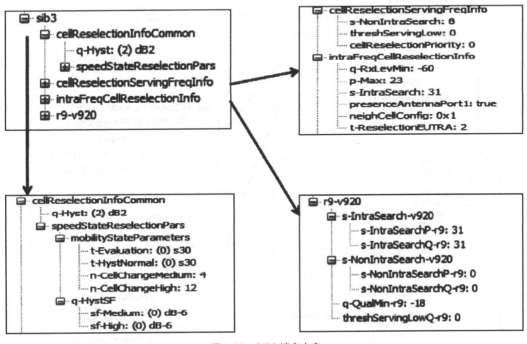

图 2-56　SIB3 消息内容

图 2-57～图 2-59 为业务建立过程中 RRC 连接重配置消息查询示意。

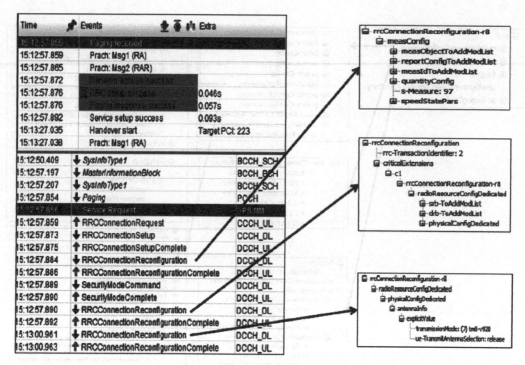

图 2-57　RRC 连接重配置消息分类

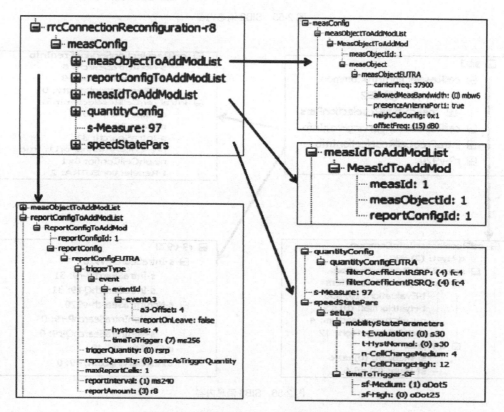

图 2-58　用于测量控制的 RRC 连接重配置消息

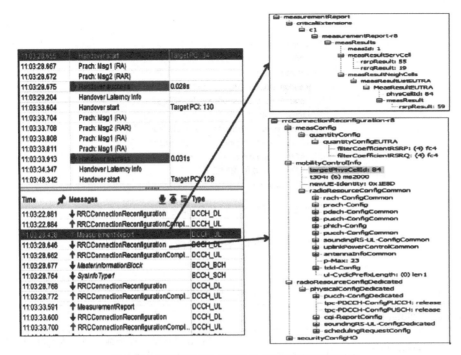

图 2-59　用于测量报告和切换的 RRC 连接重配置消息

图 2-60～图 2-64 为测量报告和切换消息内容。

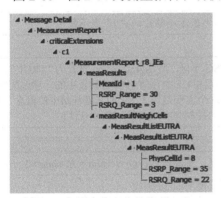

图 2-60　测量报告消息内容

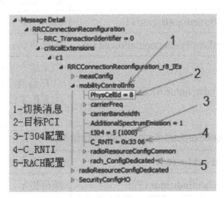

图 2-61　切换命令消息内容

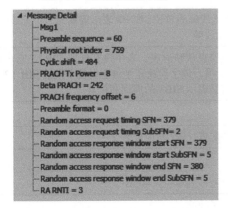

图 2-62　切换过程中 MSG1 消息内容

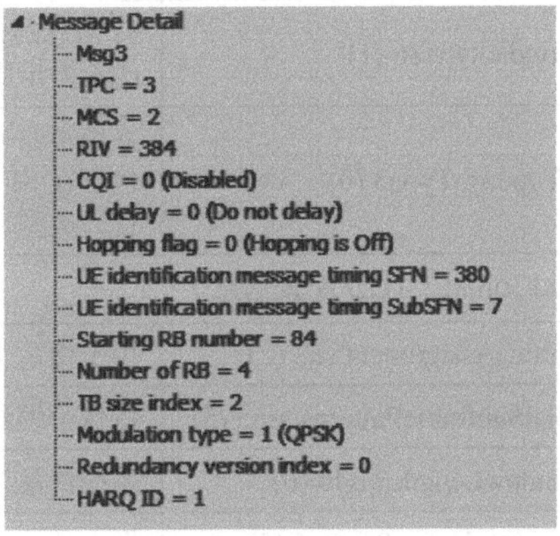

图 2-63　切换过程中 MSG3 消息内容

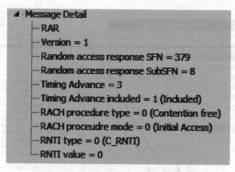

图 2-64 切换过程中 MSG2 消息内容

表 2-14～表 2-19 为空口主要消息 SIB1～SIB5 和测量报告详解。

表 2-14   系统消息块 SIB1

1. cellAccessRelatedInfo（小区接入相关信息）	
trackingAreaCode:(890C)	TAC 跟踪区（890C）为 16 进制数，转换成十进制为 35 084，查 TAC 在该消息中可以查到，此条信元重要
cellIdentity:(08 90 55 0A)	小区 ID 实际是 ECI，其中 089055 为 ENB ID 标识，0A 为小区标识，*ECI=ENB ID×256+ cell ID*
cellBarred:notBarred (1)	小区禁止：不禁止，"1"表示不禁止，"0"表示禁止
intraFreqReselection:allowed (0)	同频重选：允许
csgIndication:FALSE	指示这个小区是否为 CSG 小区。当 csgIndication 设置为"TRUE"时，只有当消息中的 CSG 标识和 UE 中存储的 CSG 列表中的一项匹配时，此 UE 才能接入小区。这个主要是用于 R9 的家庭基站中的概念，用于家庭基站对用户接入的控制。"FALSE"表示不启用
2. cellSelectionInfo（小区选择信息）	
qRxLevMin:(64)	小区要求的最小接收功率，实际值为：*Qrxlevmin = IE value×2*
freqBandIndicator:(39)	频带指示，表示当前系统使用的 39 频段
3. schedulingInfoList（调度信息）	
siPeriodicity:rf16 (1)	SI 消息的调度周期，以无线帧为单位。如 rf8 表示周期为 8 个无线帧，rf16 表示周期为 16 个无线帧
SIBType:sibType3 (0)	系统消息中所含的系统信息块映射表。表中没有包含 SIB2，它一直包含在 SI 消息中的第一项。该字段决定了该小区能下发的 SIB（3～11）类型。以上调度信息表示 SIB3 的周期和位置
4. tddConfig（TDD 配置信息）	
subframeAssignment:sa2 (2)	用于指示上下行子帧的配置，sa2 对应配置 2
specialSubframePatterns:ssp5 (5)	特殊子帧配比
siWindowLength:ms40 (6)	系统消息调度窗口，以毫秒为单位，40ms
systemInfoValueTag:0x5 (5)	指示其他 SIB 是否发生了改变

表 2-15 系统消息块 SIB2

1. radioResourceConfigCommon（公共无线资源配置信息）

1.1 RACH 配置

numberOfRAPreambles:n52	保留给竞争模式使用的随机接入探针个数，PRACH 探针共有 64。当前参数设置为 52，表示 52 个探针用于竞争模式随机接入
sizeOfRAPreamblesGroupA:n28	组 A 随机接入探针个数。基于竞争模式的随机接入探针共分两组，A 组和 B 组。当前参数设置为 28，A 组中有 28 个探针，B 组中 52–28=24 个探针
messageSizeGroupA:b56	表示随机接入过程中 UE 选择 A 组前导时判断 msg3 大小的门限值。当前参数设置为 56，即 msg3 的消息小于 56 比特时，选择 A 组
messagePowerOffsetGroupB:dB10	用于 UE 随机接入 Preamble B 组的选择。默认为 10dB
powerRampingStep:dB2	随机接入过程探针功率攀升步长。当前参数设置为 2dB
preambleInitialReceivedTargetPower:dBm104	探针初始接收功率目标。当前参数设置为 104dBm，用于计算探针的初始发射功率
preambleTransMax:n10	随机接入探针最大重发次数，当前参数设置为 10，即最大重发 10 次
raResponseWindowSize:sf10	随机响应接收窗口。若在窗口期未收到 RAR，则上行同步失败，当前参数设置为 sf10，即 10 个子帧长度
macContentionResolutionTimer:sf64	RA 过程中 UE 等待接收 Msg4 的有效时长。当 UE 初传或重传 Msg3 时启动，在超时前 UE 收到 Msg4 或 Msg3 的 NACK 反馈，则定时器停止。定时器超时，则随机接入失败，UE 重新进行 RA。当前参数设置为 sf64，即 64 个子帧长度
maxHARQMsg3Tx:0x5 (5)	Msg3 的 HARQ 最大传输次数，当前参数设置为 5 次

1.2 BCCH 配置

modificationPeriodCoeff:n2	BCCH 信道修改周期系数

1.3 PCCH 配置

defaultPagingCycle:rf128	Idle 模式下寻呼周期，用于计算寻呼时刻，可实现节电的目的，当前参数设置为 rf128，即 128 个无线帧
nB:oneT	表示在一个寻呼周期内包含的寻呼时刻（子帧）的数量，当前参数设置为 oneT，即 1 倍的寻呼周期

1.4 PRACH 配置

rootSequenceIndex:0x158 (344)	根序列索引，本例 344（十进制）
prachConfigIndex:0x6	PRACH 配置索引，用于指示无线帧中的 PRACH 时频位置，取值范围为 0~63，不同的取值对应不同个数 PRACH 信道。对于 TDD，由于上行子帧较少，一个 subframe 可以有多个 PRACH，但最多为 6 个，见 36.211 Table 5.7.12
highSpeedFlag:FALSE	高速移动小区指示，即是否是覆盖高速移动场景，当前参数设置为 False，表示非覆盖高速移动场景
zeroCorrelationZoneConfig:0x2	零自相关区配置索引，对应 Ncs 编号，取值范围为 0~15，当前参数设置为 2，即对应 Ncs=15 或 Ncs=22

1.4 PRACH 配置

prachFreqOffset:0x6	每个 PRACH 所占用的频域资源起始位置的偏移值，当前参数设置为 6，即在第 6 个 PRB 位置

1.5 PDSCH 配置

referenceSignalPower:0xf (15)	每逻辑天线的小区参考信号的功率值。参数设置值为 15，即 RS 信号功率为 15dBm
pb:0x1 (1)	即 PB，当前值 PB=1

1.6 PUSCH 配置

nSB:0x4 (4)	PUSCH 物理资源映射中用于计算子带长度
hoppingMode:interSubFrame	PUSCH 跳频模式选择。该参数设置为 interSubFrame，表示采用子帧间跳频模式
puschHoppingOffset:0x16	PUSCH 信道的跳频偏置；与 FDD/TDD 模式、子帧配置、CP 长度相关。参与决定 PUSCH 信道资源分配
enable64QAM:TRUE	上行 PUSCH 是否使用 64QAM 调制方式。当前参数设置为 TRUE，表示上行支持 64QAM 使用

1.7 上行参考信号配置（PUSCH）

groupHoppingEnabled:FALSE	是否允许组跳频
groupAssignmentPUSCH:0x0 (0)	组分配 PUSCH，用于定义 PUSCH 不用的位移序列样式
sequenceHoppingEnabled:FALSE	是否允许序列跳频
cyclicShift:0x0 (0)	循环移位

1.8 PUCCH 配置

deltaPUCCH-Shift:ds1 (0)	协助计算 PUCCH 格式 1、1a、1b 时的循环移位及正交序列索引的确定。ENUMERATED {ds1, ds2, ds3}
nRB-CQI:0x1 (1)	表示每时隙中可用于 PUCCH 格式 2/2a/2b 传输的物理资源块数
nCS-AN:0x0 (0)	PUCCH 格式 1/1a/1b 和格式 2/2a/2b 在一个物理资源块中混合传输时格式 1/1a/1b 可用的循环移位数
n1PUCCH-AN:0x48 (72)	用于传输 PUCCH 格式 1/1a/1b 的资源的非负索引值

1.9 SRS 配置

srs-BandwidthConfig:bw0 (0)	探测参考信号带宽
srs-SubframeConfig:sc0 (0)	探测参考信号子帧配置
ackNackSRS-SimultaneousTransmission:TRUE	UE 的 Sounding RS 和 PUCCH 的 ACK/NACK 或 SR 时域冲突时，是否允许同时发送
srs-MaxUpPts:true (0)	

1.10 上行功率控制信息

p0-NominalPUSCH:-0x43 (-67)	PUSCH 的标称 p0 值，用于上行功控，与 p0-Nominal PUCCH 含义一致
alpha:al07 (4)	路径损耗补偿因子，用于上行功控过程
p0-NominalPUCCH:-0x69 (-105)	正常进行 PUCCH 解调，eNode B 所期望的 PUCCH 发射功率水平

1.10　上行功率控制信息

deltaPreambleMsg3:0x4 (4)	消息 3 的前导 Delta 值。步长为 2；当 PUSCH 承载 Msg3 时，用于计算每个 UE 的 PUSCH 发射功率
ul-CyclicPrefixLength:len1 (0)	小区的上行循环前缀长度，分为普通循环前缀和扩展循环前缀。当前参数设置为 len1，即采用扩展循环前缀

2. ue-TimersAndConstants（定时器与常量）

t300:ms200 (1)	RRC 连接建立定时器，参数设置值为 200ms
t301:ms200 (1)	RRC 连接重建定时器，参数设置值为 200ms
t310:ms1000 (5)	无线链路失败定时器，参数设置值为 1 000ms
n310:n10 (6)	接收到底层的连续"失步"指示的最大数目
t311:ms10000 (3)	无线链路失败恢复定时器。在 RLF 后 T311 时间内进行 RRC connection re-establishment 流程，在定时器内若 RRC 重建失败，则进行小区重选或者 TA 更新，UE 进入 idle 状态
n311:n1 (0)	接收到底层的连续"同步"指示的最大数目

3. FreqInfo（频率信息）

ul-Bandwidth:n100 (5)	小区上行带宽，以 RB 数计量。当前参数设置为 N100，即 100 个 RB，对应 20MB 带宽
additionalSpectrumEmission:0x1 (1)	附加频率散射

表 2-16　　　　　　　　　　　系统消息块 SIB3

1.cellReselectionInfoCommon

q-Hyst:dB4 (4)	小区重选迟滞

2. cellReselectionServingFreqInfo（小区重选服务频率信息）

s-NonIntraSearch:0xe (14)	异频搜索门限。实际值=配置值×2
threshServingLow:0x4 (4)	服务频率向低优先级重选时门限。实际值=配置值×2
cellReselectionPriority:0x7 (7)	小区重选优先级

3. intraFreqCellReselectionInfo（同频小区重选信息）

q-RxLevMin:-0x40 (-64)	小区要求的最小接收功率 RSRP 值[dBm]，即当 UE 测量小区 RSRP 低于该值时，UE 无法在该小区驻留。实际的值为：$Qrxlevmin = IE\ value×2$，当前为–128dBm
s-IntraSearch:0x1d (29)	同频搜索门限。实际值=配置值×2
t-ReselectionEUTRA:0x2 (2)	EUTRA 小区重选定时器

4. R9 同/异频搜索门限

s-IntraSearchP-r9:0x1d (29)	R9 下同频搜索 rsrp 门限。实际值=配置值×2
s-IntraSearchQ-r9:0x5 (5)	R9 下同频搜索 rsrq 门限。实际值=配置值×2
s-NonIntraSearchP-r9:0xe (14)	R9 下异频搜索 rsrp 门限。实际值=配置值×2
s-NonIntraSearchQ-r9:0x4 (4)	R9 下异频搜索 rsrq 门限。实际值=配置值×2
q-QualMin-r9:-0x12 (-18)	R9 下小区驻留要求的最小 rsrq

表 2-17 系统消息块 SIB4

intraFreqNeighCellList	
physCellId = 376	同频邻区物理小区编号 PCI
q-OffsetCell = dB1	邻小区偏置

表 2-18 系统消息块 SIB5

interFreqNeighCellList	
1. InterFreqCarrierFreqInfo	
dl-CarrierFreq=38350	邻小区下行频点
q-RxLevMin=-61	邻小区最小接入电平
t-ReselectionEUTRA=1	邻小区重选时间门限
threshX-High=6	作为高优先级邻区时重选门限
threshX-Low=2	作为低优先级邻区时重选门限
allowedMeasBandwidth=mbw100	允许测量带宽
presenceAntennaPort1=false	邻小区天线配置
cellReselectionPriority=4	邻小区频点重选优先级
neighCellConfig=01	邻小区配置
q-OffsetFreq=dB3	小区重选频率偏移量
2. interFreqNeighCellList	
InterFreqNeighCellInfo	
physCellId=5	异频邻小区物理小区号 PCI
q-OffsetCell=dB1	邻小区偏置
InterFreqNeighCellInfo	
physCellId=284	异频邻小区物理小区号 PCI
q-OffsetCell=dB1	邻小区偏置

表 2-19 MR 测量报告

measId　0x2(2)	测量事件 ID
measResultPCell	本小区信号质量
rsrpResult　0x46(70)	实际值=上报值-140，单位 dBm，本例为-70dBm
rsrqResult　0x1b(27)	实际值=上报值/2-20，单位 dB，本例为-7dB
measResultNeighCells	邻小区测量
physCellId　0x2d(45)	邻小区的 PCI
rsrpResult　0x18(24)	邻小区信号电平 RSRP，本例为-116dBm

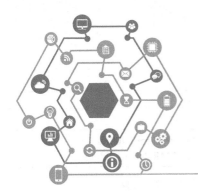

第3章 语音解决方案

LTE 的网络架构不再分为电路域和分组域，统一采用分组域架构。在新的 LTE 系统架构下，不再支持传统的电路域语音解决方案，IMS 控制的 VoIP 业务将作为 LTE 网络最终的语音解决方案。由于部署的难易程度和技术成熟度等因素的影响，在 LTE 网络发展过程中形成了 3 种不同的语音解决方案。

（1）SvLTE 双待机终端方案

（2）CSFB 回落方案

（3）VoLTE／SRVCC

三种语音解决方案实现方式如图 3-1 所示。

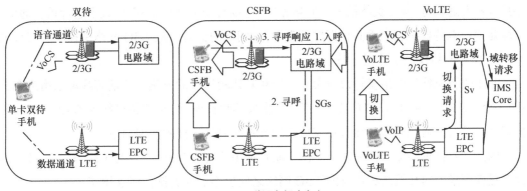

图 3-1　三种语音解决方案

双待机方案是指终端空闲态同时驻留在 2/3G 和 LTE 网络，在 2/3G 网络发起语音呼叫，在 LTE 网络进行数据业务收发。CSFB 方案是指终端空闲态驻留在 LTE 网络，发起或收到语音呼叫时回落到 2/3G 网络进行 CS 业务，呼叫结束后再返回 LTE 网络。VoLTE 即 Voice over LTE，是指终端在 LTE 网络发起语音业务，移出 LTE 覆盖时通过 SRVCC 切换到 2/3G 网络继续业务，确保业务不中断。CSFB 和 VoLTE 为 3GPP 定义的 LTE 语音解决方案。

VoLTE 是架构在 4G 网络上、全 IP 条件下的端到端语音解决方案，对运营商而言，部署 VoLTE 意味着开启了向移动宽带语音演进之路。从长远来看，这将给运营商带来三方面的价值，首先是提升无线频谱利用率、降低网络成本，其次是采用宽带编码提升用户体验，最后是与 RCS 的无缝集成可以带来丰富的业务，如表 3-1 所示。

表 3-1   VoLTE 和 2/3G 对比

	VoLTE	2/3G
呼叫时延	0.5s～2s	5s～8s
语音质量	频率：50Hz～7 000Hz 编码：AMR-WB 23.85kbit/s	频率：300Hz～3 400Hz 编码：AMR-NB 12.2kbit/s
视频质量	典型分辨率：480×640 720P/1 080P	分辨率：176×144
频谱效率	仿真测试结果显示：同样承载 AMR，LTE 的频谱效率可达到 R99 的 3 倍以上	

VoLTE 业务的范畴包括语音业务、视频通话业务、IP 短消息业务、补充业务、增值业务及智能业务。其中，补充业务遵循 GSMA IR.92，包括主叫号码类、呼叫转移类、呼叫等待等。增值业务及智能业务根据运营的需要有选择地继承 2/3G 网络业务，如彩铃、iVPN 等。

3.1 双待机终端方案

双待机终端可以同时待机在 LTE 网络和 2/3G 网络中，而且可以同时从 LTE 和 2/3G 网络接收和发送信号。双待机终端在拨打电话时，可以自动选择从 2/3G 模式下进行语音通信。也就是说，双待机终端利用其仍旧驻留在 2/3G 网络的优势，从 2/3G 网络中接听和拨打电话，而 LTE 网络仅用于数据业务。

基于双待机终端的语音解决方案是一个相对比较简单的方案，终端芯片可以用两个芯片（1 个 2/3G 芯片和 1 个 LTE 芯片）或一个多模芯片实现。由于双待机终端的 LTE 与 2/3G 模式之间没有任何互操作，终端不需要实现异系统测量，技术实现简单。

因此，双待机终端语音解决方案的实质是使用传统 2/3G 网络，与 LTE 无关，对网络没有任何要求，LTE 网络和传统的 2/3G 网络之间也不需要支持任何互操作。

3.2 CSFB 方案

3.2.1 CSFB 定义

CSFB 是 3GPP 定义的 LTE 语音解决方案，与双待机不同，CSFB 手机同一时间只驻留在一张网上，即用户存在语音需求时手机回落到 2G 或 3G 进行通话，挂机后手机返回 LTE 网络。

根据语音回落方式，CSFB 分为 R8 和 R9 两种，其主要区别在于系统下发的 RRC 连接释放消息中是否携带异系统邻小区的系统消息。从返回方式来讲，分为普通重选和快速返回方式。目前高通、华为两芯片厂家实现回落不读 SI13 消息和终端自主返回两大特性，使网络改造量显著降低。

网络部署时，需要升级所有与 LTE 有重叠覆盖区域的 MSC，以支持到 MME 的 SGs 接口，提供联合附着、联合位置更新、寻呼、短消息等功能。若现网是 MSC Pool 组网，则可以只升级 MSC Pool 中的一个或者多个 MSC 支持到 MME 的 SGs 接口。

CSFB 回落到 UTRAN/GERAN 时的网络架构如图 3-2 所示。

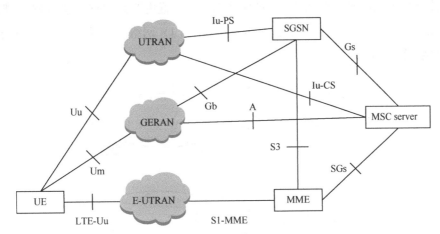

图 3-2　CSFB 回落到 UTRAN/GERAN 时的网络架构

在 E-UTRAN 驻留的 UE，开机后发起联合 EPS/IMSI 附着流程，由 MME 通过 SGs 接口完成 UE 在 2/3G 核心网的位置更新。对驻留在 E-UTRAN 网络的 UE，周期性发起联合 TA/LA 更新流程，完成 UE 在 2/3G 和 4G 网络的同步位置更新，其中 2/3G 位置更新过程在 E-UTRAN 侧透明传输。当 UE 发起或者接收到 CS 域业务时，E-UTRAN 配合其他网元进行 CSFB 回落，如图 3-3 和图 3-4 所示。

1. 主叫 CSFB 过程

4G 终端在 LTE 网络发起呼叫，由 LTE 网络指引回落，如图 3-3 所示。

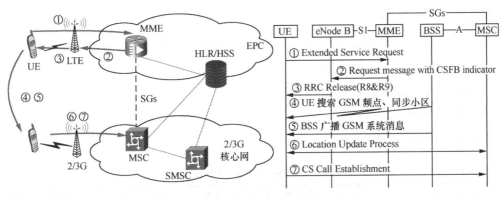

图 3-3　主叫 CSFB 回落示例

主叫流程说明：①UE 在 LTE 网络发起语音呼叫，经 eNode B 向 MME 发送 Extended Service Request 消息；②MME 要求 eNode B 对 UE 进行 CSFB 回落；③eNode B 指示 UE

重定向到 2/3G 网络；④UE 搜索 GSM 频点，同步 GSM 小区；⑤UE 读取 GSM 系统消息（若 R9 重定向无此步骤）；⑥若 UE 存储的 LA 同回落后 LA 不同，执行 LAU 流程，否则无该过程；⑦UE 在 2/3G 网络发起主叫业务请求，并向网络上报 CSFB MO 标签。

2. 被叫 CSFB 过程

4G 终端作为被叫时，呼叫路由至被叫终端联合位置更新的 MSC，端局 MSC 判断被叫 UE 的 SGs 关联状态为附着态，则通过 SGs 接口在 LTE 网络下发寻呼，UE 响应寻呼后，由 LTE 网络指引回落。

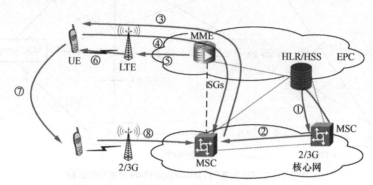

图 3-4　被叫 CSFB 回落示例

被叫流程说明：①主叫侧核心网向被叫归属 HLR 查询路由；②根据 HLR 反馈信息将呼叫路由到被叫联合位置更新的 MSC；③被叫所在 MSC 通过 SGs 接口在 LTE 网络寻呼 UE；④被叫 UE 在 LTE 网络发送"Extended Service Request"消息给 MME；⑤MME 要求 eNode B 对 UE 进行 CSFB 回落；⑥eNode B 指示 UE 重定向到 2/3G 网络；⑦UE 重定向到 2/3G 网络；⑧UE 从 2/3G 网络响应寻呼，并上报 CSFB MT 标签。

需要注意的是，寻呼请求消息由 LTE 网络下发，寻呼响应消息在 2/3G 网络完成。

3.2.2　回落机制

根据 UE 能力和网络侧能力的不同，有 3 种 CSFB 回落到 UTRAN 的机制供选择。

① 基于 PS 切换方式的 CSFB。

② 基于 PS 重定向方式的 CSFB。

③ Flash CSFB。

3 种方式的对比如表 3-2 所示。

表 3-2　　　　　　　　　CSFB 回落到 UTRAN 3 种方式对比

回落机制	对网络侧的影响	对 UE 影响	CS 接入时延	PS 中断时延
基于 PS 切换方式	复杂	复杂	短	最短
基于 PS 重定向方式	简单	简单	最长	最长
Flash CSFB	中等	中等	短	中等

三种回落机制均可以采用基于测量，或盲切换两种回落方式。

（1）盲切换过程

盲切换是指在没有测量信息的情况下，直接由 eNode B 下发切换命令，指示 UE 切换到指定邻区。盲切换应用在异频或异系统切换过程中，eNode B 不下发 GAP 测量和相关的测量控制信息，直接下发切换命令。

（2）测量切换过程

测量切换是指 eNode B 下发测量控制消息，UE 根据测量控制消息进行测量并上报测量报告，eNode B 收到测量报告后进行切换判决，指示 UE 切换到指定邻区。

CSFB 测量过程通过事件 B1 触发，即要求邻区质量高于一定门限值，UE 采取事件转周期的上报方式上报给 eNode B。参照 3GPP 协议 36.331 规定的事件 B1 定义。

触发条件：*Mn+Ofn-Hys>Thresh*

取消条件：*Mn+Ofn+Hys<Thresh*

其中，*Mn* 是邻区测量结果；*Ofn* 是邻区频率的特定频率偏置，在测量控制消息的测量对象中下发；*Hys* 是事件 B1 迟滞参数，在测量控制消息中下发；*Thresh* 是事件 B1 的门限参数，根据各个系统的事件 B1 测量值设置门限。

eNode B 对 UE 上报结果进行评估决策。当 eNode B 收到 UE 发送 CSFB 事件 B1 报告后，切换目标小区列表生成。

LTE 中增加了异系统测量邻区优先级配置参数，可以配置不同频点（UTRAN）或频率组（GSM）的优先级。当下发测量控制时，优先下发"高优先级"的邻区信息，以控制终端立即发起对高优先级频率邻区的测量，加快切入具有高优先级测量的小区。

3.2.3　返回方式

终端 CS 业务结束后可以通过重选、快速返回 FR（Fast Return）和终端自主的快速返回 3 种方式返回到 LTE 网络。

（1）重选：手机通过读取 SI2quater 消息中的重选信息进行 GSM 到 LTE 测量。

（2）快速返回：手机根据 2/3G 网络的信道释放消息中携带的频点对 LTE 网络进行搜索，在 LTE 覆盖良好的情况下 1s 左右就能返回 LTE 网络。在 LTE 无覆盖的情况下，若 UE 搜索不到目标 LTE 频点，则开始全频段搜索，这将带来 30s 以上的不可及时间。

（3）终端自主快速返回：目前部分芯片厂家已经实现终端级别的快速返回，手机挂机之后优先返回之前驻留过的频点，如果 2s 未接入 LTE 网络，手机将驻留在 2/3G 网络上，避免不可及时间过长。

3.2.4　信令流程

基于 PS 重定向方式的 CSFB 是指 eNode B 收到 CSFB 指示后，通过 RRC 释放消息告知 UE 目标系统的频点信息，减少 UE 搜索时间。UE 搜索网络成功后，读取 2/3G 小区系统消息，发起初始接入过程，并进行 CS 业务的申请，如图 3-5 所示。

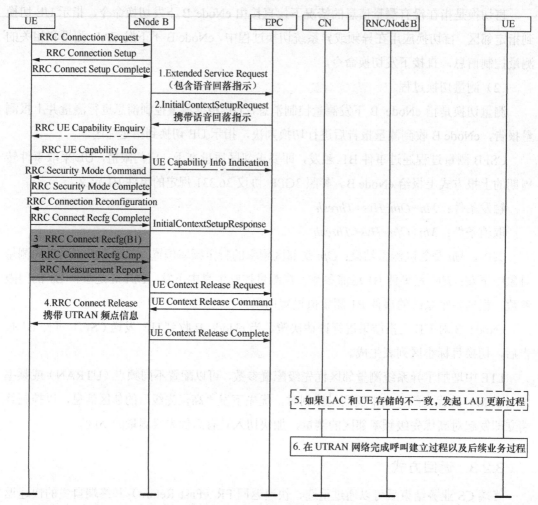

图 3-5　基于重定向的 CS 回落到 UTRAN 主叫流程

流程说明如下。

（1）UE 发起语音呼叫，通过扩展业务请求消息通知 MME 发起 CS 域业务，同时携带该 UE 在联合附着过程中 CS 域分配的 TMSI。

（2）MME 向 eNode B 发送 UE 上下文配置请求消息，携带 CSFB 标识。eNode B 收到该消息后触发 CSFB 过程。

（3）eNode B 根据 UE 能力、配置参数及算法策略决定是否启动基于测量的重定向。

① 如果采用基于测量重定向的方法回到 UTRAN，则 eNode B 下发 B1 测量。

② 如果采用盲重定向，则 eNode B 直接向终端下发 RRC 连接释放消息。

若采用基于测量的回落方式，eNode B 要求 UE 开始邻区测量，并获得 UE 上报的测量报告，确定重定向的目标小区。然后向 UE 发送目标小区具体的无线配置信息，并释放连接。如果 R9 版本 LTE 网络通过 RIM 流程提前获取 2G 目标小区的广播信息，则将 2G 网络的广播信息一并填充至 RRC Release 消息中下发，省去终端读取 2G 广播信息的时间（减少回落时间约 1.83s）。

（4）eNode B 在 RRC 连接释放消息中携带 2/3G 网络的小区频点，指示 UE 进行重定向，并发起 S1 接口 UE 上下文释放过程。

RRC 连接释放消息的具体内容如图 3-6 所示，其中原因值为 "other"，目标制式为 "UTRAN-FDD"。

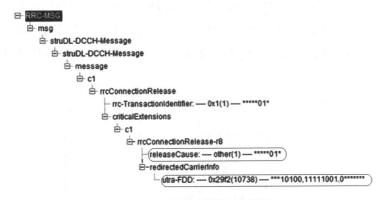

图 3-6 RRC 连接释放消息内容

（5）UE 接入目标系统小区。如果目标小区 LA 和 UE 存储的 LA 不同，UE 首先发起 LA 更新，否则没有该过程；之后发起 CS 域的业务请求 CM SERVICE REQUEST。

如果目标小区归属的 MSC 与 UE 附着 EPS 网络时登记的 MSC 不同，则该 MSC 在收到 UE 的业务请求时，由于没有该 UE 的信息，可以采取隐式位置更新流程，接受用户请求。如果 MSC 不支持隐式位置更新，且 MSC 没有用户数据，则拒绝该用户的业务请求。

（6）UE 在 UTRAN 小区发起 CS 域业务建立过程。

基于重定向的 CS 回落到 UTRAN 被叫流程如图 3-7 所示。

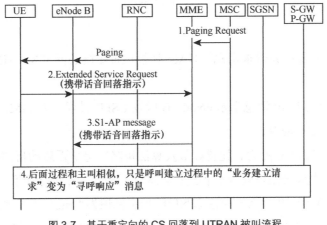

图 3-7 基于重定向的 CS 回落到 UTRAN 被叫流程

流程说明如下。

（1）UE 被叫时，CS 域的寻呼消息从核心网中的 MSC 通过 SGs 接口发送到 MME。如果 UE 处于空闲模式，核心网中 MME 向 eNode B 发送寻呼消息，eNode B 通过空口的寻呼消息通知 UE 有 CS 域的呼叫。如果 UE 处于连接态模式，MME 通过 NAS 消息，将 CS 域的寻呼通知到 UE。

（2）UE 收到 CS 域的寻呼后发起业务请求，携带 CS Fallback 指示，即由 MME 通知 eNode B 发起 CSFB 的过程。

（3）后续过程与主叫过程相似，只是 UE 在 UTRAN 中发送寻呼响应消息。

如果 CS 回落到 UTRAN 采用 PS 切换的方法，与重定向的差异在于终端上报测量报告后，eNode B 发起了 PS 切换流程，而不是直接向 UE 发送 RRC 连接释放消息。PS 切换流程如图 3-8 所示。

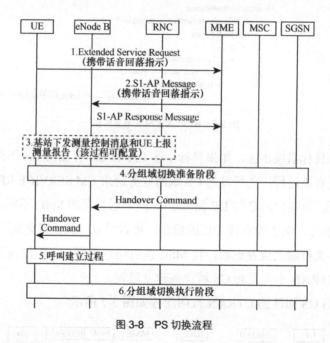

图 3-8 PS 切换流程

流程说明如下。

（1）UE 通过扩展业务请求消息（NAS 消息）通知核心网 CN（MME）发起 CS 域业务。

（2）MME 通过 S1-AP 消息指示 eNode B 触发 CSFB 过程。若 MME 支持 LAI 特性，则同时下发 LAI 给 eNode B。

（3）eNode B 根据 UE 能力、配置参数及算法策略决定是否启动盲切换。

（4）eNode B 发起分组域切换准备过程，成功后通知 UE 进行切换。空口切换命令的具体消息如图 3-9 所示，其中话音回落（CSFB）指示标识为"true"，目标制式为"UTRAN"。

（5）UE 切换进入 UTRAN 后，在 UTRAN 发起电路域业务呼叫建立过程，并可能伴随相应的 LA 更新或联合的 RA/LA 更新过程。

（6）完成分组域切换流程的后续处理，包括数据转发、路径切换以及路由区更新，这里与步骤（5）并发进行。

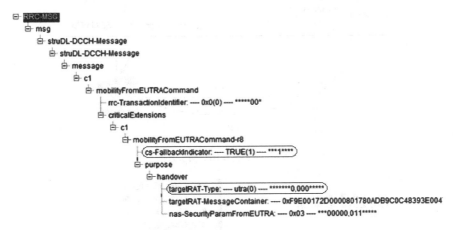

图 3-9　MobilityFromEUTRAN 消息内容

3.2.5　CSFB 优化

从回落方式来看，CSFB 分为 R8 和 R9 两种，其主要区别在于系统下发的 RRC 连接释放消息中是否携带 GSM 邻小区的系统消息。R8 版本回落的时延分布如图 3-10 所示。

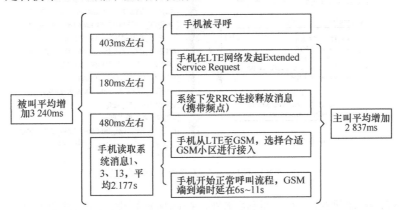

图 3-10　普通 R8 版本 CSFB 回落方式时延分布

3GPP R8 方式：系统下发的 RRC 连接释放消息中不携带 GSM 邻小区的系统消息。这时，UE 需要重新接收 SI13 消息。在不开启扩展 BCCH 的情况下，SI13 发送周期为 3.77s，而如果存在 SI2bis，SI13 发送周期约为 5.65s。

3GPP R9 方式：提出了 RIM 解决方案，即通过 MME 和 SGSN 将 BSS 和 eNode B 之间打通，使得 eNode B 能够下发目标 GSM 邻小区的系统消息，从而省去读取目标小区系统消息的过程，CSFB 回落时延可以有效缩短。RIM 解决方案如图 3-11 所示。

R8 和 R9 方式的 RRC 连接释放消息内容对比如图 3-12 所示。

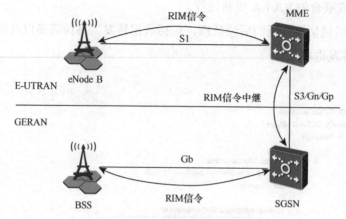

图 3-11 R9 版本 RIM 解决方案

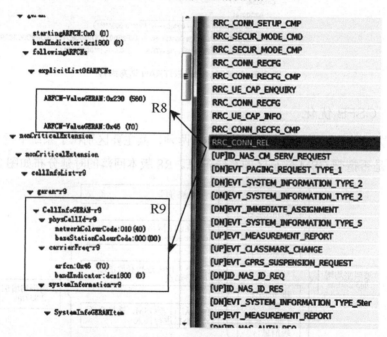

图 3-12 R8 和 R9 方式 RRC 连接释放消息内容对比

针对 CSFB 时延问题，除了协议优化外，在网络规划设计时为缩短 CSFB 时延可以采取的优化措施主要有 3 种。

（1）重选优化

对 R8 版本而言，采用扩展 BCCH，其本质是将 SI2quater 消息移走，缩短 SI13 的发送周期至 1.88s。

目前部分芯片可以实现回落不读 SI13 消息的功能，由于扩展 BCCH 的主要优化原理是加快 SI13 的发送周期，因此扩展 BCCH 无法减少这部分终端的回落时延。

（2）邻区优化

针对跨 Pool 呼叫的情况，建议 MSC Pool 边界处的 2G 和 4G 小区覆盖尽可能一致。LTE

侧配同 Pool 内 GSM 小区频点，且 Pool 边界 GSM 小区尽可能不出现同频情况。

（3）位置区优化

CSFB 回落时若接入小区的 LAC 和终端存储的 LAC 不一致，则需发起位置更新，增加呼叫时延。如果跨 MSC Pool 被叫，在不支持 MTRF 功能的情况下将导致呼叫失败。规划时建议开通 CSFB 区域的 TAL，和 LAC 范围保持一致。

目前造成 CSFB 失败的原因主要有：CSFB 功能开关没有打开、2G 邻区频点没有添加或添加不完整、MSC Pool 边界、4G 弱覆盖、2G 小区性能异常等。

常见的 CSFB 回落失败问题分析流程如图 3-13 所示。

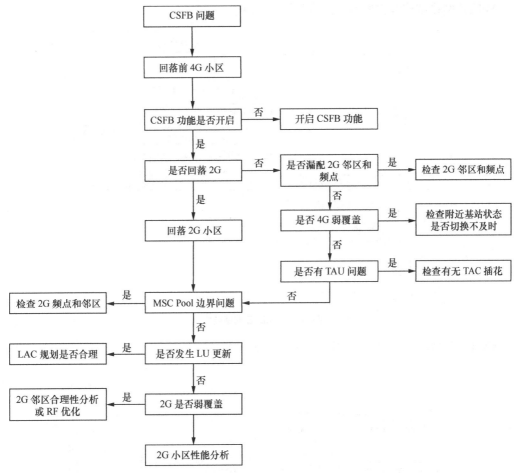

图 3-13　CSFB 回落失败问题分析流程

实际问题分析时，结合信令分析收集 CSFB 回落失败的相关信息，如回落失败位置、回落前后占用的 4G 小区、回落的 GSM 频点等信息。检查回落时占用的 4G 小区和回落的 2G 小区是否合理，小区覆盖和性能是否正常，回落小区频点是否存在同频，是否位于 MSC Pool 边界，参数设置是否正确等。

3.3　VoLTE 方案

VoLTE 是 GSMA IR 92 定义的标准 LTE 语音解决方案，最大的网络改动就是引入 IMS 网络，由 IMS 配合 LTE 网络实现端到端的基于分组域的语音、视频通信业务。

3.3.1　网络结构

由于 EPC 网络不具备语音和多媒体业务的呼叫控制功能，VoLTE 采用基于 IMS 的语音解决方案，即利用 LTE 网络进行业务接入，IMS 网络进行呼叫控制的语音解决方案。

VoLTE 网络结构和主要网元组成如图 3-14 所示。

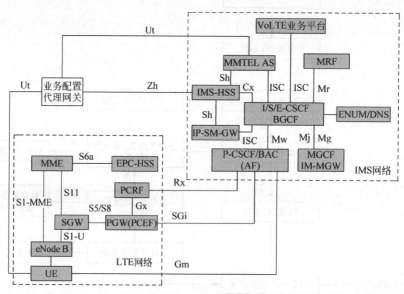

图 3-14　VoLTE 网络结构

VoLTE 网络用户面和控制面路由如图 3-15 所示。

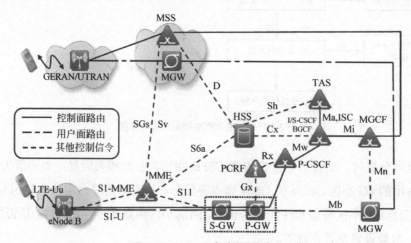

图 3-15　VoLTE 端到端网络路由

IMS 作为 VoLTE 呼叫控制中心，主要由呼叫会话控制功能（xCSCF）、TAS 应用服务器、媒体网关控制功能（MGCF）、媒体网关（MGW）等功能实体组成，类似于 2/3G 中的 MSC，完成呼叫控制和路由功能。而 EPC 和 eNode B 相当于 2/3G 中无线接入网，完成无线接入功能。IMS 主要网元和接口的功能如表 3-3 所示。

表 3-3　　　　　　　　　　　　　　　　IMS 主要网元功能

网元名称	主要功能概述
P-CSCF	IMS 网络的信令面接入点，提供代理功能，即接受业务请求并进行转发，提供接入网与 IMS 核心网之间的接入控制、信令安全以及 IP 互通等功能。 P-CSCF 与 PCRF 通过 Rx 接口相连、PCRF 与 P-GW 通过 Gx 接口实现 VoLTE 业务的 QoS 保障
I-CSCF	IMS 域的边界点；提供本域用户服务节点分配、路由查询以及 IMS 域间拓扑隐藏，指派 S-CSCF 等功能
S-CSCF	IMS 核心网中处于核心的控制地位，负责对 UE 的注册鉴权和会话控制，执行针对主叫端及被叫端 IMS 用户的基本会话路由功能，并根据用户签约的 IMS 业务触发规则，在条件满足时触发业务
MGCF	用于 IMS 域与 PSTN/CS 域的互通，负责完成控制面信令的互通、号码规整、号码分析和路由，并控制 IM-MGW 完成用户面的互通、放音、放音抑制、视频回落等功能
MGW	在 MGCF 的控制下完成 VoLTE 用户面 IMS 域与 PSTN/CS 域之间的转换，提供编解码转换、承载资源管理和放音功能
MMTEL AS（或 TAS）	IMS 应用服务提供网元，提供高清语音/视频多媒体电话的基本呼叫能力，以及号码显示、呼叫转移、呼叫等待、呼叫保持等补充业务，MMTEL AS 还负责提供话单、被叫域选择、完成计费功能
Sv	MME 和 SRVCC MSC 之间的接口，提供 SRVCC 切换功能

3.3.2　网络接口

VoLTE 网络的主要接口和协议如表 3-4 所示。

表 3-4　　　　　　　　　　　　　　　　VoLTE 网络主要接口和协议

功能域	接口名称	接口类型	连接网元	承载协议
分组域	S1-U	数据	eNode B-SGW	GTP-U
	S1-MME	信令	eNode B-MME	S1-AP
	S11	信令	MME-SGW	GTPv2-C
	S5/S8	信令/数据	SGW-PGW	GTPv2-C/GTP-U
	SGi	数据	PGW-PCSCF	SIP/RTCP/RTP
	Sv	信令	MME-SRVCC MSC	GTPv2-C
	SGs	信令	MME-MSC Server	SGsAP
PCC	Rx	信令	SBC (P-CSCF)-PCRF	Diameter
	Gx	信令	PCRF-PGW	Diameter
IMS 域	Gm	信令	UE- PCSCF	SIP
	Mw	信令	DNS/ENUM- xCSCF	SIP
	Mg	信令	SCSCF-MGCF	SIP

续表

功能域	接口名称	接口类型	连接网元	承载协议
IMS 域	Mj	信令	BGCF-MGCF	SIP
	Mw/I2	信令	SCSCF-eMSC	SIP
	ISC	信令	SCSCF-AS	SIP

3.3.3　IMS 协议栈

VoLTE 协议栈结构分为用户面和控制面，如图 3-16 所示。VoLTE 用户面采用 RTP/RTCP 协议，控制面采用 SIP/SDP 协议。对于 RTCP 控制数据，通常与 RTP 复用到一个 E-RAB 中，使用同一个空口承载传输。

SIP（控制面会话初始协议）属于 IP 网络多媒体通信系统的应用层控制协议，用来创建、修改和终结一个或多个会话进程，与 SDP、RTP/RTCP 等协议配合共同完成 IMS 中的会话建立和媒体协商，如图 3-17 所示。SDP（会话描述协议）为应用层控制协议，用于 SIP 会话建立过程中的媒体协商过程。

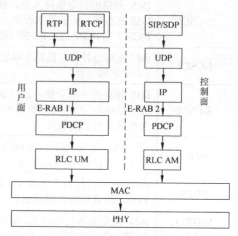

图 3-16　IMS 协议栈

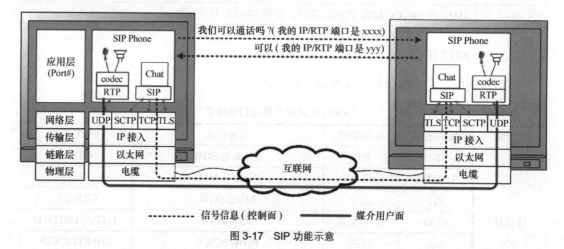

图 3-17　SIP 功能示意

RTP/RTCP 为用户面应用层的承载协议，SIP 会话建立后 RTP 协议用于保证媒体流的实时传输，RTCP 协议负责对实时传输的媒体流进行监控。

3.3.4　IMS 用户标识

IMS 网络中的用户标识分为两种，一种是私有用户标识 IMPI，另一种是公有用户标识 IMPU，如表 3-5 所示。私有标识相当于移动 CS 域中的 IMSI 号码，对用户不可见，是用户本身使用且不需要告知别人，用于用户注册和鉴权。公有用户标识相当于移动 CS 域中的 MSISDN 号码，是用户对外公布的"手机号码"，是和其他用户进行通信时的身份标识，用于呼叫寻址和路由。IMPI 和 IMPU 之间是多对多的关系，一个 IMPI 可以有多个 IMPU，相当于"一机多号"业务，一个 IMPU 也可以对应多个 IMPI，相当于"一号多机"业务。

表 3-5　　　　　　　　　　　　　　　　　IMS 用户和业务标识

标识名称	格式	作用
IMS 归属网络域名	ims.mnc\<MNC\>.mcc\<MCC\>.3gppnetwork.org，如中国电信 VoLTE IMS 网络 3GPP 标准域名为 ims.mnc011.mcc460.3gppnetwork.org	用于标识 VoLTE 用户及网元所归属的网络
私有用户标识 IMPI	\<imsi\>@ ims.mnc011.mcc460.3gppnetwork.org	归属运营商提供给用户的唯一全球标识，用于鉴权和注册
临时公有用户标识	\<imsi\>@ ims.mnc011.mcc460.3gppnetwork.org，与私有用户标识 IMPI 格式相同	使用 USIM 卡时，用户向 IMS 网络注册时需携带临时公有用户标识
公有用户标识 IMPU	公有用户标识的格式可以采用 SIP URI 和 TEL URI 的两种格式。TEL 号码的格式为"tel：用户号码"，用户号码采用 E.164 的编号规则。IMS 用户 SIP URI 格式为"sip：用户名@域名"如湖北用户的移动号码为"tel：+86189×××5678"其默认的 SIP URI 为"sip：+86189×××5678@hb.ims.mnc011.mcc460.3gppnetwork.org"	用于用户之间进行通信的标识，SIP 消息的路由，同一个用户可以分配多个公有用户标识。IMPU 在使用前应该通过显式或者隐式的方式进行注册
APN	IMS APN 的 NI 部分为"IMS"	VoLTE 用户语音业务、视频业务采用 IMS APN

3.3.5　业务过程

VoLTE 采用双 APN 架构，即针对数据业务的 Default APN 和针对语音及可视电话的 IMS APN，如图 3-18 所示。

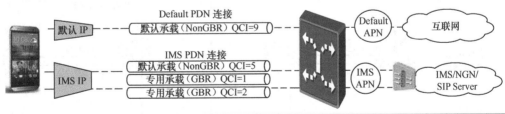

业务类型		QCI	优先级	时延	丢包率	抢占	被抢占	承载类型
信令		5	1	100ms	10^{-6}	Y	N	Non-GBR 默认承载
语音通话		1	2	100ms	10^{-2}	Y	N	GBR 专有承载
视频通话	音频流	1	2	100ms	10^{-2}	Y	N	GBR 专有承载
	视频流	2	4	150ms	10^{-3}	Y	Y	GBR 专有承载

图 3-18　VoLTE 承载

支持 VoLTE 业务的 UE 在附着时与 Default APN 建立 QCI 为 8/9 的数据默认承载，附着完成后 UE 与 IMS APN 建立 QCI 为 5 的 IMS 承载，用于传输 SIP 信令。对于支持 VoLTE 的 UE，如果 IMS 域注册成功，则 QCI=5 和 8/9 承载始终存在。当有 VoLTE 语音会话时再建立 QCI=1 的专用承载，如果是视频会话还会同时建立 QCI=2 的专用承载。

1. IMS 注册过程

IMS 网络双向鉴权如图 3-19 所示。IMS 注册时，UE 经由 QCI=5 承载向 IMS 发送 Register 消息，通过 IMS 网元 P-CSCF 将注册消息路由到 I-CSCF，之后 I-CSCF 通过 HSS 为 UE 选择一个 S-CSCF 并将注册消息路由到 S-CSCF，S-CSCF 从 HSS 获得用户的鉴权参数并通过 I-CSCF、P-CSCF 发送给 UE，UE 获得鉴权数据后，完成手机对网络的校验。随后发起用户的二次注册请求，UE 利用鉴权数据与共享密钥生成鉴权参数（RES）并发送给网络，网络接收后与 S-CSCF 保存的鉴权参数（XRES）对比，通过后完成网络对 UE 的鉴权校验。IMS 注册路由如图 3-20 所示。

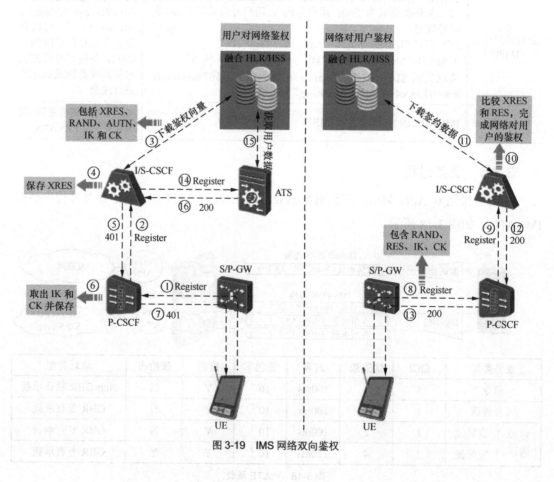

图 3-19 IMS 网络双向鉴权

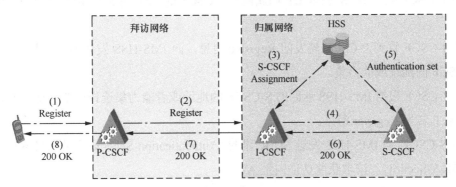

图 3-20　IMS 注册路由

注册过程中各个网元的功能和保存的信息如表 3-6 所示。

表 3-6　　　　　　　　　　注册过程中网元保存信息

网元	功能描述	注册过程中网元保存信息		
		注册前	注册中	注册后
UE	用户终端	域名 IMPI/IMPU P-CSCF 地址 鉴权密码	域名 IMPI/IMPU P-CSCF 地址 鉴权密码	域名 IMPI/IMPU P-CSCF 地址 鉴权密码
P-CSCF	①检查 IMPI/IMPU 和归属域；②根据归属域查询 DNS 获取 ICSCF 地址并转发注册请求	DNS 地址	I-CSCF 地址 UE IP 地址 IMPI/IMPU	S-CSCF 地址 UE IP 地址 IMPI/IMPU
I-CSCF	①查询 HSS 进行 S-CSCF 的选择并指定 S-CSCF；②向 S-CSCF 转发注册请求	HSS 地址	S-CSCF 地址 （临时保存）	无信息保存
S-CSCF	①从 HSS 下载鉴权数据对终端进行鉴权；②鉴权成功后从 HSS 下载用户业务签约信息；③根据 iFC 进行第三方鉴权	HSS 地址	HSS 地址 用户签约信息 P-CSCF 地址 P-CSCF 网络 ID UE IP 地址 IMPI/IMPU	HSS 地址 用户签约信息 P-CSCF 地址 P-CSCF 网络 ID UE IP 地址 IMPI/IMPU
HSS	①与 I-CSCF 交互确定 S-CSCF；②下发鉴权数据和用户业务签约数据，记录用户注册状态	用户签约信息	P-CSCF 地址	S-CSCF 地址

IMS 注册信令流程如图 3-21 所示。

① UE 首先读取 USIM 卡信息获取 IMSI，再从 IMSI 推导出 IMPI 和 T-IMPU，向 IMS 拜访网络入口 P-CSCF 发送 Register 消息请求注册。其中，关键参数如下。

From/To 头域：注册用户的 IMPU，此处填写为 T-IMPU。

Contact 头域：注册用户的联系地址。

Expires：注册时长。

② P-CSCF 查询 DNS，获取 UE 归属网络 I-CSCF 的地址，然后向 I-CSCF 转发 Register 消息。

③ I-CSCF 收到 P-CSCF 转发的 Register 消息，向 IMS-HSS 发送 UAR 消息，请求获取 S-CSCF 的地址或能力集。

④ I-CSCF 根据 IMS-HSS 返回的 S-CSCF 的地址或者能力集选择一个合适的 S-CSCF，向 S-CSCF 转发 Register 消息。

⑤ S-CSCF 向 IMS-HSS 发送 MAR 消息，Authentication-Scheme 头域携带鉴权算法为 Early-AKA-Security，请求获取认证向量 AV。

⑥ IMS-HSS 向 S-CSCF 返回 MAA 响应，消息中携带用户的五元组鉴权向量，包括 XRES、RAND、AUTN、IK 和 CK。S-CSCF 保存参数 XRES，以备后续对用户的鉴权响应进行验证。其他鉴权元素随 401 响应经 I-CSCF 返回给 P-CSCF。

⑦ P-CSCF 收到 401 消息后取出 IK 和 CK 并保存，然后把 401 消息中剩余的鉴权元素 RAND 和 AUTN 继续向 UE 转发。

⑧ UE 收到 401 响应后，根据本地 USIM 中保存的共享密钥对 AUTN 进行认证，认证通过则表明 401 消息来源于用户真实的归属网络；再基于共享密钥和 RAND 计算出 RES，重新构造 Register 消息，携带 AUTN、RAND 和 RES，发送到 P-CSCF。

⑨ P-CSCF 把 Register 转发到 I-CSCF 上，I-CSCF 通过 UAR/UAA 查询 IMS-HSS，选择一个合适的 S-CSCF，向 S-CSCF 转发 Register 消息。S-CSCF 收到鉴权响应，将期望收到的鉴权响应 XRES 和实际收到的鉴权响应 RES 进行比较。如果两者匹配，则该 UE 通过网络鉴权。

⑩ 鉴权通过后，S-CSCF 向融合 IMS-HSS 发送 SAR 消息，请求下载用户的签约数据。IMS-HSS 向 S-CSCF 返回 SAA 响应，携带用户的签约数据。

⑪ S-CSCF 向 UE 侧返回 200 OK 响应，P-Associated-URI 头域中携带和 T-IMPU 绑定的隐式注册集 IRS 的 IMPU 列表，包含用户的移动终端号码 MSISDN（Tel URI）及用户的 SIP URI，表明用户隐式注册集中所有号码都注册成功。

⑫ S-CSCF 根据 iFC 触发第三方注册，通过第三方注册完成 ATCF 侧 ATU-STI、C-MSISDN 更新，HSS 侧和 MME 侧 ATCF 地址 STN-SR 更新。第三方注册成功后，用户才能拥有 AS 提供的相关业务权限。

S-CSCF 与 SCC AS 第三方注册目的是为后续被叫接入域选和 eSRVCC 切换做准备，第三方注册流程如图 3-22 所示。

STN-SR（会话转移编号）是一个 E.164 格式的路由号码，用于标识网元 ATCF。三方注册时，STN-SR 由 ATCF 分配，通过 HSS 发送给 MME。eSRVCC 切换时由 MME 发送给 eMSC，eMSC 根据 STN-SR 找到目标 ATCF。

ATU-STI（接入转移更新—会话转移标识）为 SCC AS 域名，三方注册时由 SCC AS 分配给 ATCF。eSRVCC 切换时 ATCF 根据 ATU-STI 在 ATCF 与 SCC AS 之间建立新的会话通路。

C-MSISDN 由 HSS 分配，是用户数据的一部分，用于识别 eSRVCC UE。eSRVCC 切换时 C-MSISDN 由 MME 发给 eMSC，eMSC 向 ATCF 发送 Invite 消息时携带 C-MSISDN，申请建立新的会话。ATCF 收到 eMSC 发来的 Invite 消息，根据 C-MSISDN 关联切换后的电路域呼叫及原 IMS 用户呼叫。

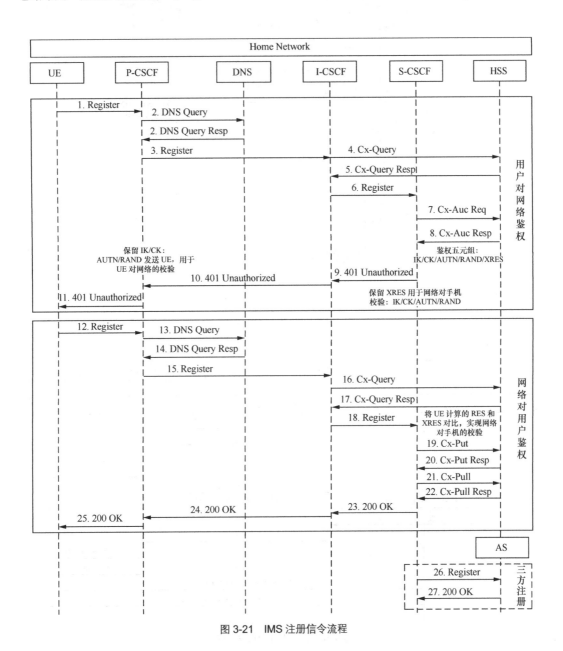

图 3-21　IMS 注册信令流程

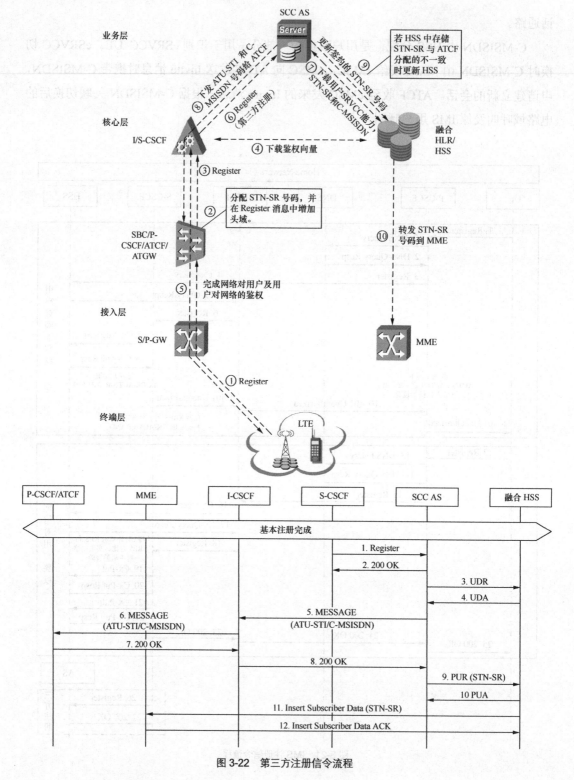

图 3-22　第三方注册信令流程

2. VoLTE 用户呼叫 VoLTE 用户

VoLTE 终端呼叫 VoLTE 终端的业务流程如图 3-23 所示。

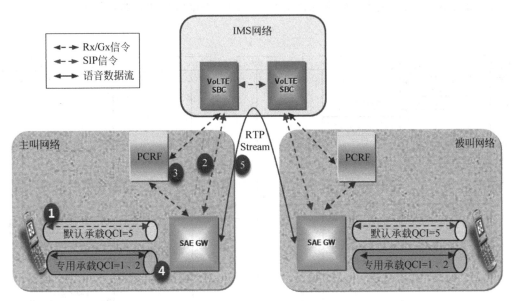

图 3-23　VoLTE 业务流程

VoLTE 业务流程说明：①UE 附着时建立 QCI=5 的默认承载，用于 SIP 信令传递；②UE 发起主被叫音视频业务时通过 QCI=5 的默认承载向 IMS 发起 Invite 消息，申请分配资源；③IMS 要求主叫侧的 PCRF 分配 VoLTE 音视频资源，携带用户的流描述、媒体类型（音、视频）、最大最小请求带宽；④PCRF 依据配置的 VoLTE 策略，映射生成满足音视频业务需求的动态规则，通过 Gx 接口发送给 P-GW，由 SAE GW 和 eNode B 根据规则完成业务资源预留；⑤用户在预留的专有承载上发起音视频业务。

VoLTE 终端呼叫 VoLTE 终端的端到端信令流程如图 3-24 所示。流程说明如下。

（1）UE 向 IMS 发起 SIP Invite 会话业务建立请求。

首先触发 RRC 连接过程，并通过 RRC 重配消息建立 QCI =5、9 的 E-RAB 承载。之后 UE 经由 QCI=5 承载向 IMS 拜访网络入口 P-CSCF 发送 Invite（1st SDP Offer）消息，P-CSCF 收到消息后根据本地记录的主叫用户注册 S-CSCF 地址将消息路由到 S-CSCF，S-CSCF 若判断头域 P-Asserted-Identity 中的主叫号码已注册，则首先根据主叫用户签约的 iFC 模板数据，触发 MMTel AS，MMTel AS 进行业务处理并向主叫 UE 提供补充业务。

Invite 消息携带如下关键信息：①Request-URI：被叫用户号码；②Contact 头域：主叫用户的联系地址；③SDP：主叫 UE 的媒体能力，包括支持的媒体类型以及相应媒体的编解码能力。Invite 消息携带的 SDP 包括如下内容（示例）。

a = curr:qos local none（表示本端资源没有预留）

a = curr:qos remote none（表示远端资源没有预留）

a = des:qos mandatory local sendrecv（表示本端资源必须双向预留）

a = des:qos optional remote sendrecv（表示远端资源双向预留可选）

a = inactive（表示主叫完成资源预留前，主叫方不能收发语言数据流）

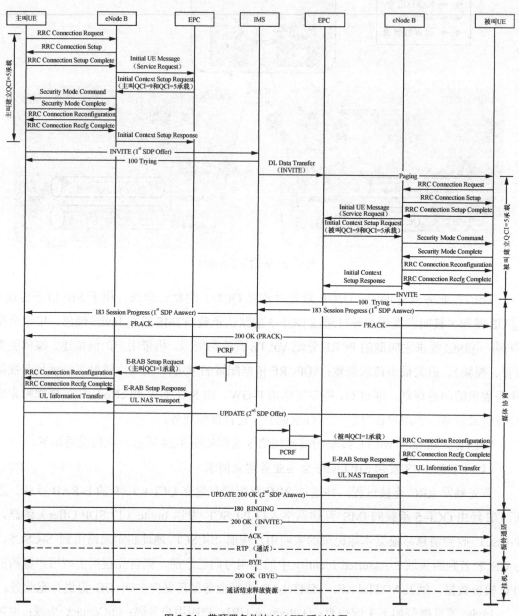

图 3-24　带预置条件的 VoLTE 呼叫流程

（2）IMS 收到主叫 Invite 消息后向主叫终端回复 100 Trying 响应消息，IMS 向处于空闲态的被叫发送 Invite 消息。

被叫侧 SAE-GW 收到 IMS 发来的 Invite（1st SDP Offer）消息并缓存，通知 MME 进行寻呼，被叫 UE 收到寻呼后触发 RRC 连接过程，建立 QCI=5、9 的 E-RAB 承载。之后 SAE-GW 将缓存的 Invite 消息通过 QCI=5 承载转发给被叫。

（3）被叫收到 Invite 消息后回复 100 Trying 消息进行响应，之后发送 183 消息（携带 1st SDP Answer），经过 IMS 转发给主叫用户接入的 P-CSCF，表示会话正在处理，告知对方自己所支持的媒体类型和编码。183 响应消息携带的 SDP 包括如下内容（示例）。

a = curr:qos local none（表示本端资源没有预留）

a = curr:qos remote none（表示远端资源没有预留）

a = des:qos mandatory local sendrecv（表示本端资源必须双向预留）

a = des:qos mandatoyy remote sendrecv（表示远端资源必须双向预留）

a = conf:qos mandator remote sendrecv（要求主叫方条件满足时发送确认信息给被叫方）

a = inactive（表示被叫完成资源预留前，被叫方不能收发语音数据流）

（4）主叫收到 183 会话消息后向被叫发送 PRACK 确认消息。PRACK 过程是一个预确认过程，主要为了防止会话超时及拥塞，被叫收到后返回 PRACK 200 进行确认。

（5）主叫侧收到被叫回复的 183 消息后，启动 Precondition（资源预留）过程。主叫侧 P-CSCF 根据 Invite（1st SDP Offer）和 183 Session Progress（1st SDP Answer）协商结果，发送 AAR 消息给 PCRF，包括媒体描述信息（分类器、带宽要求和媒体类型等信息）、用户标识、IMS 应用层计费标识等，触发建立 QCI=1 的 E-RAB 专用承载。

（6）主叫侧 QCI=1 专用承载建立完成后，发送 UPDATE 消息给被叫，参数 "a=curr:qos local sendrecv"，指示本端预留已满足，主叫端完成资源预留。被叫侧完成资源预留后返回 "UPDATE 200 OK" 消息给主叫侧，参数 "a=curr:qos remote sendrecv"，指示被叫侧 Precondition 已满足。资源预留目的是为了避免振铃后由于用户面资源问题导致无法通话。

UPDATE 消息携带的 SDP 包括如下内容（示例）。

a=curr: qos local sendrecv（表示本端已完成资源双向预留）

a=curr: qos remote none（表示远端资源没有预留）

a=des: qos mandatory local sendrecv（表示本地资源必须双向预留）

a=des: qos mandatory remote sendrecv（表示远端资源必须双向预留）

a=sendrecv（表示主叫已准备好收发语音数据流）

UPDATE 200 OK 消息携带的 SDP 包括如下内容（示例）：

a=curr: qos local sendrecv（表示本端已完成资源双向预留）

a=curr: qos remote sendrecv（表示远端已完成资源双向预留）

a=des: qos mandatory local sendrecv（表示本地资源必须双向预留）

a=des: qos mandatory remote sendrecv（表示远端资源必须双向预留）

a=sendrecv（表示被叫已准备好收发语音数据流）

UPDATE 主要是用于在呼叫过程中进行媒体格式的二次协商，在 UPDATE 消息中携带了主叫建议的语音编码格式，"UPDATE 200 OK" 消息中携带协商后双方通话使用的编码格式，通常选取主被叫双方格式中较低的一种。主被叫双方根据协商结果，通过"Modify EPS Bearer Context Request"消息对 EPS 承载进行相应的修改。

（7）经过上述步骤，主被叫资源预留完成（QCI=1 专用承载建立成功）。被叫侧振铃并发送回铃音"180 Ringing"消息给主叫。

（8）被叫摘机，发送"Invite 200 OK"给主叫，主叫返回 ACK 进行确认，完成通话建立，进入通话过程。

（9）通话结束后被叫或主叫发送 BYE 请求结束本次会话，对方挂机并回"BYE 200 OK"消息，指示会话结束，删除 QCI=1 的数据无线承载。

3．VoLTE 用户呼叫 C 网用户

VoLTE 业务与其他语音网络，如固网、C 网及其他运营商网络之间沿用现役 IMS 网络的互联互通方式。VoLTE 用户呼叫 C 网用户流程如图 3-25 所示。

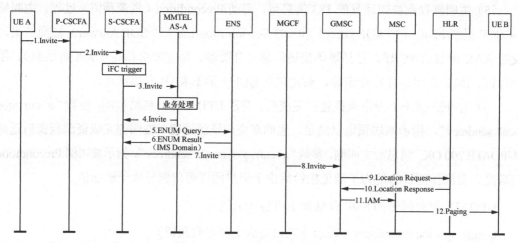

图 3-25　VoLTE 用户呼叫 C 网用户

信令流程描述如下。

（1）UE 发起会话，向 IMS 拜访网络入口 P-CSCF 发送 Invite 消息，携带以下关键信息。

Request-URI：被叫用户号码。

Contact 头域：主叫用户的联系地址。

SDP：主叫 UE 的媒体能力，包括支持的媒体类型以及相应媒体的编解码能力。

（2）P-CSCF 收到 Invite 消息，根据本地记录的主叫用户注册 S-CSCF 地址，路由消息到 S-CSCF。

（3）S-CSCF 收到 Invite 消息，判断 P-Asserted-Identity 头域中的主叫号码已注册，则首先根据主叫用户签约的 iFC 模板数据，触发 MMTel AS。

（4）MMTel AS 向主叫 UE 提供补充业务。之后，MMTel AS 发送 Invite 消息到

S-CSCF。

（5）～（7）S-CSCF 根据号码格式，查询 ENUM/DNS，ENUM/DNS 返回失败。S-CSCF 把呼叫路由到 MGCF，MGCF 把呼叫路由到 GMSC，后续跟 C 网业务建立流程一致。

C网用户呼叫VoLTE用户时，均锚定至 IMS 网络路由，VoLTE端信令流程见上文VoLTE用户拨打 VoLTE 用户中的被叫过程。

3.3.6　关键技术

VoLTE 关键技术主要有 SPS 半静态调度技术、TTI Bundling 时隙绑定功能、RoHC 报头压缩功能、AMR-WB 语音编码技术等。

1. AMR-WB 语音编码技术

AMR（Adaptive Multi-Rate，自适应多速率编码），是语音编码的一种音频数据压缩优化方案，即接收端对参考信号进行测量，判断信道质量，并将信道质量映射为特定的信道质量指示 CQI，然后将 CQI 上报到发射端。发射端根据接收端反馈的 CQI 决定相应的调制方式、编码方式、传输块大小等进行数据传输。AMR 编码具有如下特点：

（1）通话期每 20ms 产生一个语音包；

（2）静默期每 160ms 生成一个 SID 数据包。

语音业务通话模型如图 3-26 所示。

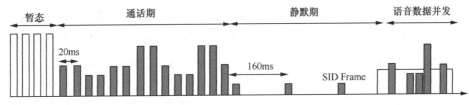

图 3-26　语音业务通话模型

根据语音信源编码采样率的不同，AMR 编码分为 AMR-NB 和 AMR-WB 两种语音编码方式。

AMR-NB 编码称为标清语音，帧长 20ms，语音采样率为 8kHz，因此一个语音帧有 160 个采样点，共有 8 种语音编码速率，如表 3-7 所示。

表 3-7　　　　　　　　　　　　　　AMR-NB 语音编码

帧类别	模式指示	模式请求	帧内容（AMR 模式，舒适噪声以及其他）
0	0	0	AMR 4.75kbit/s
1	1	1	AMR 5.15kbit/s
2	2	2	AMR 5.90kbit/s
3	3	3	AMR 6.70kbit/s (PDC-EFR)
4	4	4	AMR 7.40kbit/s (TDMA-EFR)
5	5	5	AMR 7.95kbit/s
6	6	6	AMR 10.2kbit/s
7	7	7	AMR 12.2kbit/s (GSM-EFR)

AMR-WB 编码称为高清语音，帧长 20ms，采样频率为 16kHz，提供 9 种语音编码速率，是一种同时被国际标准化组织 ITU-T 和 3GPP 采用的宽带语音编码标准，也称为 G722.2 标准，如表 3-8 所示。

表 3-8   **AMR-WB 语音编码**

帧类别	模式指示	模式请求	帧内容（AMR-WB 模式，舒适噪声以及其他）
0	0	0	AMR-WB 6.60kbit/s
1	1	1	AMR-WB 8.85kbit/s
2	2	2	AMR-WB 12.65kbit/s
3	3	3	AMR-WB 14.25kbit/s
4	4	4	AMR-WB 15.85kbit/s
5	5	5	AMR-WB 18.25kbit/s
6	6	6	AMR-WB 19.85kbit/s
7	7	7	AMR-WB 23.05kbit/s
8	8	8	AMR-WB 23.85kbit/s

2/3G 使用的语音编码格式为 AMR-NB，语音带宽范围：300Hz～3 400Hz，8kHz 采样率。VoLTE 使用 AMR-WB 编码，提供语音带宽范围达到 50Hz～7 000Hz，16kHz 采样率，用户话音比 2/3G 更加自然、舒适和清晰。

2. SPS 调度技术

从语音业务模型上看，通话过程可以分为暂态、通话期和静默期。通话期数据包的发包间隔为 20ms，每个数据包的大小固定为 35Byte～47Byte（和编码速率有关）。静默期 SID 包的发包间隔为 160ms，每个 SID 包的大小固定为 10Byte～22Byte，如图 3-27 所示。

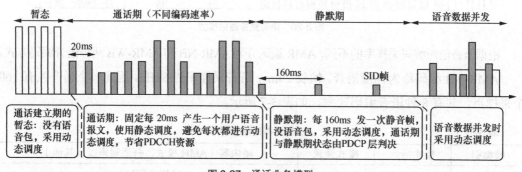

图 3-27 通话业务模型

暂态：每次业务建立初期尚未稳定的状态，数据包较大。

通话期：用户正在通话的状态，每 20ms 传送一次数据。通话期的语音包大小取决于当前采用的编码速率。

静默期：用户通话停顿的状态，为了提升用户感受，每间隔 160ms 发一个很短的 SID 帧。

语音数据包的大小相对比较固定，而且数据包之间的间隔也满足一定的规律性。为此，3GPP 引入了半静态调度，即通话期用户的资源分配（包括上行和下行）只需通过 PDCCH 分配或指定一次，而后就可以周期性地重复使用相同的时频资源和调制方式，不需重复发送 PDCCH 调度信令。而对于暂态、静默期的数据传输、SPS 期间重传包的传输，则采用动态调度，所以被称为半静态调度。

半静态调度（SPS）位于物理层，目的是减少 PDCCH 占用，提高控制信道可调度用户数。缺点是开启 SPS 后可被调度的最高 MCS 为 15，将限制 VoLTE 业务信道容量。

3. TTI Bundling 功能

时隙绑定（TTI Bundling）功能位于 MAC 层，如图 3-28 所示。在小区边缘覆盖受限的情况下，UE 由于受到其本身发射功率的限制，无法满足误块率要求，可通过将上行连续 TTI 进行绑定，分配给同一个 UE，在这些上行的 TTI 中，发送相同内容的不同 RV 版本，以提高基站侧数据解码成功的概率。通常能提升上行增益 3dB～4dB。

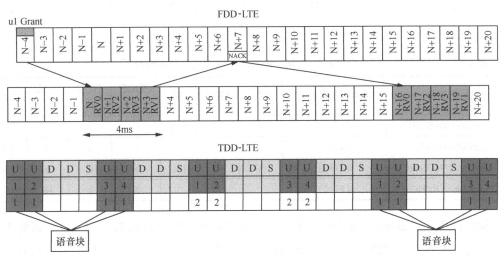

图 3-28 FDD-LTE（上）和 TDD-LTE（下）时隙绑定示意

只有 FDD-LTE，或 TDD-LTE 上下行子帧配置为 0/1/6 时，才支持 TTI Bundling。对于 TDL 系统其他 4 种上下行子帧配置，由于一个系统帧内的上行子帧数小于 4 个，因此不支持时隙绑定功能。TDD-LTE 系统中开启 TTI Bundling 可以提高边缘用户的上行接收性能，并减小控制信令开销，但 TTI Bundling 不能与 SPS 同时开启。

4. RoHC 功能

VoLTE 业务是基于 IP 网络传输的语音业务，包头开销占整个数据包的比例较大，为了节省传输资源，业内提出了一种 IP 包头压缩方法 RoHC，该功能可大大降低包头开销。

头压缩 RoHC 位于 PDCP 层。语音包 RTP 头开销占 12Byte，UDP 头开销占 8Byte，IP 头开销占 20Byte（IPv4）和 40Byte（IPv6），IPv6 情况下语音包头开销合计为 60Byte，如图 3-29 所示。采用 RoHC 头压缩后头开销可以减少到 4～6Byte，减少对空口资源的占用。

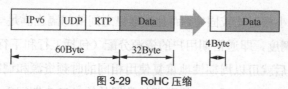

图 3-29　RoHC 压缩

RoHC 仅用于用户面（QCI=1）数据块头压缩和解压，需要 eNode B 和 UE 支持，eNode B 与 UE 协商成功后才能启用压缩模式。采用 RoHC 后，对 AMR-NB12.2k 语音数据的压缩效率可达到 58%，对 AMR-WB23.85k 语音数据压缩效率可达到 44%，减少 RB 资源占用，提升系统容量。另外，RoHC 降低 VoLTE 的边缘速率，减小边缘 UE 的功率需求，提升边缘覆盖范围（覆盖增加 2dB）。

目前终端上行一般只支持 16QAM 调制，对应的 MCS 最大为 20，TBS 最大为 19，查 3GPP 36.213 TBS 索引表可以得到上行单个资源块 RB 对应的最大比特数为 408。下行支持 64QAM 调制，对应 MCS 最大为 28，TBS 最大为 26，下行单个资源块 RB 对应的最大比特数为 712。相同带宽下行 PDSCH 容量若高于上行 PUSCH 容量，上行容量受限，表 3-9 所示为高清和标清语音采用 RoHC 技术前后的封装比特数。

表 3-9　　　　　　　　　　　标清和高清语音 RoHC 压缩前后信息比特数

语音速率	AMR 封装负荷	RTP	UDP	IP	PDCP 头	RLC 头	MAC 头	总数
12.2kbit/s (No RoHC)	244+19	96	64	160	8	8	16	615
12.2kbit/s (RoHC)	244+19	32			8	8	16	327
23.85kbit/s (No RoHC)	477+21	96	64	160	8	8	16	850
23.85kbit/s (RoHC)	477+21	32			8	8	16	562

标清语音（12.2kbit/s）RoHC 压缩前一个语音帧总比特数为 615，大于 408，需要 2 个 RB 传输，压缩后为 327，只需 1 个 RB 传输，相当于容量提升了一倍。而对高清语音（23.85kbit/s）而言，由于压缩前后总比特数均超过 408，都需要 2 个 RB 传输，对容量影响较小。

5. C-DRX 接收技术

DRX（Discontinuous Reception）即非连续接收，是指 UE 仅在必要的时间段打开接收机进入激活期，以接收下行数据和信令，而在其他时间关闭接收机进入休眠期，停止接收下行数据和信令的一种节省 UE 电池消耗的工作模式。在 DRX 工作模式下，DRX 周期包含激活期（On Duration）和休眠期（DRX Sleep），UE 的工作状态对应为激活态和休眠态。

DRX 功能流程在 3GPP 36.321 中有明确定义。如图 3-30 所示，网络配置 C-DRX 功能后，处于业务态的 UE 在 "DRX-Inactivity Timer" 内都没有监测到本 UE 的调度信息时，UE 进入 DRX Cycle 模式。DRX Cycle 周期内标识 "On Duration" 的这段时间是 UE 监控下行 PDCCH 子帧的时间，在这段时间里，UE 处于唤醒状态，开始监控 PDCCH 子帧。标识"DRX Sleep"（Opportunity for DRX）的这段时间是 DRX 休眠时间，即 UE 为了省电停止监控 PDCCH 子帧的时间。用于 DRX 休眠的时间越长，UE 的功率消耗就越低，但相应的业务传输时延也会增加。

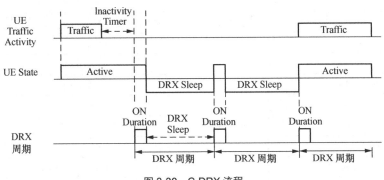

图 3-30　C-DRX 流程

为了使业务态 UE 尽快进入休眠状态，LTE 系统还引入了一个与 DRX 相关的 MAC 控制单元 DRX command。当网络侧检测到已经没有上下行数据可传时，可以向该 UE 发送一个 MAC PDU，这个 PDU 里携带一个 DRX command 控制单元。当 UE 收到这个 DRX 控制单元后，将停止 OnDurationTimer 和 DRX-InactivityTimer，使 UE 尽快进入休眠状态。

相对于连续接收模式，DRX 特性有如下收益。

DRX 工作模式下，UE 不需要连续侦听 PDCCH 信道，所以节省了 UE 的电池消耗，延长了 UE 的使用时间。

DRX 状态为连续接收态和 RRC 空闲态之间的一个中间状态，DRX 状态的存在减小了 RRC 连接状态向 RRC 空闲态转换的概率，从而可以减少整个网络的信令开销。

参考话音数据吞吐规律，DRX 周期建议设置为 20ms 或者 40ms。

6. SRVCC 功能

在 4G 网络覆盖初期/中期，由于 LTE 网络覆盖不完整，UE 在 4G 中的 VoLTE 业务如果移动到 LTE 覆盖边缘，则需要将 VoLTE 业务通过 SRVCC 切换到 2/3G 的 CS 域中以保持通话连续。SRVCC 由 B1/B2 测量报告触发，且测量条件与普通切换一致。利用 SRVCC，可以选择仅将语音从 LTE 切换到 2/3G，也可以将数据业务一同切换到 2/3G，以保障业务的连续性。

7. SIP/SDP 协议

SIP 协议由互联网行业标准组织提出，是一个应用层的信令控制协议。用于创建、修改和释放一个或多个参与者的会话，这些会话可以是 Internet 多媒体会议、IP 电话或多媒体分发。会话的参与者可以通过组播、网状单播或两者的混合体进行通信。

SIP 消息分为两种类型：（1）请求消息，即从客户机发到服务器的消息；（2）响应消

LTE 无线网络优化实践（第 2 版）

息，即从服务器发到客户机的消息。请求消息由请求行、消息头和消息体组成，消息头和消息体之间通过空格行（CRLF）区分，如图 3-31 所示。响应消息由状态行、消息头和消息体组成，如图 3-32 所示。

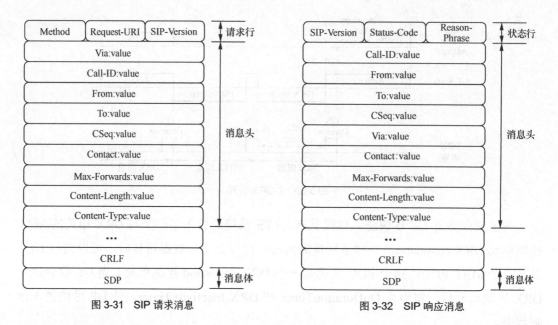

图 3-31　SIP 请求消息　　　　图 3-32　SIP 响应消息

请求消息请求行由 Method、Request-URI 和 SIP-Version 组成，如表 3-10 所示。

表 3-10　　　　　　　　　　　请求行属性功能描述

属性	作用
Method	表示请求消息的类型，基本请求中的 Method 主要分为 Invite、ACK、BYE、CANCEL、REGISTER、OPTIONS 6 种
Request-URI	表示请求的目的方
SIP-Version	目前的 SIP 版本为 2.0

响应消息状态行由 SIP-Version、Status-Code、Reason-Phrase 组成，如表 3-11 所示。

表 3-11　　　　　　　　　　　状态行属性功能描述

属性	作用
SIP-Version	与请求行中的协议版本相同
Status-Code	表示响应消息的类型代码，由 3 位整数组成，即 1XX、2XX、3XX、4XX、5XX、6XX，代表不同的响应类型
Reason-Phrase	表示状态码的含义，对 Status-Code 的文本描述。例如 183 响应消息中携带的 Reason-Phrase 为 "Session Progress"，表示当前呼叫在进行中

请求消息类型和功能描述见表 3-12。

126

表 3-12   SIP 请求消息类型和功能

SIP 类型	描述	定义文档
Invite	表示一个客户端发起或被邀请参加会话	RFC3261
ACK	确认客户已经收到一个 Invite 请求的最终响应	RFC3261
BYE	终止一个呼叫，可以由主叫或被叫方发起	RFC3261
OPTIONS	查询对端的能力或状态	RFC3261
CANCEL	取消所有正在处理中的请求	RFC3261
REGISTER	用于 IMS 中注册，完成地址绑定	RFC3261
PRACK	临时确认	RFC3262
SUBSCRIBE	向服务器订阅某个事件通知	RFC3265
NOTIFY	用于对订阅事件的通知	RFC3265
UPDATE	用于会话媒体修改和会话刷新	RFC3311
PUBLISH	发布一个事件到服务器	RFC3903
INFO	会话过程中发送一个会话消息，但不修改会话状态	RFC6086
REFER	请求收件人发出 SIP 请求	RFC3515
MESSAGE	使用 SIP 传输即时消息	RFC3248

响应消息有两种类型，它们是：（1）临时响应（1XX），被服务器用来指示进程，但是不终结 SIP 进程；（2）最终响应（2XX，3XX，4XX，5XX，6XX），用于终止 SIP 进程。

表 3-13   SIP 响应消息

序号	类型	状态码	消息功能
1XX	进展相应	临时响应	表示已接收到请求消息，正在进行处理
2XX	成功	最终响应	表示请求已经被成功接受、处理
3XX	重定向错误	最终响应	指引呼叫者重新定向另外一个地址
4XX	客户端错误	最终响应	表示请求消息中包含语法错误或者 SIP 服务器不能完成对该请求消息的处理
5XX	服务端错误	最终响应	表示服务器故障不能完成对消息的处理
6XX	全局错误	最终响应	表示请求不能在任何 SIP 服务器上实现

每个 SIP 消息头域后面紧接着一个冒号（：）和空格，空格后面就是该头域具体的描述，SIP 头域主要属性功能如表 3-14 所示。

表 3-14   SIP 消息头域功能描述

属性名称	作用	示例
FROM	缩写"f"，标识请求的发起者（主叫号码）	From: "+8675520000001"<sip:+8675520000001@c8.huawei.com>;tag=BMuGktuGqEVep-2Dp-6Ue78In2 其中 sip:+8675520000001@c8.huawei.com 为呼叫请求发起方的 URI

续表

属性名称	作用	示例
TO	缩写"t"，标识请求的接收者（被叫号码），在注册请求中 To 字段填充和 FROM 一样	To: <sip:20000002@c8.huawei.com;user=phone>; tag=7rE*tKE*-*ppJAswJAwL0cyz_b 其中"sip:20000002@c8.huawei.com"为呼叫请求目的方的 URI
CSeq	请求的序号，同一个对话中响应的序号和对应请求的序号相等	CSeq: 1 Invite 表示当前 Invite 消息序号是 1
Call-ID	缩写"i"，SIP 会话标识	Call-ID: asbcMocz7.czT69+3sKK3sGxUDchNB@ 164.192.96.100 其中"asbc～sGxUDchNB"为全局唯一的本地标识，"164.192.96.100"为主机的 IP 地址
Via	指示请求迄今为止所走的路径	Via: SIP/2.0/UDP 154.133.128.12:5061;branch= z9hG4bKgxpzpgweipyihzvipdpphgi0r
Max-forwards	消息的剩余跳数	Max-Forwards: 70 如果被转发 70 次还没达到目的地，则该请求将被终止
Contact	缩写"m"，消息发送者的地址，用户 UE 所支持的业务能力。To 是表明这个请求是发给谁的，而 contact 是说 To 的人收到请求后，应该向哪个地址发回复	Contact: <sip:460602013050064@192.168.57.10: 5060>;+sip.instance="<urn:gsma:imei:86527602- 000237-4>";+g.3gpp.icsi-ref="urn%%3Aurn-7%% 3A3gpp-service.ims.icsi.mmtel";+g.3gpp.mid-call;+ g.3gpp.srvcc-alerting;video
Accept-Contact	缩写"a"，出现在除 Register 之外的 SIP 请求消息中，该头域包含了主叫期望的 UAS 特征集	Accept-Contact: *;+g.3gpp.icsi-ref="urn%%3Aurn- 7%%3A3gpp-service.ims.icsi.mmtel"
Content-Length	缩写"1"，消息体大小长度	Content-Length: 171
Content-Type	缩写"c"，表示发送消息体的媒体类型	Content-Type: application/sdp
Route	下一跳地址，空口消息对应 P-CSCF 的地址	Route: <sip:154.133.128.7;lr>，其中"154.133. 128.7"为 Route URI，表示发送的请求消息需强制经过该地址
P-Access-Network-Info	携带接入网信息（接入标识）	P-Access-Network-Info: 3GPP-E-UTRAN-TDD; utran-cell-id-3gpp=460005812B8DEE01 其中 3GPP-E-UTRAN-TDD 为接入类型，utan-cell-id-3gpp 为接入小区信息，中间 4 位为 TAC，后面 7 位为 ECI
Support	缩写"k"，列举 UAC 或 UAS 支持的扩展	Supported: 100rel, timer。表示消息请求方所支持的 SIP 扩展协议为"100rel"和"timer"
Allow	列举用户助理支持的 SIP 方法列表	Allow: Invite，ACK，BYE，UPDATE，REGISTER
Require	列举客户端助理期望服务端助理支持的 SIP 扩展方法	Require: 100rel，表示消息请求方期望服务器支持的 SIP 扩展协议为"100rel"
Accept	标明请求发送方接受的消息类型	Accept: application/reginfo+xml。其中，application 为请求发送方接受的媒体类型，reginfo+xml 为请求发送方接受的媒体子类型

续表

属性名称	作用	示例
P-Early-Media	在 IMS 网络中对早期媒体流进行授权	P-Early-Media: supported。表示支持放音提示
P-Called-Party-ID	被叫 IMPU，在被叫 S-CSCF 到 UE 之间传递	P-Called-Party-ID: sip:user1-business@example.com
P-Asserted-Identity	主叫 IMPU	P-Asserted-Identity: tel:+14085264000
P-Preferred-Identity	用于终端携带自身注册的公共用户身份给代理服务器	P-Preferred-Identity: <tel:+8615224023212>
Authorization	鉴权信息摘要	Authorization: Digest username="+867916184195@c10.ims.cn",realm="c10.ims.cn",nonce="HW7l0V+FDL5JKokspzaQVw==",uri="sip:c10.ims.cn", response="33ff5dfae6b239cc610d1120928ab808", algorithm=MD5,cnonce="715fdefb",opaque="", qop=auth,nc=00000001

SIP 消息中消息体 SDP 为可选项。消息体每个属性名称后面跟一个等号（=)，等号后面是该属性描述，如表 3-15 和表 3-16 所示。

表 3-15　　　　　　　　　　　　　消息体 SDP 功能描述

属性名称	作用
v	描述 SDP 协议版本，通常取值为 0
o	发起者和会话 ID o=<用户名> <会话 ID> <版本> <网络类型> <地址类型> <地址> 用户名：发起主机的名称，用 "-" 表示发起主机不支持用户名。 会话 ID：会话的序号。 版本：会话版本。会话数据有改变时，版本号递增。 网络类型：目前仅定义 Internet 网络类型，用 "IN" 表示。 地址类型：类型为 IPv4 或 IPv6，分别用 "IP4" 和 "IP6" 表示。 地址：IPv4 或 IPv6 的地址。 会话 ID、网络类型、地址类型和地址组成了此会话全球唯一的标识
s	会话名，s=<会话名>
c	连接状态 c=<网络类型> <地址类型> <连接地址> 网络类型：目前仅定义 Internet 网络类型，用 "IN" 表示。 地址类型：类型为 IPv4 或 IPv6，分别用 "IP4" 和 "IP6" 表示。 连接地址：IPv4 或 IPv6 的地址
b	带宽信息，格式 b=<修饰语 r>:<带宽值> 修饰语为 AS 时，直接从带宽值取值。在 RFC3556 中还定义了修饰语 RS 和 RR，分别表示 RTP 会话中分配给发送者和接收者的 RTCP 带宽
t	会话开始和结束时间，volte 里面一般默认为 0，不进行时间控制
m	描述媒体类型、媒体端口号、传输协议、格式列表 m=<媒体名称> <端口号> <传输协议> <媒体类型列表> 媒体名称：常见有 audio、video、application、data 和 control。 端口号：协议端口号。传输协议通常为 RTP/AVP 或 UDP。 媒体类型列表：媒体类型的取值，如 μ -law PCM 编码用 0 表示

续表

属性名称	作用
a	属性行，对会话或媒体的附加属性进行描述，a=<属性>[:<属性值>] a=rtpmap，净荷类型号、编码名、时钟速率、编码参数 a=fmtp，指定格式的附加参数 a=ptime，媒体分组打包的时长，通话双方的 codec ptime 一定要相同 a=maxtime，不管何种媒体格式，媒体分组打包时长最大值 a=inactive，（recvonly, sendrecv, sendonly） a=cur，当前状态：预置处理类型、状态类型、方向 a=des，期望状态：预置处理类型、强度标识、状态类型、方向 a=conf，确认状态

表 3-16   SIP 消息体实例

属性	属性描述
Register sip:ims.mnc002.mcc460.3gppnetwork.org SIP/2.0	向服务器 ims.mnc002.mcc460.3gppnetwork.org 发起注册
f: <sip:460024590100109@ims.mnc002.mcc460.3gppnetwork.org>; tag=324958465	UE 的地址，TAG 为一个随机数，这里使用的是用户 IMSI 号组成的用户地址
t: <sip:460024590100109@ims.mnc002.mcc460.3gppnetwork.org>	该消息为登记消息，与呼叫请求发起方的 URI 相同
v: SIP/2.0/TCP [2409:8896:8004:1f:d75e:4a18:e93f:c480]:5060; branch=z9hG4bK552603420	该参数表征呼叫经过的路径
Authorization: Digest uri="sip:ims.mnc002.mcc460.3gppnetwork.org",username="460024590100109@ims.mnc002.mcc460.3gppnetwork.org",response="",realm="ims.mnc002.mcc460.3gppnetwork.org",nonce=""	鉴权信息摘要（第 1 次登记消息）
Authorization: Digest username="460024590100109@ims.mnc002.mcc460.3gppnetwork.org",realm="ims.mnc002.mcc460.3gppnetwork.org",uri="sip:ims.mnc002.mcc460.3gppnetwork.org",qop=auth,nonce="yxpJ7woG30AQCGHR0cNhmFURe4VaVgABiL2RhD55xrI2YzNkYmQwMA==",nc=00000001,cnonce="324958441",algorithm=AKAv1-MD5,response="2c44bc54d1c95b3453f19afcb4944085"	根据 REGISTER 401 中的令牌补齐计算结果（第 2 次登记消息）
Contact: <sip:460024590100109@[2409:8896:8004:1f:d75e:4a18:e93f:c480]:5060>;+sip.instance="<urn:gsma:imei:35156406-001584-0>";+g.3gpp.icsi-ref="urn%3Aurn-7%3A3gpp-service.ims.icsi.mmtel";+g.3gpp.smsip;audio	联系人地址信息，或携带 UE 能力信息
v=0	SDP 版本号为 0
o=mhandley 2890844526 2890842807 IN IP4 126.16.64.4	会话发起者为 mhandley，会话 ID 为 2890844526，版本号为 2890842807，网络类型为 Internet，IP 地址类型是 IPv4，IP 地址是 126.16.64.4
s=SDP Seminar	SDP 会话名称是 SDP Seminar
c=IN IP4 224.2.17.12/127	网络类型为 Internet，地址类型为 IPv4，地址为 224.2.17.12/127
t=2873397496 2873404696	会话激活状态的开始时间为 2873397496，结束时间为 2873404696

续表

属性	属性描述
m=audio 31004 RTP/AVP 104 105	媒体名称为 audio，协议端口号为 31004，传输协议为 RTP/AVP，后面为媒体类型列表
a=rtpmap:104 AMR-WB/16000/1	采用 AMR-WB 编码方式
a=fmtp:104 mode-set=2;mode-change-capability=2	采用 AMR-WB 12.65kbit/s 编码速率

各层功能和对应的协议如图 3-33 所示。

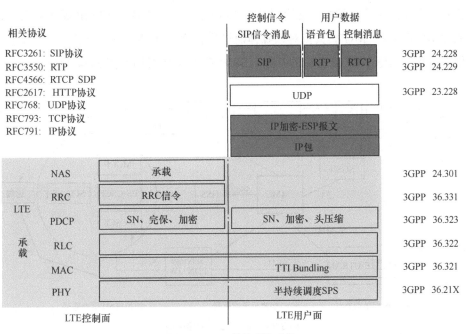

图 3-33　IMS 协议栈和功能

3.4　SRVCC 方案

3.4.1　SRVCC 定义

SRVCC 是指 LTE 终端话音业务可以从 LTE 网络切换到 3GPP UTRAN/GERAN 网络，保持话音业务连续性，即当 LTE 没有达到全网覆盖时，随着用户的移动，正在 LTE 网络进行的语音业务会面临离开 LTE 覆盖范围后的语音业务连续性的问题，这时 SRVCC 可以将语音切换到电路域，从而保证语音通话不中断。

SRVCC 方案基于 IMS 实现，因此网络上需要部署 IMS 系统。只有 LTE 网络开通语音业务后，才会在特定场景中使用 SRVCC。SRVCC 属于异系统切换的一种，用来保障 LTE 网络中基于 IMS 的 VoIP 业务平滑切换到 UTRAN/GERAN 网络进行 CS 语音业务。

3.4.2 SRVCC 网络架构

SRVCC 技术由两部分构成，即接入网切换和 IMS 层的会话转移。SRVCC 架构在 SRVCC MSC 和 MME 之间引入了 Sv 接口，MME 通过 Sv 接口通知 SRVCC MSC 有语音业务需要切换到 CS 域。SRVCC MSC 通知 UTRAN/GERAN 进行切换准备，并通过 MGCF 向 IMS 网络中 SCC AS 实体发送 SIP Invite 消息请求转移该 UE 与被叫 UE 的 SIP 会话，其中 Invite 消息的 Request URI 包含的是 SCC-AS 的 E.164 地址，SDP 部分 m 行包含标识该 SIP 会话的会话转移编号（STN）信息和 MGW 的 IP 地址、端口号，用后者取代该 UE 原先在 LTE 网络中分配的 IMS 客户端 IP 地址。SCC AS 收到后向被叫 UE 发送 Invite 消息更新会话信息，包括新的媒体流路径信息。这样对端 UE 就建立了到 MGW 的 VoIP 媒体流而且释放了原来的 VoIP 媒体流。MGW 负责对该媒体流进行转换，包括协议栈转换和语音编码转换，以实现 CS 语音流与 VoIP 语音流的互通。SRVCC 的网络架构如图 3-34 所示。

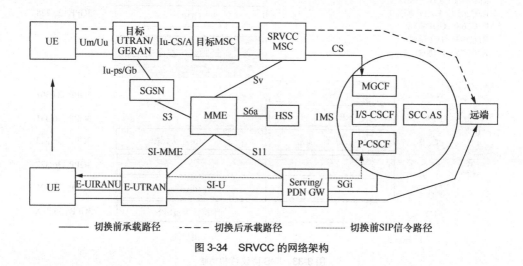

图 3-34 SRVCC 的网络架构

3.4.3 eSRVCC 网络架构

理论上来说，SRVCC 在承载层面的切换能满足 R8 版本 3GPP TS 25.913 第 8.4 章节规定的实时业务小于 300ms 的中断时延要求，但 IMS 会话转换时间过长，由此导致整个语音中断时间无法满足要求。在这种情况下，3GPP R10 协议提出了 eSRVCC 方案，其核心是在 SRVCC 架构中增加 ATCF 和 ATGW 两个逻辑功能。

（1）ATCF：切换前后信令的锚点。为了减少时延，ATCF 功能部署在服务网络（对于漫游用户来说，拜访网络为服务网络）。这样 MSC 能尽量靠近 ATCF，避免 MSC 到 ATCF 的信令路由时间过长。

（2）ATGW：切换前后 VoIP 媒体的锚点。因为切换后该 ATGW 锚点不变，所以采用 eSRVCC 后被叫侧不需要进行会话转换。

eSRVCC 的基本原理是在 P-CSCF 与 I-CSCF/S-CSCF 之间设置 ATCF/ATGW 功能实体。

对于有可能发生 SRVCC 切换的呼叫，将媒体面锚定到 ATGW。这样后续再发生 SRVCC 切换时，只需要更新 ATGW 上的媒体信息，不需要更新远端的媒体信息。

图 3-35 所示为 SRVCC 和 eSRVCC 切换前后媒体路由对比示意。

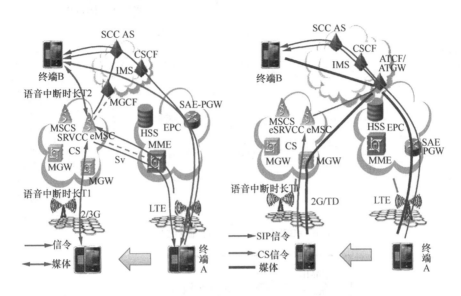

图 3-35　SRVCC（左）和 eSRVCC（右）媒体路由对比

图 3-35 所示的终端 A 和终端 B 间通过 IMS 建立语音呼叫，一段时间后用户 A 离开 LTE 覆盖区，MME 通知 SRVCC MSC 准备切换，2/3G 网络完成准入判决和资源预留并反馈给 MME。MME 通知终端切换到 2/3G，切换过程语音中断时间 $T1$ 约为 200ms。SRVCC MSC 发起远端用户 B 媒体更新，通知远端用户 B 通过 SRVCC MSC 接收和发送语音。远端用户 B 将媒体连接切换至 SRVCC MSC，语音中断时间 $T2$ 约为 800ms。SRVCC 切换中断时延在 1 000ms 以上，无法达到 300ms 的部署要求，影响用户体验。为了减少切换时延，eSRVCC 在 SRVCC 的基础上，通过在拜访地引入 ATCF 和 ATGW（作为信令和媒体锚定点），如图 3-35 右图所示，终端 A 切换时只需完成本端路由更新，远端 B 路由保持不变，节省远端用户 B 的媒体更新时间 $T2$，从而将 SRVCC 切换时延减少到 300ms 以内。

如图 3-36 所示，在 eSRVCC 中一个很关键的参数是 STN-SR(Session Transfer Number - Single Radio)，它是一个 E.164 格式的路由号码，用来标识用户在 IMS 注册登记时关联的 ATCF 节点，SRVCC 切换时由 MME 发给 eMSC。它用于在发生 eSRVCC 切换时，帮助 MSC 正确找到对应的 ATCF，完成切换。

3.4.4　信令流程

UE 在 LTE 网络发起语音业务，一段时间后离开 LTE 覆盖区域，为保证语音的连续性，网络将语音业务从 LTE 的 PS 域切换到 2/3G 的 CS 域，如图 3-37 所示。

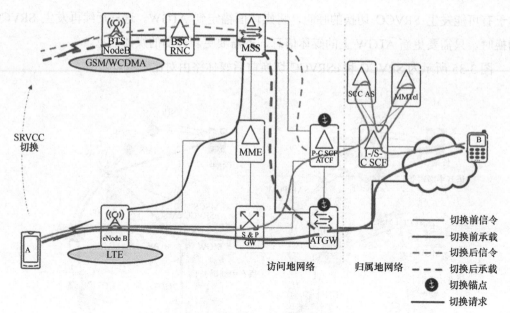

图 3-36　eSRVCC 切换前后用户面和控制面路由

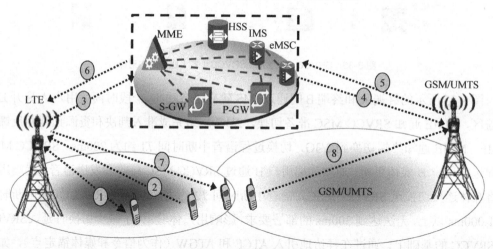

图 3-37　SRVCC 业务流程

SRVCC 业务流程：①UE 在 LTE 网络建立语音传输；②LTE 覆盖低于门限时 UE 启动异系统测量，上报 2/3G 测量报告；③eNode B 判断 2/3G 小区满足切换条件，发送切换请求；④MME/IMS 完成寻址，并搭建切换通道；⑤2/3G 小区资源准备完成后返回切换请求响应消息；⑥IMS/MME 向 eNode B 下发切换命令；⑦eNode B 向 UE 下发切换命令；⑧UE 接入 2/3G 小区，完成切换。SRVCC 的信令流程如图 3-38 所示。

（1）eNode B 向 UE 下发异系统测量配置信息。

（2）UE 进行邻区测量，基于事件触发测量报告上报。

（3）eNode B 收到测量报告后进行切换判决，向 MME 发送切换请求消息，并标识这是 SRVCC 切换。

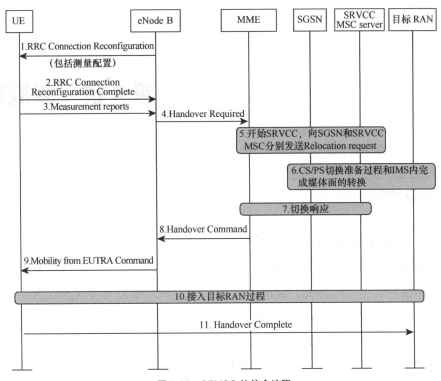

图 3-38　SRVCC 的信令流程

（4）MME 将语音承载和数据承载分离后，向 SRVCC MSC 和目标 SGSN 分别发送重定位请求消息，包含 ATCF 地址 STN-SR 信息，通知 SRVCC MSC 进行资源预留。

（5）SRVCC MSC 收到重定位请求后，根据里面携带的目标小区 CI 找到目标 MSC，然后 SRVCC MSC 和目标 MSC 间执行 MSC 间的切换过程。

（6）MME 收到目标 MSC 或者目标 SGSN 的切换准备，完成响应消息后，下发切换命令给 UE。

（7）UE 收到切换命令后接入目标网络，完成 SRVCC 切换。

SRVCC MSC 向 MME 发送切换响应消息后，同时向 ATCF 发送 SIP Invite 消息，请求转移该 UE 与被叫 UE 的 SIP 会话。Invite 消息中携带从 MME 获得的 STN-SR、C-MSISDN，同时携带 eMSC 侧的 SDP。ATCF 根据 C-MSISDN 关联切换后的电路域呼叫及原被叫 IMS 用户呼叫，控制 ATGW 完成媒体面重定向到 SRVCC MSC/MGW。

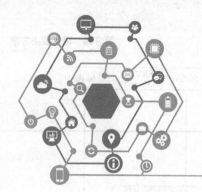

第4章 参数规划

4.1 编号规则

4.1.1 小区全球识别码（ECGI）

ECGI 由 3 部分组成：MCC + MNC + ECI，其中 ECI 由基站标识 eNode B ID 和扇区标识 Cell ID 两部分组成，共 28bit，采用 7 位 16 进制编码，即 $X_1X_2X_3X_4X_5X_6X_7$。

基站标识 eNode B ID 对应小区识别码的 $X_1X_2X_3X_4X_5$，共 20bit。扇区标识 Cell ID 对应小区识别码的 X_6X_7，是 ECI 的后 8bit。

小区标识 ECI 计算方式：小区标识 ECI=基站标识×256+扇区标识

4.1.2 全球唯一临时标识（GUTI）

全球唯一临时标识（GUTI）用于在网络中对用户的临时标识，由 MME 提供并维护，提供 UE 标识符的保密性。GUTI 的组成见图 4-1。

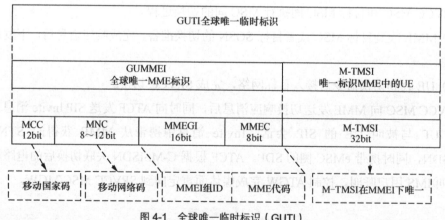

图 4-1 全球唯一临时标识（GUTI）

UE 第一次附着时使用 IMSI 进行鉴权，下次接入时使用 GUTI 进行用户标识（由初始 UE 消息发送给 MME），目的是减少 IMSI、IMEI 等用户私有参数在网络传输，提高安全性。UE 发起附着请求或 TAU 更新后网络通常会发起 GUTI 重分配过程，即通过附着接受消息由 MME 分配给 UE 新的 GUTI，此时在网络端新的和旧的 GUTI 和 TAI 列表（如果存在

TAI 列表）同时有效。若 UE 收到的附着接受消息中携带新的 GUTI 和 TAI 列表，会反馈 GUTI 重分配完成消息给网络端，网络侧收到分配完成消息后删除旧的 GUTI 和 TAI 列表。

GUTI 和 TMSI、P-TMSI 的最大区别是 GUTI 跟 MME 的区域相关，包含了 MMEI 号。

4.1.3　SAE 临时移动用户标识（S-TMSI）

SAE 临时移动用户标识，英文全称 SAE Temporary Mobile Station Identifier，由 MME 产生并维护。S-TMSI 由 MMEC 和 M-TMSI 通过运算得到，在一个 MME Pool 内唯一标识一个 UE，用来保证无线信令流程更加有效，如寻呼、业务发起建立阶段等。

4.1.4　跟踪区标识（TAI）

每个 TA 有一个跟踪区 TAI（Tracking Area Identity）标识，其编号由 3 部分组成，即 MCC+MNC+TAC，如图 4-2 所示。

TAC：跟踪区号码，共 16bit，由 4 位十六进制编码组成：$X_1X_2X_3X_4$。

图 4-2　跟踪区标识（TAI）

4.1.5　物理小区标识（PCI）

PCI 即物理小区标识，是 LTE 系统中终端区分不同小区的无线信号标识（类似 CDMA 制式下的 PN，GSM 中的 BCCH 和 BSIC）。

$$PCI = 3 \times N_{\text{ID}}^{(1)} + N_{\text{ID}}^{(2)}$$

$N_{\text{ID}}^{(1)}$：物理小区组标识，范围为 0～167，定义 SSS 序列。

$N_{\text{ID}}^{(2)}$：物理小区组内标识，范围为 0～2，定义 PSS 序列。

LTE 的 PCI 数量为 504 个。由于 PCI 和 RS 的位置存在一定的映射关系，相同 PCI 的小区，其 RS 位置相同，在同频情况下会产生干扰。实际组网时，运营商要对 PCI 进行合理规划，避免 PCI 由于复用距离过小而产生冲突。

4.1.6　RNTI

RNTI 用于接入层区分 UE，解扰不同的 DCI。MAC 层通过 PDCCH 物理信道指示无线资源的使用时，会根据逻辑信道的类型把相应的 RNTI 映射到 PDCCH，这样用户通过匹配不同的 RNTI 可以获取相应的逻辑信道数据。LTE 中的 RNTI 主要有 6 类，各种类型 RNTI 的定义见表 4-1，详细描述可参考 3GPP 36.321。

表 4-1　　　　　　　　　　　LTE 系统中几种类型 RNTI 定义

标识类型	应用场景	获得方式	有效范围
RA-RNTI	随机接入中用于指示接收随机接入响应消息	根据占用的时频资源计算获得（0001～003C）	小区内

标识类型	应用场景	获得方式	有效范围
T-CRNTI	随机接入中，没有进行竞争裁决前的 CRNTI	eNode B 在随机接入响应消息中下发给终端（003D~FFF3）	小区内
C-RNTI	用于标识 RRC 连接状态的 UE	初始接入时获得，由 TC-RNTI 升级为 C-RNTI（003D~FFF3）	小区内
SPS-CRNTI	半静态调度标识	eNode B 在调度 UE 进入 SPS 时分配（003D~FFF3）	小区内
P-RNTI	寻呼	FFFE（固定标识）	全网相同
SI-RNTI	系统广播	FFFF（固定标识）	全网相同

注：SI-RNTI：系统信息 RNTI（对应广播信道 BCCH）；P-RNTI：寻呼 RNTI（对应寻呼信道的 PCCH）；RA-RNTI：随机接入 RNTI（对应随机接入响应使用的传输信道的 DL-SCH）；Temporary C-RNTI：临时 RNTI（对应 PUSCH 中随机接入响应授权，PDSCH 中消息）；C-RNTI：用于 DCCH 和 DTCH 的临时 C-RNTI 和半固定调度 C-RNTI。

4.2　PCI 规划

4.2.1　PCI 规划原则

PCI 规划的目的是为 LTE 组网中的每个小区分配一个物理小区标识 PCI，尽可能多地复用有限数量的 PCI，同时避免 PCI 复用距离过小而产生干扰。

（1）不冲突原则：相邻小区（同频）不能使用相同的 PCI。

（2）不混淆原则：同一个小区的同频邻区不能使用相同的 PCI，否则切换时 eNode B 无法区分哪个为目标小区，容易造成切换失败。

（3）复用原则：保证相同 PCI 小区具有足够大的复用距离。

（4）最优原则：同频邻区之间选择干扰最优的 PCI 值。

① 紧密相邻小区间 PCI 模三不相同，避免 PSS 相同。在 2/4 天线情况下，PCI 模三不同也是为了避免下行参考信号频域位置相同而引起干扰。

② 紧密相邻小区 PCI 模 6 不相同。在单天线情况下，相邻小区 PCI 模 6 相同会造成下行 RS 相互干扰。

③ 相邻小区间的 PCI 模 30 不相同，避免上行解调参考信号频域位置相同。在 PUSCH 信道中携带了 DM-RS 和 SRS 的信息，这两个参考信号由 30 组基本的 ZC 序列构成，即有 30 组不同的序列组合。如果 PCI 模 30 值相同，那么会造成小区间上行 DM RS 和 SRS 的相互干扰。

（5）可扩展原则：在初始规划时，运营商就需要为网络扩容做好准备，避免后续规划过程中频繁调整前期规划结果。

4.2.2　PCI 分组案例

（1）PCI 总数为 504 个，室外 0~299，室内 300~422，423~503 预留。

（2）厂家边界区域 3 层以内站点，华为 PCI 取值为 A 组 0～150，中兴 PCI 取值为 B 组 151～299。

（3）PCI 模三要求：第一扇区模三等于 0，第二扇区模三等于 1，第三扇区模三等于 2。（方向角和扇区编号要求：第一扇区方向角范围 60°±60°，第二扇区 180°±60°，第三扇区 300°±60°。）

（4）预留的 27 组 PCI，分别用于高铁、超远覆盖、省际边界及省内其他用途。

（5）地铁 PCI 和室内 PCI 复用。

（6）地市边界 PCI 规划建议：将地市边界 PCI 分为 A、B、C 三组规划。分组采用地市间地图主体区域位置，按上北、下南、左西、右东确定，主体位置北向地市的南边界 PCI 取 A 组；南向地市北边界则取 B 组 PCI。同样，左边地市右向边界取 A 组，右边地市左向边界为 B 组。3 个地市交界处 PCI 从 C 组内选择，C 组 PCI 分配由交界区域 3 个地市协商确定。所有 PCI 在非边界区域均可复用。

假设标准 LTE 宏基站配置 3 个扇区，建议前 100 组 PCI（每组 3 个 PCI 值）分配给宏站使用；中间的 41 组分配给微蜂窝、地铁、室内站和家庭基站使用，剩余的 27 组预留给本地网/跨省边界以及预留使用，规划建议见表 4-2。

表 4-2　　　　　　　　　　　　PCI 规划建议

PCI 分组 示例 N	扇区 1 $N×3+0$	扇区 2 $N×3+1$	扇区 3 $N×3+2$	备注
0	0	1	2	
1	3	4	5	
2	6	7	8	宏站分配区（共 100 组，双方边界 3 层内站 A/B 组）
...	...	...	...	
98	294	295	296	
99	297	298	299	
100	300	301	302	
101	303	304	305	
...	...	...	...	微蜂窝、地铁、室内站和家庭基站分配区（共 41 组）
139	417	418	419	
140	420	421	422	
141	423	424	425	
142	426	427	428	
...	...	...	...	省边界及备用区（共 27 组，第三方 3 层内用预留低段 15 组）
166	498	499	500	
167	501	502	503	

本地网/省网边界以及预留 PCI 组（141～167）可分 A/B/C 三个集，边界区域相邻的省应通过协商确保各自使用不同的 PCI 组，同时注意避免相邻扇区 PCI 模 3/6/30 相同。规划

建议见表 4-3。

表 4-3 　　　　　　　　　　本地网/省网边界 PCI 规划建议

省边界 PCI 组集	PCI 分组	扇区 1	扇区 2	扇区 3
	示例 N	N×3+0	N×3+1	N×3+2
A 组	141	423	424	425
	142	426	427	428
	…	…	…	…
	148	444	445	446
	149	447	448	449
B 组	150	450	451	452
	151	453	454	455
	…	…	…	…
	157	471	472	473
	158	474	475	476
C 组	159	477	478	479
	160	480	481	482
	…	…	…	…
	166	498	499	500
	167	501	502	503

4.3　PRACH 规划

LTE 系统，每个小区定义有 64 个前导序列，这些前导序列由 1 个或多个 ZC 根序列通过循环移位（N_{cs}）生成。UE 接入时在服务小区定义的前导序列中随机选择 1 个通过上行随机接入信道（PRACH）发送给网络进行上行接入和同步，为了避免邻小区间用户使用相同的前导序列造成接入冲突，相邻小区应规划不同的 ZC 根序列。

4.3.1　PRACH 概念

（1）PRACH 帧格式

LTE 上行系统在 DFT-S-OFDM 符号之间插入循环前缀（CP），可以实现小区内用户之间的正交性，前提是用户间的同步误差控制在循环前缀长度内。在发起非同步随机接入时，UE 只取得了下行时钟同步，尚未对不同 UE 由于与 eNode B 间距离不同造成的上行时钟差异进行调整，不同 UE 的 PRACH 信号并不是同时到达 eNode B，这样会造成小区内多用户之间的干扰。为了满足非同步接入的抗干扰性能，前导 Preamble 只占用随机接入时隙的中间一段，前后分别填充循环前缀（CP）和保护间隔（GP），长度分别为 T_{CP} 和 T_{GP}。

另外，由于 UE 上行发射功率受限，若覆盖较大时需要较长的 PRACH 发送，以获得所需的能量积累，因此要求随机接入突发脉冲序列的长度可以调整以适应不同的小区覆盖半径。对于普通小区而言，由于 LTE 将系统发送时间间隔（TTI）确定为 1ms，因此最小随机接入时隙的长度也被定义为 1ms。对于覆盖半径较大的小区而言，系统应保证基本前导 Preamble 长度不变，可以重复一次基本前导 Preamble 长度，增强接收端的健壮性，采用加长 CP 与 GP 的方法解决远距离覆盖时用户之间的干扰。

PRACH 时域帧格式分 5 种，各自用于不同的小区范围，如图 4-3 所示。

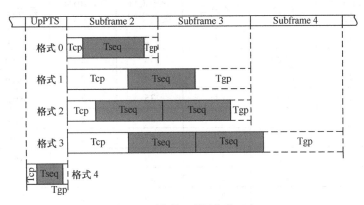

图 4-3　随机接入前导格式 0～4

格式 0：子帧间隔为 1ms，支持的最大小区半径约 15km，适用于正常小区覆盖。

① T_s=1/(15 000×2 048)，是时间单位。

② T_{CP}=max *RTD*（最大环回时间延迟）+*Delay Spread*（多径时延扩展），多径时延扩展一般取值为 5.2μs 或者 16.67μs。

③ T_{GP}=max *RTD*=6.67μs/km×小区半径。

格式 1：子帧间隔为 2ms，前导长度保持不变，加大了 CP 和 GP，支持的最大小区半径约 70km，适用于超远距离覆盖和高速移动场景。

格式 2：子帧间隔为 2ms，两个前导重复，支持的最大小区半径约 30km，适用于低速率业务的小区，适用于较大小区覆盖和快速移动场景。

格式 3：子帧间隔为 3ms，两个前导重复，支持的最大小区半径约 100km，适用于超远距离覆盖和高速移动场景。

格式 4：TDD-LTE 专有时隙格式，且只能在 UpPTS 上发射。时长为 166.67μs，T_{CP} 长度为 448T_s，序列长度为 4 096T_s，T_{CP} 长度为 288T_s。支持的最大小区半径约 1.4km，适用于城区覆盖场景。

FDD-LTE 可以使用 PRACH 时域帧格式 0～3。TDD-LTE 可以使用 PRACH 时域帧格式 0～4，格式 4 为 TDD-LTE 专有时隙格式。

（2）PRACH 时隙配置

不同的 RA 时隙发送周期可以用于不同负载的网络，对于小带宽的系统，小区负载较小，则可以采用较长的 RA 时隙发送周期；对于大带宽的系统，小区负载较大，则可以采用较短的 RA 时隙发送周期，以提高用户接入成功率。

FDD-LTE 前导格式 0～3 的时隙配置见表 4-4。

表 4-4　　　　　　前导格式 0～3 的配置（FDD-LTE）

PRACH 配置索引	Preamble 格式	系统帧号	子帧号	PRACH 配置索引	Preamble 格式	系统帧号	子帧号
0	0	Even	1	32	2	Even	1
1	0	Even	4	33	2	Even	4
2	0	Even	7	34	2	Even	7
3	0	Any	1	35	2	Any	1
4	0	Any	4	36	2	Any	4
5	0	Any	7	37	2	Any	7
6	0	Any	1, 6	38	2	Any	1, 6
7	0	Any	2, 7	39	2	Any	2, 7
8	0	Any	3, 8	40	2	Any	3, 8
9	0	Any	1, 4, 7	41	2	Any	1, 4, 7
10	0	Any	2, 5, 8	42	2	Any	2, 5, 8
11	0	Any	3, 6, 9	43	2	Any	3, 6, 9
12	0	Any	0, 2, 4, 6, 8	44	2	Any	0, 2, 4, 6, 8
13	0	Any	1, 3, 5, 7, 9	45	2	Any	1, 3, 5, 7, 9
14	0	Any	0,1,2,…,9	46	N/A	N/A	N/A
15	0	Even	9	47	2	Even	9
16	1	Even	1	48	3	Even	1
17	1	Even	4	49	3	Even	4
18	1	Even	7	50	3	Even	7
19	1	Any	1	51	3	Any	1
20	1	Any	4	52	3	Any	4
21	1	Any	7	53	3	Any	7
22	1	Any	1, 6	54	3	Any	1, 6
23	1	Any	2, 7	55	3	Any	2, 7
24	1	Any	3, 8	56	3	Any	3, 8
25	1	Any	1, 4, 7	57	3	Any	1, 4, 7
26	1	Any	2, 5, 8	58	3	Any	2, 5, 8
27	1	Any	3, 6, 9	59	3	Any	3, 6, 9
28	1	Any	0, 2, 4, 6, 8	60	N/A	N/A	N/A
29	1	Any	1, 3, 5, 7, 9	61	N/A	N/A	N/A
30	N/A	N/A	N/A	62	N/A	N/A	N/A
31	1	Even	9	63	3	Even	9

TDD-LTE 前导格式 0~4 的时隙配置见表 4-5。

表 4-5　　　　　　　　　前导格式 0~4 的配置（TDD-LTE）

PRACH 配置索引	Preamble 格式	密度	版本	PRACH 配置索引	Preamble 格式	密度	版本
0	0	0.5	0	32	2	0.5	2
1	0	0.5	1	33	2	1	0
2	0	0.5	2	34	2	1	1
3	0	1	0	35	2	2	0
4	0	1	1	36	2	3	0
5	0	1	2	37	2	4	0
6	0	2	0	38	2	5	0
7	0	2	1	39	2	6	0
8	0	2	2	40	3	0.5	0
9	0	3	0	41	3	0.5	1
10	0	3	1	42	3	0.5	2
11	0	3	2	43	3	1	0
12	0	4	0	44	3	1	1
13	0	4	1	45	3	2	0
14	0	4	2	46	3	3	0
15	0	5	0	47	3	4	0
16	0	5	1	48	4	0.5	0
17	0	5	2	49	4	0.5	1
18	0	6	0	50	4	0.5	2
19	0	6	1	51	4	1	0
20	1	0.5	0	52	4	1	1
21	1	0.5	1	53	4	2	0
22	1	0.5	2	54	4	3	0
23	1	1	0	55	4	4	0
24	1	1	1	56	4	5	0
25	1	2	0	57	4	6	0
26	1	3	0	58	N/A	N/A	N/A
27	1	4	0	59	N/A	N/A	N/A
28	1	5	0	60	N/A	N/A	N/A
29	1	6	0	61	N/A	N/A	N/A
30	2	0.5	0	62	N/A	N/A	N/A
31	2	0.5	1	63	N/A	N/A	N/A

（3）PRACH 参数说明

① 根序列的起始索引号（rootSequenceIndex）

3GPP TS 36.211 规定一个小区有 64 个前导序列，小区中所有 UE 使用相同的资源。该参数指示小区中产生 64 个前缀序列的逻辑根序列的起始索引号。

前导签名序列由 838 个长度 N_{zc} 为 839 的 ZC（Zadoff-Chu）序列组成，每个序列对应一个根序列μ。基于竞争的随机接入过程，UE 需要知道所有可用的前导序列信息，对于 838 个根的 ZC 序列，一个序列就需要 10 比特来指示，为了减少信令开销，通过对 ZC 序列排序，这样在一个小区中只需要广播第一个根序列的编号 RootSequenceStartNumber（0～837）就可以得到根序列μ，这个根序列通过多次的循环移位产生多个前导序列版本。如果一个根序列不能产生 64 个前导序列，那么利用接下来的逻辑根序列继续产生前导，直到所有 64 个前导序列全部产生。格式 0～3 根序列如表 4-6 所示。

表 4-6 ZC 序列指示（前导格式 0）

逻辑根序列	物理根序列μ
0～23	129, 710, 140, 699, 120, 719, 210, 629, 168, 671, 84, 755, 105, 734, 93, 746, 70, 769, 60, 7792, 837, 1, 838
24～29	56, 783, 112, 727, 148, 691
30～35	80, 759, 42, 797, 40, 799
36～41	35, 804, 73, 766, 146, 693
42～51	31, 808, 28, 811, 30, 809, 27, 812, 29, 810
52～63	24, 815, 48, 791, 68, 771, 74, 765, 178, 661, 136, 703
64～75	86, 753, 78, 761, 43, 796, 39, 800, 20, 819, 21, 818
76～89	95, 744, 202, 637, 190, 649, 181, 658, 137, 702, 125, 714, 151, 688
90～115	217, 622, 128, 711, 142, 697, 122, 717, 203, 636, 118, 721, 110, 729, 89, 750, 103, 736, 61, 778, 55, 784, 15, 824, 14, 825
116～135	12, 827, 23, 816, 34, 805, 37, 802, 46, 793, 207, 632, 179, 660, 145, 694, 130, 709, 223, 616
136～167	228, 611, 227, 612, 132, 707, 133, 706, 143, 696, 135, 704, 161, 678, 201, 638, 173, 666, 106, 733, 83, 756, 91, 748, 66, 773, 53, 786, 10, 829, 9, 830
168～203	7, 832, 8, 831, 16, 823, 47, 792, 64, 775, 57, 782, 104, 735, 101, 738, 108, 731, 208, 631, 184, 655, 197, 642, 191, 648, 121, 718, 141, 698, 149, 690, 216, 623, 218, 621
204～263	152, 687, 144, 695, 134, 705, 138, 701, 199, 640, 162, 677, 176, 663, 119, 720, 158, 681, 164, 675, 174, 665, 171, 668, 170, 669, 87, 752, 169, 670, 88, 751, 107, 732, 81, 758, 82, 757, 100, 739, 98, 741, 71, 768, 59, 780, 65, 774, 50, 789, 49, 790, 26, 813, 17, 822, 13, 826, 6, 833
264～327	5, 834, 33, 806, 51, 788, 75, 764, 99, 740, 96, 743, 97, 742, 166, 673, 172, 667, 175, 664, 187, 652, 163, 676, 185, 654, 200, 639, 114, 725, 189, 650, 115, 724, 194, 645, 195, 644, 192, 647, 182, 657, 157, 682, 156, 683, 211, 628, 154, 685, 123, 716, 139, 700, 212, 627, 153, 686, 213, 626, 215, 624, 150, 689
328～383	225, 614, 224, 615, 221, 618, 220, 619, 127, 712, 147, 692, 124, 715, 193, 646, 205, 634, 206, 633, 116, 723, 160, 679, 186, 653, 167, 672, 79, 760, 85, 754, 77, 762, 92, 747, 58, 781, 62, 777, 69, 770, 54, 785, 36, 803, 32, 807, 25, 814, 18, 821, 11, 828, 4, 835
384～455	3, 836, 19, 820, 22, 817, 41, 798, 38, 801, 44, 795, 52, 787, 45, 794, 63, 776, 67, 772, 72,767, 76, 763, 94, 745, 102, 737, 90, 749, 109, 730, 165, 674, 111, 728, 209, 630, 204, 635, 117, 722, 188, 651, 159, 680, 198, 641, 113, 726, 183, 656, 180, 659, 177, 662, 196, 643, 155, 684, 214, 625, 126, 713, 131, 708, 219, 620, 222, 617, 226, 613
456～513	230, 609, 232, 607, 262, 577, 252, 587, 418, 421, 416, 423, 413, 426, 411, 428, 376, 463, 395, 444, 283, 556, 285, 554, 379, 460, 390, 449, 363, 476, 384, 455, 388, 451, 386, 453, 361, 478, 387, 452, 360, 479, 310, 529, 354, 485, 328, 511, 315, 524, 337, 502, 349, 490, 335, 504, 324, 515

续表

逻辑根序列	物理根序列μ
514～561	323, 516, 320, 519, 334, 505, 359, 480, 295, 544, 385, 454, 292, 547, 291, 548, 381, 458, 399, 440, 380, 459, 397, 442, 369, 470, 377, 462, 410, 429, 407, 432, 281, 558, 414, 425, 247, 592, 277, 562, 271, 568, 272, 567, 264, 575, 259, 580
562～629	237, 602, 239, 600, 244, 595, 243, 596, 275, 564, 278, 561, 250, 589, 246, 593, 417, 422, 248, 591, 394, 445, 393, 446, 370, 469, 365, 474, 300, 539, 299, 540, 364, 475, 362, 477, 298, 541, 312, 527, 313, 526, 314, 525, 353, 486, 352, 487, 343, 496, 327, 512, 350, 489, 326, 513, 319, 520, 332, 507, 333, 506, 348, 491, 347, 492, 322, 517
630～659	330, 509, 338, 501, 341, 498, 340, 499, 342, 497, 301, 538, 366, 473, 401, 438, 371, 468, 408, 431, 375, 464, 249, 590, 269, 570, 238, 601, 234, 605
660～707	257, 582, 273, 566, 255, 584, 254, 585, 245, 594, 251, 588, 412, 427, 372, 467, 282, 557, 403, 436, 396, 443, 392, 447, 391, 448, 382, 457, 389, 450, 294, 545, 297, 542, 311, 528, 344, 495, 345, 494, 318, 521, 331, 508, 325, 514, 321, 518
708～729	346, 493, 339, 500, 351, 488, 306, 533, 289, 550, 400, 439, 378, 461, 374, 465, 415, 424, 270, 569, 241, 598
730～751	231, 608, 260, 579, 268, 571, 276, 563, 409, 430, 398, 441, 290, 549, 304, 535, 308, 531, 358, 481, 316, 523
752～765	293, 546, 288, 551, 284, 555, 368, 471, 253, 586, 256, 583, 263, 576
766～777	242, 597, 274, 565, 402, 437, 383, 456, 357, 482, 329, 510
778～789	317, 522, 307, 532, 286, 553, 287, 552, 266, 573, 261, 578
790～795	236, 603, 303, 536, 356, 483
796～803	355, 484, 405, 434, 404, 435, 406, 433
804～809	235, 604, 267, 572, 302, 537
810～815	309, 530, 265, 574, 233, 606
816～819	367, 472, 296, 543
820～837	336, 503, 305, 534, 373, 466, 280, 559, 279, 560, 419, 420, 240, 599, 258, 581, 229, 610

中低速小区逻辑根序列的起始值没有限定要求，可以在 0～31 个子组里面选取，但为了保证比较好的小区边缘接入情况，建议选取 CM 值较小的子组（0～15）；对于同基站内的不同小区尽量采用相同 CM 值里面的根序列；主小区、邻区、邻区的邻区，建议采用不同的逻辑根序列起始值；当小区采用不同的根序列μ时，在选用逻辑根序列起始位置时，建议选取偶数倍数；分配次序为高速"大"小区、高速"小"小区、中低速"大"小区、中低速"小"小区。当提供的根序列不够，小区可以根据半径的大小，向半径大的小区进行借用，但半径大的小区无法借用半径小的小区采用的根序列。

② 循环移位 N_{cs}

N_{cs} 决定了在该格式里具体支持的小区半径，要求超过 RTT（两倍传播时间+基站侧处理时间）和多径时延扩展之和。N_{cs} 确定方法如下：

$N_{cs} \times TS > TRTD + TMD$，其中 $TRTD = 6.67 (\mu s/km) \times r \, (km)$；

TS　　为 ZC 序列的抽样长度；

TMD　　为最大时延扩展，通常取值 5μs；

r 为小区覆盖半径，单位 km。

考虑向前搜索的时间长度，N_{cs} 需满足如下条件：

$$N_{cs} > 1.048\ 75 \times (6.67r + TMD + 2)$$

在满足上述条件下，N_{cs} 尽量取小以减少接收机处理时间。如果配置过大会导致使用的根序列过多，会增加 eNode B 的检测复杂度。

用户数少时 N_{cs} 配置可以取大一点的值，扩大检测窗口，易于检测。用户数多时 N_{cs} 的配置可以根据小区半径来取值，要求 N_{cs} 对应的小区半径应大于或等于规划的小区半径。不同 N_{cs} 配置对应的小区半径如表 4-7 所示。

表 4-7　　　　　　　　　　前导生成序列中的循环移位 N_{cs} 参数

N_{cs} 配置	中低速场景 N_{cs}（<）	小区半径（km）	每个根序列可生成前导的个数	每小区配置根序列μ的个数	高速场景 N_{cs}（≥）	小区半径（km）	每个根序列可生成前导的个数	每小区配置根序列μ的个数
0	0	118.93	1	64	15	1.08	55	2
1	13	0.79	64	1	18	1.51	46	2
2	15	1.08	55	2	22	2.08	38	2
3	18	1.51	46	2	26	2.65	32	2
4	22	2.08	38	2	32	3.51	26	3
5	26	2.65	32	2	38	4.37	22	3
6	32	3.51	26	2	46	5.51	18	4
7	38	4.37	22	3	55	6.8	15	5
8	46	5.51	18	4	68	8.66	12	6
9	59	7.37	14	5	82	10.66	10	7
10	76	9.8	11	6	100	13.23	8	8
11	93	12.23	9	7	128	17.23	6	11
12	119	15.95	7	10	158	21.52	5	13
13	167	22.82	5	13	202	27.81	4	16
14	279	38.84	3	22	237	32.82	3	22
15	419	58.86	2	32	—	—		

4.3.2　PRACH 规划流程

PRACH 规划流程如图 4-4 所示。①根据覆盖场景选择前导格式，协议规定前导格式为 0～45 种，其中格式 4 为 TDD-LTE 专用；②根据小区半径决定 N_{cs} 取值；③计算前导序列数 839/N_{cs}，用向下取整值计算根序列索引数，如 839/76 结果向下取整结果为 11，这意味着每个索引可产生 11 个前导序列，64 个前导序列需要 6 个根序列索引；④确定可用根序列索引，如 6 个根序列索引意味着 0,6,12,…,828 共 139 个可用根序列索引；⑤根据可用的根序列索引，在所有小区之间进行分配。

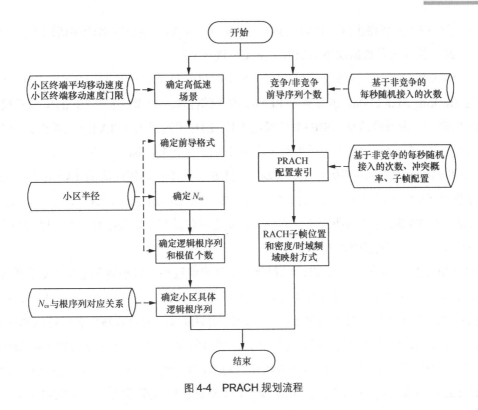

图 4-4　PRACH 规划流程

4.3.3　PRACH 规划案例

（1）根序列总数为 838 个，708～837 预留，室外 0～629，室内 630～707。

（2）厂家边界区域 5 层内站点，华为根序列取值为 A 组 0～327，中兴根序列取值为 B 组 328～629。

（3）地铁根序列和室内根序列复用。

（4）地区边界区域 3 层以上站点根序列分为 A 组为 0～327，B 组为 328～629；特殊场景三方区域边界，第三方区域 3 层以上基站根序列采用预留根序列前段 708～789，A、B 分组归属与 PCI 一致，同样采取上北、下南、左西、右东规划。地图上主体位置北向地市的南边界 PCI 取 A 组；南向地市北边界则取 B 组 PCI。同样，左边地市右向边界取 A 组，右边地市左向边界为 B 组。3 个地市交界处 PCI 从 C 组内选择，C 组 PCI 分配由交界区域的 3 个地市协商确定。

（5）高铁场景由于不能采用 N_{cs} 循环移位产生前导 Preamble，对于根序列索引数量需求大，需要专题研究规划。

4.4　TA 规划

4.4.1　跟踪区 TA 与规划原则

跟踪区（Tracking Area）是 LTE 系统为 UE 的位置管理设立的概念，其功能与 2/3G 系统的位置区（LA）和路由区（RA）类似。通过 TA 信息，核心网络能够获知处于空闲态 UE 的位置，并且在有数据业务需求时，对 UE 进行寻呼。

一个 TA 可包含一个或多个小区，而一个小区只能归属于一个 TA。TA 用 TAC 标识，全称为 Tracking Area Code，该参数是 PLMN 内跟踪区域的标识，用于 UE 的位置管理，在 PLMN 内唯一，由系统消息（SIB1）广播给 UE。LTE 系统引入了 TA list 的概念，一个 TA list 包含 1～16 个 TA。MME 可以为每一个 UE 分配一个 TA list，并发送给 UE 保存。UE 在该 TA list 内移动时不需要执行 TA 更新。当 UE 进入不在其所注册的 TA list 中的 TA 区域时才执行 TA 更新，此时 MME 为 UE 重新分配一组 TA 形成新的 TA list。在有业务需求时，网络会在 TA list 包含的所有小区内向 UE 发送寻呼消息。TA list 的引入可以避免在 TA 边界处由于乒乓效应导致的频繁 TA 更新。

TA/TAL 划分基本原则：①跟踪区划分不能过大或过小，过小容易造成 TA 更新过多，增加信令开销；过大容易造成寻呼受限，运营商规划时需结合空口和网元寻呼处理能力综合确定；②跟踪区在规划时在地理上应为一块连续的区域，避免和减少各跟踪区基站插花组网；③城郊与市区不连续覆盖时，郊区（县）使用单独跟踪区；④寻呼区域不跨 MME 的原则；⑤利用规划区域山体、河流等作为跟踪区边界，减少两个跟踪区内不同小区交叠深度，尽量使跟踪区边缘 TA 更新量最低；⑥需要开通 CSFB 的区域跟踪区应该与 2/3G LAC 大小保持一致，针对高速移动等跟踪区频繁变更场景，可以通过 TA list 功能降低 TAU 次数。

4.4.2　寻呼容量计算

寻呼容量，与空口寻呼资源约束、网元能力和对 PDSCH 资源占比约束有关。一般主要考量空口寻呼资源约束和网元能力。

（1）MME 的寻呼容量

一个 MME 下挂基站数或 TA 跟踪区数量主要由 MME 的最大寻呼容量决定。

（2）eNode B 的寻呼容量

eNode B 的寻呼能力由空口寻呼能力和 eNode B CPU 处理能力的最小值决定。

① 空口寻呼容量

每个无线帧包含的寻呼子帧个数由参数 n_B 决定，参数使用的细节参见 3GPP TS 36.304。每个寻呼子帧最多可以包含 16 条 UE 记录（协议规定），由此得到的空口理论寻呼容量为：

$$空口寻呼容量 = n_B \times 16 \times 100（寻呼/秒）$$

根据空口寻呼容量计算公式得到不同 n_B 配置下对应空口的理论容量，如表 4-8 所示。

表 4-8　　　　　　　　　　不同 n_B 配置下对应空口的理论容量　　　　　　　　　　（单位：次/秒）

n_B	1/32	1/16	1/8	1/4	1/2	1	2	4
寻呼容量	50	100	200	400	800	1 600	3 200	6 400

② eNode B CPU 的寻呼容量

以华为 eNode B 设备为例，CPU 占用率为 60%情况下，CPU 每秒能处理的寻呼消息数约为 500 次/秒。

③ eNode B 寻呼容量

综上分析，我们可以看到 LTE 寻呼负荷是由于 eNode B 的 CPU 负荷受限。

（3）寻呼规格限制

根据每个 eNode B 下支持的用户数和单用户每秒寻呼次数，计算 eNode B 每秒下发的寻呼次数，估算 TA 可以包含的 eNode B 数目。目前为了减少 CSFB 时延，开通 CSFB 的区域建议 TAL 范围设置和 2/3G 位置区应保持一致。

4.4.3　TAI 划分案例

LTE 的跟踪区简称 TA，跟踪区号码称为 TAI。LTE 的跟踪区是用来进行寻呼和位置更新的区域，类似于 UMTS 和 CDMA 网络中位置区（LAC）的概念，其作用主要为终端登记和寻呼。

表 4-9 为各个地区 TAI 划分示例。TAI 的 X_1X_2 与 eNode B 识别号的 X_1X_2 分配原则一致，X_3X_4 划分参照 3G 网络 LAC 的划分原则进行。

表 4-9　　　　　　　　　　　　　　　TAI 划分示例

地区	X_1X_2	X_3X_4	十进制整号段	预留	备注
地区 1	4B、4C		华为设备区域：19 200～19 455；中兴设备区域：19 456～19 711	预留：19 455～19 446；19 711～19 702	（1）编号从小到大顺序使用；（2）TAI 划分参考 3G 网 LAC 划分原则；（3）两厂家相邻区域由地市分公司确定
地区 2	4D、4E	0～255	华为设备区域：19 712～19 967；中兴设备区域：19 868～20 223	预留：19 967～19 958；20 223～20 214	
地区 3	4F		20 224～20 479	预留：20 479～20 470	
地区 4	50		20 480～20 735	预留：20 735～20 726	

4.5　邻区规划

邻区过多会影响到终端的测量性能，容易导致终端测量不准确，引起切换不及时、误切换及重选慢等。邻区过少同样容易造成不切换或形成孤岛效应。这两类现象都会对网络的接通、掉话和切换指标产生不利的影响。因此，合理的邻区关系规划是保证良好网络性能的必要条件之一。

LTE 与 2/3G 邻区规划原理基本一致，规划时需综合考虑各小区的拓扑关系，如覆盖范围、站间距、重叠度等因素。LTE 邻区关系配置时应尽量遵循以下原则。

距离原则：地理位置上直接相邻的小区一般要作为邻区。

强度原则：在对网络进行过优化的前提下，信号强度达到了要求的门限，就需要考虑配置为邻小区。

交叠覆盖原则：需要考虑本小区和邻小区的交叠覆盖面积。

互含原则：邻区一般都要求互为邻区，即 A 扇区把 B 作为邻区，B 也要把 A 作为邻区。在一些特殊场合，LTE 可以配置单向邻区，如宏站和高层室分小区。

4.6 容量规划与优化

4.6.1 容量规划与优化

容量规划需要与覆盖规划相结合，最终结果同时满足覆盖和容量需求，流程如图 4-5 所示。

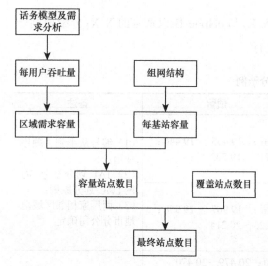

（1）话务模型及需求分析

针对客户需求及话务模型进行分析，如目标用户数、业务次数、忙时激活率、E-RAB SESSION 时长、业务速率等

（2）每用户吞吐量

基于话务模型及一定假设进行计算得出

（3）需求容量

网络容量需求，等于每用户吞吐量×用户数

（4）组网结构

包括频率复用模式、带宽、站距、MIMO 模式等。

（5）每基站容量

基于网络配置进行系统仿真，得出平均每站点承载容量

图 4-5　LTE 容量规划流程

表 4-10 为 LTE 网络高负荷小区识别与常见优化措施。

表 4-10　　　　　　　　　　　　　　　　高负荷小区识别与优化

序号	PRB 利用率	激活用户数	小区吞吐量	情况分析	措施
1	高	多	大	总体资源不足	扩容
2	高	多	小	RB 承载效率低	调度策略优化网络参数调整
3	高	少	小		
4	低	多	小	用户数量多，小数据业务为主	
5	低	多	大		

续表

序号	PRB 利用率	激活用户数	小区吞吐量	情况分析	措施
6	高	少	大	网络能满足用户体验	不调整
7	低	少	小	网络负荷较低	
8	低	少	大		

实际小区或接口容量规划中，由于数据业务类型多种多样，不同数据业务对 QoS 要求不同，同样的数据业务量由于业务类型的不同对资源的需求也存在很大差别。因此在数据业务容量规划时，运营商应一方面从带宽守恒的角度进行总体配置，同时考虑业务类型分布，兼顾用户感知，从而确定最终资源配置。容量优化时，运营商应一方面充分挖潜现有设备资源，通过功率参数、切换门限、接入参数调整等方式进行容量均衡；另一方面结合现场勘查结果确认用户分布区域，通过规划新站或新建室分进行容量分担。

4.6.2　LTE 网络承载能力

FDD-LTE 网络承载能力（经验值）如下。

（1）峰值速率。在 2×15MHz 带宽、2×2 空分复用条件下，LTE 小区峰值吞吐率约 112Mbit/s。

（2）小区平均吞吐量。在 2×15MHz 带宽、2×2 空分复用条件下，小区下行平均吞吐率约 25.5Mbit/s；小区上行平均吞吐率约 11Mbit/s。

（3）单小区同时在线 RRC-Connected 连接用户数。在 2×15MHz 带宽内，LTE 单小区可提供不低于 1 200 个用户同时在线的能力。

（4）单小区同时激活用户数（调度队列中）。在 2×15MHz 带宽内，目前厂家设备能力可激活用户数达到 400 个/小区。

TDD-LTE 网络承载能力（经验值）如下。

（1）峰值速率。20MHz 带宽、2×2 空分复用、2:2 上下行配比条件下，LTE 小区峰值吞吐率约 82.5Mbit/s。

（2）单小区同时在线 RRC-Connected 连接用户数。在 20MHz 带宽内，LTE 单小区可提供不低于 1 200 个用户同时在线的能力。

（3）单小区同时激活用户数（调度队列中）。在 20MHz 带宽内，目前厂家设备能力激活用户数可达到 400 个/小区。

4.6.3　空口调度数计算

调度数（Grant Count）表示单个用户每秒总共被调度的 RB 次数。FDD 制式上/下行子帧时隙数相同，1 秒分别对应 1 000 个上行子帧和下行子帧，LTE 最小调度周期（TTI）为 1ms（1 个子帧），因此上行和下行满调度数都为 1 000。TDD 制式上/下行调度和上下行子帧配比有关，假如上下行配比为 1:3，特殊子帧配比是 3:9:2，相当于 1 个无线帧中有 2 个可以用于传输数据的上行子帧，6 个可以用于传输数据的下行子帧，所以下行满调度数为 600（6 个下行子帧/无线帧×100 个无线帧/秒）。如果特殊子帧配比中 DwPTS 大于 9，则 DwPTS 也可以用于传输数据，这样每个无线帧中有 8 个可以用于传输数据的下行子帧，下行满调度数则为 800。

如果测试中发现空口调度数不足，通常是由于该小区用户数过多、容量不足或调度策略不合理引起，相关人员可结合小区用户数统计进一步分析。

4.6.4 可调度用户数计算

在带宽一定的前提下，可调度的用户数主要受限因素是 PDCCH 的符号个数和单用户所用 CCE 的数量。PDCCH 占用越多的 OFDM 符号，同时可调度的用户数越多。在不同的无线环境下，为了充分实现其健壮性，所需的 CCE 数也不同，PDCCH 所使用的 CCE 个数越多，可同时调度的用户数就越少。

LTE 一个子帧内（TTI）能同时调度的用户数，与以下 3 个因素有关。

（1）系统带宽。分配给一个 UE 的最小 PRB 数量为 1，以 15MHz 带宽为例，可提供 75 个 PRB，即 1 个调度周期内同时可调度的用户数最大为 75 个。

（2）可用 CCE 数量。CCE 是构成 PDCCH 的最小单元，一个 PDCCII 中可以提供 4 种 CCE 等级，见表 4-11。

表 4-11 不同 PDCCH 格式对应的 CCE 个数

PDCCH 格式	格式 0	格式 1	格式 2	格式 3
CCE 个数	1	2	4	8

（3）PHICH 组数。组数越多可用于上行数传反馈证实信息量越大，可同时调度的用户数越多，但占用的 PDCCH 资源也越多。

以某个小区配置 15MHz 带宽，PDCCH 信道配置 3 个 OFDM 符号，$N_g=1$ 为例。1 个 TTI 内能调度的最大用户数约为 62 个。具体计算过程如下。

① 可用的 REG 数。第 1 个 OFDM 符号，每个 RB 有 8 个 RE 可以利用，即两个 REG，第 2 个和第 3 个 OFDM 符号，每个 RB 有 12 个 RE 可以利用，即 3 个 REG。3 个 OFDM 符号可以利用的 REG 数为 600（2×75+3×75+3×75）个 REG。

② PCFICH 占用 16 个 RE，即 4 个 REG。

③ 假设 $N_g=1$，在该条件下 PHICH 信道最大可调度 80 个用户，详细计算过程如下：

$$N_{PHICH}^{group} = \begin{cases} N_g\left(\dfrac{N_{RB}^{dl}}{8}\right), & 普通CP \\ 2N_g\left(\dfrac{N_{RB}^{dl}}{8}\right), & 扩展CP \end{cases}$$

其中，N_g=1/6，1/2，1 或者 2。

计算得到该小区需要配置 10 个 PHICH 组。每个 PHICH 组有 12 个 RE，即 3 个 REG，PHICH 共占用 30 个 REG。每个 PHICH 组承载至多 8 个 ACK/NACK，按此计算 1 个 TTI 内能够承载 80（10×8）个用户。

④ 留给 PDCCH 的 REG 是 566（600–4–30）个 REG。

⑤ 1 个 CCE 占用 9 个 REG，则 TTI 内共有 62 个 CCE，即在 TTI 内最多可以调度 62 个用户。

⑥ 取步骤③、步骤⑤二者的最小值，得到 TTI 内可调度的最大用户数为 62 个。

4.6.5 VoIP 用户数

LTE 采用动态共享资源调度方法，优化了系统资源分配。VoIP 业务具有多用户、小流量、数据包大小相对固定且数据包之间的时间间隔有规律的特点，制约 VoIP 业务的系统容量因素不再是带宽，而是控制信道的容量。3GPP 协议采用半静态调度方式，系统资源只需通过 PDCCH 分配或指定一次，而后就可以周期性的重复使用相同的时频资源，这样 VoIP 业务可以不考虑控制信道的限制。假定系统配置的下行反馈信道数总能满足用户的要求，由此得到下面公式：

$$VoIP = \frac{1}{\alpha} \times \frac{1}{1 + \dfrac{SIDSize/160ms}{PacketSize/20ms}} \times \frac{20ms内初传可用RB数}{每个用户需要的平均RB个数}$$

其中，20ms 为半静态调度周期，160ms 为话音用户静默期 SID 帧传输周期，α 为激活因子，通常为 0.5。$PacketSize$ 为 VoIP 用户在通话期在 MAC 层包大小，单位为比特。$SIDSize$ 为 VoIP 用户在静默期在 MAC 层包大小，单位比特。每个用户需要的平均 RB 个数与 AMR 码率、用户信道质量等因素相关。假设 TDD-LTE VoIP 用户采用半静态调度，不考虑控制信道限制，20MHz 带宽下 VoIP 用户最大容量约为 600 个。

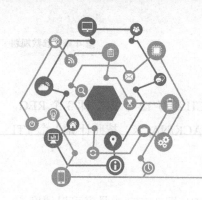

5.1 优化原则

LTE 网络优化是指通过硬件排障、覆盖调整、干扰排查、参数调整等技术手段改善网络覆盖和质量，提高资源使用效率。优化的工作思路首先是确保硬件性能正常；其次是开展结构（覆盖）优化、干扰排查、参数核查与优化；在此基础上再针对短板 KPI 指标进行专项提升。

（1）最佳系统覆盖

覆盖是优化环节中极其重要的一环。在系统的覆盖区域内，通过调整天线、功率等手段使更多地方的信号满足业务所需的最低电平要求，尽可能利用有限的功率实现最优的覆盖，可减少由于系统弱覆盖或交叉覆盖带来的用户无法接入、掉话、切换失败、干扰等。

覆盖优化时，维护人员可根据 DT 测试、扫频数据和 MR 数据对小区天线倾角、方位角，柜顶输出功率进行精细化调整，必要时也可以采取更换特种天线等方式进行优化和改善网络覆盖，避免覆盖问题导致网络性能下降。

（2）系统干扰最小化

干扰分为两类：系统内干扰和系统外干扰。系统内干扰通常指小区内干扰或小区间干扰，如覆盖不合理、RRU 故障、互调干扰、小区间模三干扰等；系统外干扰主要是指干扰器、大功率发射台、异系统干扰等。这两类干扰均会影响网络质量。

通过覆盖优化，调整功率参数、算法参数、天馈整治等措施，尽可能将系统内干扰最小化。通过外部干扰排查、清频，消除系统外干扰。

（3）容量均衡

通过调整基站的覆盖范围、接入/切换参数优化，合理控制基站的负荷，使各个网元负荷尽量均匀。

5.2 优化流程

无线网络的优化参考流程如图 5-1 所示。

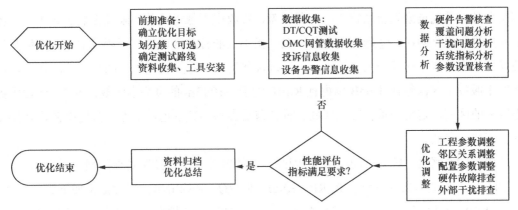

图 5-1　LTE 优化流程

LTE 网络优化整体流程说明如下。

（1）优化准备阶段主要是了解网络规划的相关信息及相关数据收集，包括基站信息、参数配置与原则、指标定义公式与考核办法、话务统计、DT 测试、事件告警、用户投诉等，为后续的网络优化做准备。

（2）话务统计是网络优化中的重要环节，通过话务统计分析评估网络健康状态，定位网络问题。其常用的分析方法有渐进法、进程法和 2/8 原则（TOPN），3 种分析方法和关系如图 5-2 所示。

（3）优化结束，提交优化总结报告。包括优化目标达成情况、优化前后主要指标对比、优化工作内容描述、典型案例分析、后续维护规划建议等。

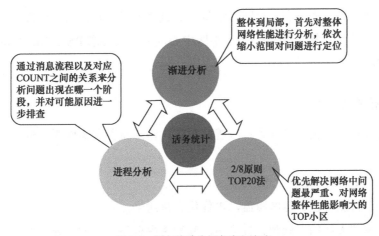

图 5-2　话务统计分析方法和关系

5.3　覆盖问题优化

LTE 网络覆盖问题可以分为 4 类：①覆盖空洞，UE 无法注册网络，不能为用户提供网络服务，需通过规划新站解决；②弱覆盖，接收电平低于覆盖门限且影响业务质量，优先考虑进行优化解决；③越区覆盖，一般是指小区的覆盖区域超过规划范围，在其他基站覆盖区域内形成不连续的主导区域，可通过优化解决；④重叠覆盖，LTE 同频网络中，可将弱于服务小区信号强度 6dB 以内且 RSRP 大于 –110dBm 的重叠小区数超过 3 个（含服务小区）的区域，定义为重叠覆盖区域。重叠覆盖容易导致信道质量差、接通率低、切换频繁、下载速率低。

由于 LTE 网络一般采用同频组网，因此良好的覆盖和干扰控制是保障网络质量的前提。与 LTE 覆盖相关的指标主要有 RSRP、RSSI、RSRQ、RS-SINR，指标定义如下。

RSRP：小区下行公共参考信号在测量带宽内功率的线性值（每个 RE 上的功率），反映当前信道的路径损耗强度。参见 3GPP 36.214[7]，典型值为 –75dBm～–105dBm。

测量报告中 RSRP 换算公式：$RSRP = -140 + RSRP$ 测量结果（dBm）。

RSSI：UE 探测带宽内一个 OFDM 符号所有 RE 上的总接收功率，包括服务小区和非服务小区信号、相邻信道干扰、系统内部热噪声等。

RSRQ：$M \times RSRP/RSSI$，其中 M 为 RSSI 测量带宽内的 RB 数，反映和指示当前信道质量的信噪比和干扰水平。根据仿真，RSRQ>–13.8dB 与 RS-SINR>0dB 的统计比例基本一致，RSRQ 最大值为 –6dB（2T2R）。

测量报告中 RSRQ 换算公式：$RSRQ = -20 + 1/2 \times RSRQ$ 测量结果（dB）。

RS-SINR：UE 探测带宽内的参考信号功率与干扰噪声功率的比值，即 $S/(I+N)$，其中，信号功率 S 为小区专用 RS 的接收功率，$I+N$ 为参考信号上非服务小区、相邻信道干扰和系统内部热噪声功率总和，反映当前信道的链路质量，是衡量 UE 性能参数的一个重要指标，详细描述可参考 3GPP 36.101。小区中心区域一般要求 RS-SINR>15dB，小区边缘 RS-SINR>–3dB。

5.3.1　优化原则

LTE 覆盖优化总体上可以分为：改善弱覆盖、消除重叠覆盖两类。优化时宜遵循以下 3 个原则。

（1）先优化 RSRP，后优化 SINR。

（2）优先解决弱覆盖、越区覆盖，再优化导频污染。

（3）优先调整天线的下倾角、方位角，其次考虑调整基站的发射功率，最后考虑调整天线挂高、搬迁及规划新站。

5.3.2　优化流程

覆盖问题优化流程如图 5-3 所示。

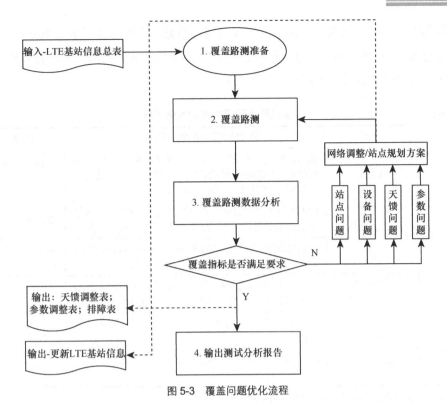

图 5-3 覆盖问题优化流程

5.3.3 优化措施

RSRP 和 RS-SINR 根据小区参考信号 CRS 计算得到，与 UE 是否进行业务传输无关，因此优化时测试可以在空闲状态下进行，根据测试情况优化小区的覆盖范围，评估是否存在干扰。常见覆盖问题及优化方法如下。

（1）缺少基站引起的弱覆盖，对站间距比较远的弱覆盖应通过在合适位置新增基站以提升覆盖，对短期不能加站的弱覆盖，可通过增加相邻小区的发射信号功率、天线工参调整或选用高增益天线，提升该区域的 RSRP 值。

（2）参数设置不合理引起的弱覆盖（包括天线工参、RS 功率、切换、重选参数等），如切换过慢或重选不及时，这时可根据网络具体情况调整相关参数。

（3）越区覆盖问题，一般通过调整小区天线的方位角/下倾角，降低天线高度或者降低小区发射功率解决。通过调整小区天线的方位角可以改变基站的覆盖方向，调整小区的下倾角可以改善基站的覆盖大小，但是降低小区发射功率将影响小区覆盖范围内所有区域的覆盖情况，不建议采用此种方法解决越区覆盖问题。

（4）背向覆盖问题，大部分由于建筑物反射导致，此时通过合理调整天线位置，或方位角/下倾角，则可以有效避开建筑物的强反射。部分也可能是天线前后比指标差引起，这时需要通过更换天线解决。

（5）导频污染问题，宜明确主导小区，通过调整下倾角、方位角、功率，加强主服务小区信号强度，同时降低其他小区在该区域的覆盖场强。导频污染严重的地方，可以考虑采用双通道 RRU 拉远来单独增强该区域的覆盖，使得该区域只出现一个足够强的导频。

表 5-1 为常见覆盖问题判别和建议优化方法。

表 5-1　　　　　　　　　　　常见覆盖问题判别和优化手段

分类	小类	网优判断依据和排查参考	优化手段
过覆盖	过覆盖	在其他小区覆盖区域内形成主覆盖且 RSRP>−90dBm。结合路测、CDR 话单和话统，需明确和优化不合理的过覆盖	调整天线工参、RS 功率
信号覆盖弱	弱覆盖（或覆盖空洞）	RSRP 小于−105dBm，RS-SINR 小于−3dB，且周边无合适基站覆盖，可结合扫频数据分析覆盖空洞	规划新站
	欠覆盖	一倍站间距离以内，RSRP 小于−90dBm，RS-SINR 小于−3dB，可结合路测和 CDR 话单分析	调整天线工参、RS 功率
无主导小区	重叠覆盖（导频污染）	区域内覆盖小区≥4，且信号最强小区和第 4 强小区 RSRP 差值不超过 6dB，可结合扫频数据分析	扶强除弱，提供主覆盖小区
馈线接错	扇区交叉连接	小区 PCI 覆盖图与工参不一致，可通过路测分析定位	调整天馈线连接
	馈线鸳鸯	路测图某个方向两个扇区信号犬齿交错，需逐步排查	排查馈线连接

注：站间距离指服务小区和相对的最近的宏基站间的距离。

5.4　干扰问题排查

5.4.1　干扰来源

根据干扰产生的来源，可以分为系统内干扰和系统外干扰。系统内干扰指来自于 LTE 小区内或小区之间产生的干扰。引起系统内干扰的原因通常有：交叉时隙干扰、GPS 失步干扰、互调干扰、模三干扰、过覆盖引起干扰，设备故障等。一般来说，系统内的干扰对上/下行都有影响。系统外干扰主要是指非法使用 LTE 频段、异系统的杂散干扰、二次谐波、阻塞干扰或者异系统互调信号对本系统的影响。

1. 系统内干扰

（1）数据配置错误造成干扰

LTE 系统参数配置不合理，如 PCI 规划不合理带来的模三干扰、系统带宽配置重叠、时间偏移量等参数配置错误，引起系统内干扰。维护人员可通过对受干扰的相邻小区参数核查调整，避免参数设置不合理引起系统内干扰。

（2）越区覆盖造成干扰

越区覆盖是指某小区的服务范围过大，在其他基站覆盖区域仍有足够强的信号电平使得手机可以驻留，对远处小区产生干扰。越区覆盖主要是由于基站站高、天线方位角、下倾角、输出功率等不合理造成实际小区服务范围与小区规划服务范围严重背离的现象，带来的影响有干扰、掉话、拥塞、切换失败等。目前主要检测手段是通过现场测试和扫频，结合 MR 数据分析定位越区覆盖问题。

理想情况下，下行 RS-SINR 值为下行 RSRP 与底噪（环境噪声）的差值。例如下行 RSRP 为−100dBm，底噪为−110dBm，那么此时下行 RS-SINR 约为 10dB，若实际下行 SINR 仅为 0dB，那此时应受到下行干扰，该下行干扰可能来自于附近小区的下行信号。

（3）超远覆盖干扰

干扰站和被干扰站之间的无线传播环境非常好，等效于自由空间。远距离的站点信号经过传播，到达被干扰站点时，因为传播环境很好，衰减就比较小，由于 PCI 复用、传播过程中的时延导致 CP 长度不足、TDD 干扰站的 DwPTS 与被干扰站的 UpPTS 对齐等原因，造成干扰站的基站发射信号对被干扰站的基站接收信号形成干扰。超远覆盖干扰可能造成 UE 在被干扰小区边缘不能进行随机接入，邻区 UE 不能切换到被干扰小区，影响下行业务和上行业务速率。

（4）GPS 时钟失步干扰

GPS 时钟失步的基站，会与周围基站上行、下行收发不一致。当失步基站的下行功率落入周边基站的上行，将会严重干扰周边基站的上行接收性能，导致邻站上行链路恶化，甚至终端无法接入等。

当网络中存在某个 GPS 失步的基站，通常会有告警产生，这时存在 GPS 故障基站的上行和下行收发与周围基站不同步。问题现象通常表现为一片区域中单个基站性能正常，周边多个小区干扰上升，性能下降，而且越靠近失步基站，干扰越严重。

（5）设备故障造成干扰

设备故障是指在设备运行中，设备本身性能下降造成的干扰，包括 RRU 接收链路的电路故障、天馈通道故障、RSSI 接收异常、避雷器老化等质量问题，产生互调信号落入工作带宽内。设备故障带来的干扰容易导致这些基站覆盖范围内的 UE 无法做业务，严重的甚至在基站 RSRP 很好的情况下，UE 都无法接入。在这些基站侧跟踪上行 RSSI 值，通常会发现 RSSI 值和基站业务负荷有关，业务负荷越高 RSSI 越大。

2．系统外干扰

LTE 系统常用的频率较多，受到干扰的可能性也较大。如微波通信干扰或者其他相邻频段系统的干扰，这类干扰可以通过向客户咨询确认，或者通过频谱仪或扫频仪查找。

其他通信设备的干扰，如军方通信、大功率电子设备、非法发射器等。

其他系统的干扰，当前和 LTE 共存的系统包括：TD-SCDMA、DCS1800、GSM900、CDMA、WCDMA 等，这些系统和 LTE 之间都有可能产生相互干扰。

（1）杂散干扰

干扰源在被干扰接收机工作频段产生的加性干扰，包括干扰源的带外功率泄漏、放大的底噪、发射谐波产物等，可使被干扰接收机的信噪比恶化。

由发射机产生，包括功放产生和放大的热噪声，功放工作产生的谐波产物，混频器产生的杂散信号等，如图 5-4 所示。

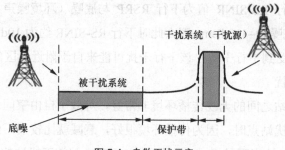

图 5-4　杂散干扰示意

（2）阻塞干扰

接收机通常工作在线性区，当有一个强干扰信号进入接收机时，接收机会工作在非线性状态下或严重时导致接收机饱和，称为阻塞干扰。一般是指接收带外的强干扰信号，该干扰会引起接收机饱和，导致增益下降；也会与本振信号混频后产生落在中频的干扰；还会由于接收机的带外抑制度有限而直接造成干扰。阻塞干扰可以导致接收机增益的下降与噪声的增加。

阻塞干扰示意如图 5-5 所示。

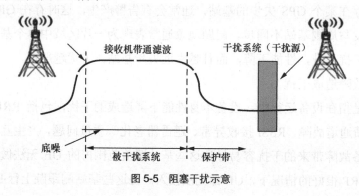

图 5-5　阻塞干扰示意

（3）互调干扰

互调干扰分为发射互调和接收互调两种。

发射互调是指多个信号同时进入发射机后的非线性电路，产生互调产物，并且落在被干扰接收机有用频带内。

接收互调是指多个信号同时进入接收机时，在接收机前端非线性电路作用下产生互调产物，互调产物频率落入接收机有用频带内。

一般情况下，由于无源器件长期工作出现性能下降，或本身互调抑制指标差等导致产生互调干扰的现象在现网中比较普遍。现网干扰排查时，多发现天线性能差、天馈接头处存在工程质量问题等，是产生互调干扰的主要原因。

互调产物有三阶、五阶、七阶等按阶数排列的信号。三阶互调产物如图 5-6 所示，两个信号的组合频率 $2f_1-f_2$，$2f_2-f_1$ 可能落入接收机带内，形成干扰。五阶和七阶互调产物相对三阶信号强度弱很多（20dB 以上），只有在两系统间隔离度不满足干扰隔离要求时才会对被干扰系统产生影响。

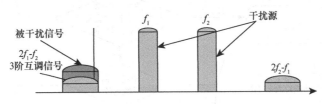

图 5-6　互调干扰示意

抑制互调主要通过更换互调抑制指标好的无源器件（一般情况下要求–140dBc 或者 –97dBm 的互调指标）或者提高天馈工程质量。

（4）带内系统外干扰

由于其他系统非法使用 LTE 工作频带，造成对 LTE 的干扰，这种称为带内系统外干扰。比如使用 2.6G 的广电无线系统，使用 2.4G 的军方通信系统等。

带内干扰只有通过完全清频才能消除干扰，在确定干扰源的基础上由移动运营商协调推动无线电管理委员会清频。

5.4.2　排查方法

（1）LTE 系统的干扰排查应首先排查系统内的干扰，其次考虑系统外干扰。

（2）系统间的干扰应先考虑工作频谱邻近的已知通信系统的干扰，再排查工作频谱远离 LTE 频谱的通信系统，最后排查未知的电器设备产生的干扰。

（3）先排查受到较强干扰，且干扰持续存在的小区，最后排查干扰较弱，干扰持续时间短的小区。

（4）尽可能掌握干扰小区的多种特性，便于定位干扰源。获取被干扰基站的工程设计图纸，检查被干扰基站天线安装是否符合隔离度标准。获取被干扰基站周边的地理状况，检查是否有水面、峡谷等特殊环境。

图 5-7 所示为常见的干扰排查流程。

通过话统分析 PRB 平均干扰电平，如果某小区 RB 底噪干扰持续大于门限值，即可启动干扰排查。一般采取以下排查步骤。

1．检查干扰小区底噪数据，分析干扰特点

分析受干扰的频域特性。查看是部分 RB 被干扰，还是整个带宽内存在干扰。下文以 F 频段干扰为例。

（1）如果 RRU 日志分析与 NI 值都显示带宽内都受到干扰，则很有可能为系统内干扰。

（2）如果 NI 噪声显示带宽前半部分受干扰，且 LTE 带宽为 1 920～1 935 频段，则有可能为频段 TDS 杂散或者阻塞干扰。

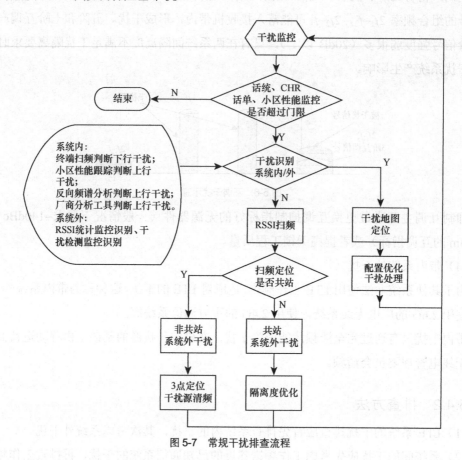

图 5-7　常规干扰排查流程

（3）如果 NI 噪声显示带宽后半部分受干扰，且 LTE 带宽为 1 920～1 935 频段，则有可能为 UMTS 杂散干扰。

分析受干扰小区的时间周期特性：是固定时刻出现干扰，还是时间连续性干扰，干扰强度是否随通常定义的业务忙闲时段变化，白天与夜间的干扰程度是否存在变化。

分析受干扰小区分布特征：是个别小区，还是多个小区出现。如果多个小区存在干扰，可对比受干扰小区的 NI 噪声与时间的变化关系，确认是否来自同一干扰源。

2．检查被干扰小区、基站的工作状态

排查受干扰小区是否存在设备故障，排除设备问题引起的底噪异常。通过网管查询各类告警，如 RRU 故障、GPS 告警、驻波告警、天线通道告警等，寻找干扰严重的小区，排查天馈是否异常。

3．区分系统内干扰与系统外干扰

关闭干扰小区附近所有 LTE 站点，单独开启受干扰小区，在小区空载情况下，检查底噪情况，如果底噪恢复正常，可判定为系统内干扰；如果仍存在底噪升高的情况，则判定为系统外干扰；如果无法关闭本系统 LTE 小区，可通过 RRU 日志与噪声 NI 分析，大致判

断是否为系统内干扰。

4．干扰源定位方法

无论是哪种干扰，都可以跟踪干扰出现的时间、频点、范围、方向、区域分布和业务性能指标等线索摸清干扰的规律，结合干扰波形特征等干扰规律进行干扰源初步判断。

（1）系统内干扰——干扰地图分布法

维护人员可以根据干扰范围的地图分布和时间等规律，重点核查数据配置、越区覆盖、超远覆盖、TDD 帧失步（GPS 失锁）造成的干扰。相比系统外的干扰定位，系统内的干扰定位相对来说要容易得多。

以 GPS 失步干扰为例，GPS 失步基站对周边站点的干扰，会存在一定的距离特性，越靠近 GPS 失步的基站，受到的干扰程度越严重，小区空载下底噪抬升越明显。GPS 失步基站与周边基站的收发不同步，在路测之中可能表现为邻近两个不同基站的小区 RSRP 测量不一致。比如 A 小区失步，则终端驻留 A 小区之后无法测量到邻区 B 的 RSRP 或者测量到 RSRP 强度很弱。如果怀疑某个基站 GPS 失步产生干扰，尝试关闭该基站，对比关闭前后的底噪变化确认干扰源。

（2）系统外干扰定位——3 点扫频定位法

查找外部干扰源主要是借助频谱仪/扫频仪和方向性较强的八木天线，图 5-8 所示为干扰排查设备连接示意。

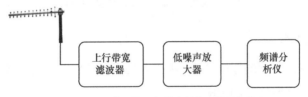

图 5-8　八木天线、频谱分析仪连接示意

选取 3 个及以上受干扰明显的测试站点，在每一个点扫描各个方向的干扰信号强度，找到干扰最强的方向，分别测试 3 个点以上。根据最强方向的延伸线交点，逐步缩小范围，最终确定干扰源的位置，如图 5-9 所示。

图 5-9　3 点扫频定位法

（3）后台干扰排查方式

通过 OMC 统计筛选出疑似干扰小区，结合干扰特征，初步分析干扰原因。收集的工参信息包括以下几类。

① DCS1800 的频点信息：判断是否启用了高端频点，是否存在共站 DCS 的三阶互调。

② GSM900 频点信息：判定是否存在共站 GSM900 的二次谐波。

③ RRU 设备型号：确定设备的阻塞性能，结合 DCS 高端频点判定是否可能存在阻塞干扰。

阻塞、互调和杂散的典型干扰类型图形对比，如图 5-10 所示。

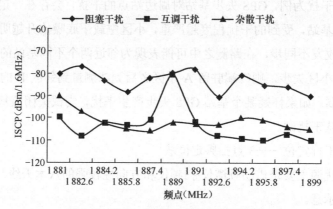

图 5-10　阻塞、互调和杂散的典型干扰对比

5.4.3　规避方案

根据干扰来源以及干扰的原因分类，维护人员需要分别对系统内/外的干扰进行针对性的处理，尽量减少对现网性能的影响。

1．系统内的干扰处理

由于系统内的干扰原因主要由数据配置错误、过覆盖、超远距离覆盖、GPS 失步等因素造成，相对应的优化措施主要有配置数据优化、覆盖优化、GPS 故障抢修等处理方式。

2．系统外干扰处理

系统外干扰产生的原因分共站原因和非共站原因。对于不同系统由于共站原因产生的干扰，维护人员需要通过增加隔离度、增加安装滤波器、更换天线、重做馈线接头等方式处理。对于因非共站原因产生的干扰，维护人员则需要协调无线电管理委员会进行清频处理。

表 5-2 所示为常见干扰规避的建议方案。

表 5-2　　　　　　　　　　　　　常见干扰规避建议

干扰类型	可选解决方案
DCS1800 天线互调干扰	（1）更换互调指标较差的 DCS 天线
	（2）天面调整，加大天线间隔离度

干扰类型	可选解决方案
DCS1800 杂散干扰	（1）天面调整，加大天线间隔离度
	（2）在 DCS 基站增加杂散抑制滤波器
GSM900 天线二次谐波干扰	（1）天面调整，加大天线间隔离度
	（2）更换互调指标较差的 GSM900 天线

天面垂直隔离度和水平隔离度计算公式如下。

垂直安装隔离度：$L_h=28+40\log(k/\lambda)(\text{dB})$

水平安装隔离度：$L_v=22+20\log(d/\lambda)-(G1+G2)-(S1+S2)(\text{dB})$

其中，k 为天线间垂直距离，d 为天线间水平间距，λ 为工作频率波长，$G1$ 和 $G2$ 分别为两天线的增益，$S1$ 和 $S2$ 分别为发射天线和接收天线在 90°方向上的副瓣电平（dBp），通常 65°扇形波束天线 S 约为-18dBp，90°扇形波束天线 S 约为-9dBp，120°扇形波束天线 S 约为-7dBp，全向天线的 S 为 0。

若天面物理空间受限，无法增加系统间空间隔离度，相关人员则可根据站内干扰的类型通过增加滤波器或选用高品质器件进行干扰消除。

（1）阻塞干扰问题需要提高 LTE 的抗阻塞能力，在 RRU 机顶口增加抗阻塞滤波器。

（2）杂散干扰问题需要提高干扰系统的带外抑制能力，在干扰系统设备机顶口增加窄带滤波器。

（3）互调干扰需要提升器件或馈线的性能。如跳线接头连接不好或天线问题引起的干扰，则需要重做接头，更换互调抑制指标更好的天线。

5.5　接入性能优化

5.5.1　指标定义

1．RRC 连接建立成功率

RRC 连接建立成功率是指统计周期内，UE 发起及网络发起的 RRC 连接建立成功总次数与 UE 发起及网络发起的 RRC 连接建立请求总次数的比值。

测量点：如图 5-11 所示，在 A 点，当 eNode B 接收到 UE 发送的 RRC 连接请求消息时，根据不同的建立原因值分别统计不同原因值的 RRC 连接建立请求次数，而在 C 点统计不同原因值的 RRC 连接建立成功次数。

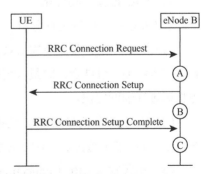

图 5-11　RRC 连接建立流程统计点

2．初始 E-RAB 建立成功率

初始 E-RAB 建立成功率是指统计周期内，业务初始建立时 E-RAB 建立成功次数与

E-RAB 建立请求次数的比值。该指标反映 eNode B 或小区接纳业务的能力。

测量点：如图 5-12 中 A 点所示，当 eNode B 收到来自 MME 的初始上下文建立请求消息时，统计初始 E-RAB 建立尝试次数 A。如果初始上下文建立请求消息中要求同时建立多个 E-RAB，则相应的指标统计多次。当 eNode B 向 MME 发送初始上下文建立响应消息时，统计初始 E-RAB 建立成功次数 B。如果初始上下文建立响应消息中携带多个 E-RAB 的建立成功结果，则相应的指标统计多次。

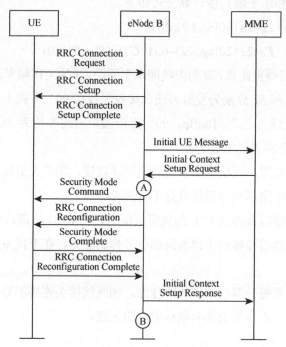

图 5-12　初始 E-RAB 建立流程

5.5.2　分析思路

1．RRC 连接问题优化

从 OMC 统计维度进行分析，RRC 连接建立失败原因可分为以下 6 种情况。

（1）资源分配失败而导致 RRC 连接建立失败，重点检查小区资源是否足够，是否存在异常接入终端，可结合忙时最大连接用户数及用户数超限激活功能，PRB 利用率是否过高等指标进行辅助定位。

（2）UE 无应答而导致 RRC 连接建立失败，可结合 MR 和 PRB 干扰电平统计检查是否存在质差、干扰和弱覆盖等；有时也可能是异常终端引起，可结合信令跟踪进行辅助分析。

（3）小区发送 RRC Connection Reject 引起的失败，可重点检查是否存在拥塞。

（4）因为 SRS 资源分配失败而导致 RRC 连接建立失败，建议采用对比法检查问题小区 SRS 带宽、配置指示、配置方式等设置是否合理等。

（5）PUCCH 资源分配失败而导致 RRC 连接建立失败，建议采用对比法检查 PUCCH

信道相关参数设置是否合理。

（6）因为流控导致的 RRC Connection Reject、RRC Connection Request 消息丢弃，建议重点检查是否存在拥塞，业务流控相关参数是否设置正确等。

从信令流程维度分析，RRC 连接建立失败可分为以下 4 种情况。

（1）UE 发出 RRC 连接请求消息，eNode B 没有收到。

① 如果此时下行 RSRP 较低，优先解决覆盖问题。

② 如果此时的下行 RSRP 正常（大于–105dBm），通常有以下可能的原因：

- 上行干扰；
- eNode B 设备问题或接收通路异常；
- 小区半径参数设置不合理。

（2）eNode B 收到 UE 发的 RRC 建立请求消息后，下发了 RRC 连接建立消息而 UE 没有收到。

① RSRP 低，即弱覆盖问题。维护人员可通过增强覆盖的方法解决，如增加站点补盲、天馈优化调整等；在无法增强覆盖情况下，可适当提高 RS 功率，调整功率分配参数等。

② 小区重选。维护人员可通过调整小区重选参数，优化小区重选边界。

③ 计时器 T300 设置不合理，如 T300 设置过短等。

（3）eNode B 收到 UE 发的 RRC 建立请求消息后，下发了 RRC 连接拒绝消息。当出现 RRC 连接拒绝消息时，维护人员需要检查具体的拒绝原因值，拒绝原因值包含"Congestion"和"Unspecified"两种。对于"Congestion"，其说明网络发生了拥塞，维护人员需要检查网络负载情况，进行业务均衡或扩容。对于"Unspecified"，维护人员则需要查看相关日志信息，确定故障原因。

（4）UE 收到 RRC 连接建立消息而没有发出连接建立完成消息，或者 UE 发出 RRC 建立完成消息，但基站没有收到。这可能是手机终端问题，或用户位于小区边界、上行干扰、上行路损大等原因造成。

2．加密鉴权问题优化

当出现鉴权失败时，维护人员需要根据 UE 回复给网络的鉴权失败消息中给出的原因值进行分析。常见的原因值包括"MAC 失败"和"同步失败"两种，如图 5-13 所示。

（1）MAC 层失败

手机终端在对网络鉴权时，检查由网络侧下发的鉴权请求消息中的 AUTN 参数，如果其中的 MAC 信息错误，终端会上报鉴权失败消息。造成该问题的主要原因包括：非法用户；USIM 卡和 HLR 中给该

图 5-13　加密鉴权流程

用户设置不同的 Ki 或 OPc 导致鉴权失败。

（2）同步失败

手机终端检测到 AUTN 消息中的 SQN 的序列号错误，引起鉴权失败，原因值为"同步失败"。造成该问题的主要原因包括非法用户或设备问题。

3. E-RAB 建立失败优化

E-RAB 建立失败最常见的原因可分为 RF 问题、容量问题、传输问题、核心网问题 4 类，维护人员可结合话务统计或信令跟踪确定 E-RAB 建立失败的原因。下面为常见 E-RAB 建立失败原因及优化措施。

（1）因未收到UE 响应而导致E-RAB 建立失败，建议排查覆盖、干扰、质差，eNode B 参数设置是否合理，终端及用户行为异常等原因。

（2）核心网问题导致 E-RAB 建立失败，建议跟踪信令，排查核心网问题，包括 EPC 参数设置，TAC 码设置的一致性，用户开卡限制。

（3）传输问题导致 E-RAB 建立失败，建议查询传输是否有故障告警，如高误码、闪断，传输侧参数设置问题。

（4）无线问题导致 E-RAB 建立失败，建议排查覆盖、干扰、质差，参数设置错误，终端及用户行为异常等原因。

（5）无线资源不足导致 E-RAB 建立失败，建议排查问题小区忙时激活用户数，PRB 利用率，分析小区资源是否足够，是否由其他故障引起。若存在资源不足问题，维护人员可考虑参数调整，流量均衡和扩容。

（6）来自 UE 侧的拒绝，包括激活默认 EPS 承载上下文拒绝、NAS 层安全模式拒绝等。针对 UE 设备异常导致的 UE 拒绝，建议结合信令消息进行分析，确定原因。

（7）来自核心网侧的拒绝，原因值包括网络失败、EPS 业务不允许、ESM 失败、EPS 承载上下文未激活等，维护人员可联合核心网工程师进行定位。针对单个用户存在的情况，可能是用户签约数据有问题，维护人员可通过更换投诉用户 SIM 卡并拨打测试进行确定。

5.5.3　优化流程

结合 OMC 统计分析接入失败的原因，典型的原因有拥塞和无响应。维护人员应优先解决资源不足问题，对无响应导致的失败，一方面需要检查是否存在硬件故障、干扰、弱覆盖等 RF 问题；另一方面应检查对应的计时器是否设置过短，规划参数设置是否正确，可通过和性能正常小区参数比较确认。根据优化经验分析，引起接入失败的原因通常可以分为以下 6 种情况。

（1）空口信号质量

（2）网络拥塞

（3）设备故障

（4）参数配置（定时器、初始功率设置、功率控制等）

（5）核心网问题

（6）终端问题

因此遇到 UE 无法接入的情况，维护人员初步的排查可以从最常见的原因入手，如图 5-14 所示。

接入问题分析流程说明如下。

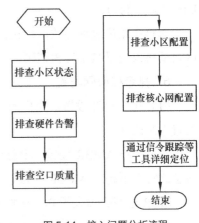

图 5-14　接入问题分析流程

1．排查小区状态

首先检查一下问题区域小区的工作状态是否正常，是否存在基站退服和去激活。

2．排查硬件告警

（1）查看是否有硬件故障告警，如硬件异常、单板不可用、链路异常等。

（2）查看是否有射频类故障告警，如驻波告警。

（3）查看是否有小区类故障告警，如小区不可用等。

如有相关故障告警，维护人员可以通过重启、更换单板解决。

3．排查空口质量

维护人员可结合弱覆盖 MR 占比，PRB 干扰电平统计、BLER 等指标排查空口质量问题，检查 UE 所处位置的无线信道环境是否符合要求。通常要求：下行 RSRP>−110dBm，下行信噪比 SINR>−3dB。同时检查服务小区上行空载时每 RB 的 RSSI，通常要求低于−110dBm。

4．排查小区配置

（1）核查小区是否禁止接入。

（2）TAC 配置是否正确。如果 TAC 配置错误，会导致 UE 接入失败，初始上下文建立失败消息"S1AP_INITIAL_CONTEXT_SETUP_FAIL"中包含的失败原因为"Transport-Resource-Unavailable"。

（3）功率设置是否合理。不合理的功率设置会导致 UE 无法接入网络或者接入后无法开展业务，如功率参数设置不合理导致功率溢出。功率参数的设置与小区最大发射功率、RS 导频功率以及 P_a 和 P_b 等参数有关。

（4）传输配置是否正确。维护人员除了要关注控制面的传输路由、带宽等正确设置外，也要关注用户面的相关参数的合理配置，避免出现控制面通而用户面不通的状况。例如传输路由设置有误导致协商失败，收到 MME 的"S1AP_INITIAL_CONTEXT_SETUP_REQ"消息后，查看消息携带的地址与 eNode B 配置的是否一致。如果不一致，eNode B 回复"S1AP_INITIAL_CONTEXT_SETUP_FAIL"消息，其中包含的错误原因是"Transport-Resource-Unavailable"。

（5）加密算法和完整性保护算法配置是否正确。当前所有的终端都支持 EEA1/2 和 EIA1/2 算法，特殊的终端支持 ZCU 算法。具体维护人员可以在 Attach Request 中查看

UE 的安全能力。

对存在距离过远导致用户接入失败的小区，维护人员可通过天馈调整，或适当提高小区最低接入电平减小覆盖范围。

5. 排查核心网配置

（1）开户 QCI 设置。开户的默认承载 QCI 值必须大于或等于 6，否则无法接入，通常设置为 8 或 9。

（2）开户 AMBR 设置。上行调度算法在 eNode B 侧控制单个终端所有 Non-GBR 业务的总比特率不超过 AMBR 参数设置值，GBR 业务的总比特率不超过 MBR 参数设置值。开户 AMBR 速率必须大于 0，否则无法接入。

（3）非法用户。如果接入 UE 为非法或者无效 IMSI，则会收到 MME 回复的拒绝消息，其详细原因为 "EPS services and non-EPS services not allowed"，也会造成小区指标恶化。

（4）NAS 加密开关与核心网不一致。如果 UE 的加密算法设置与核心网侧（MME）的设置不一致，也会导致在接入的鉴权加密阶段失败。

6. 信令分析

结合信令跟踪和 UE 的信令流程，按照图 5-15 所示的排查流程确定在哪一处出现失败，然后按照后续的各个子流程分析和解决问题，主要包括 RRC 建立问题（如图 5-16 所示）、鉴权加密问题、E-RAB 建立问题。

7. 其他常见定位方法

（1）替换法

假设用户无法接入，方式 1 是尝试更换手机确认是否能接入，如果更换后能接入，初步判定问题应该在 UE 侧。方式 2 是更换服务小区，确认是否网络问题。例如在 A 小区无法接入，可以尝试到其他小区 B 覆盖区域进行拨测，如果在 B 小区能接入，基本判定是 A 小区的问题。类似地，维护人员也

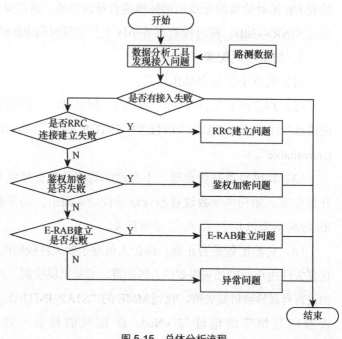

图 5-15　总体分析流程

可以通过更换用户 SIM 卡进行确认用户签约数据是否有问题。

（2）排除法

根据问题现象，列出问题的可能原因。通过提取关联指标数据，如设备告警、PRB

干扰电平、覆盖电平等指标进一步分析，缩小问题范围，对剩余的可能原因再逐个分析、排除。

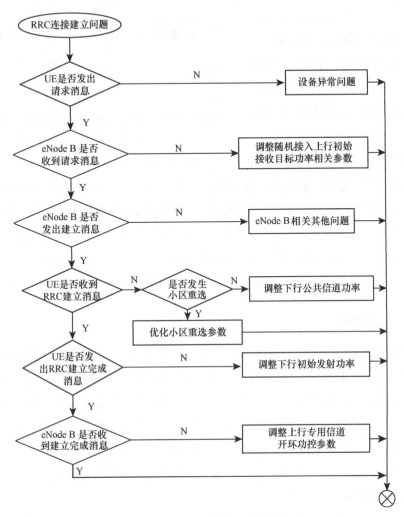

图 5-16　RRC 建立失败问题分析流程

5.6　掉线率优化

5.6.1　指标定义

掉线是指在 UE 与 eNode B 间成功建立 E-RAB 之后，由于异常原因导致 E-RAB 释放。掉线率定义为统计周期内，E-RAB 异常释放次数与 E-RAB 释放总次数的比值。按照异常释放的原因，一般可以分为无线、传输、拥塞、切换失败、MME 问题 5 类。掉线统计如图 5-17 所示。

E-RAB 掉线（异常释放）分为两种情况。

（1）统计消息为 eNode B 向 MME 发送的 E-RAB 释放指示消息"E-RAB RELEASE INDICATION"。当相应承载有数据传送且释放原因不是：正常释放、分离、用户未激活、触发 CSFB、UE 不支持 PS 业务、异系统间重定向时，系统进行统计。

（2）统计消息为 eNode B 向 MME 发送的 UE 上下文释放请求消息"UE CONTEXT RELEASE REQUEST"。当有数据传送且释放原因不是：正常释放、分离、用户未激活、触发 CSFB、UE 不支持 PS 业务、异系统间重定向时，系统进行统计。

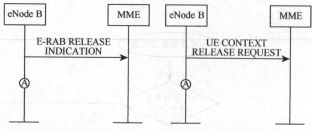

图 5-17 E-RAB 掉线统计点

如果处理过程中有多个 E-RAB 被异常释放，则根据具体数目进行累加。

DT/CQT 测试定义的掉线率分为无线掉线和业务掉线两类。无线掉线率主要反映的是终端在业务过程中无线连接的掉线情况，即在业务过程中触发 RRC 重建立，记为一次掉线，若重建失败导致多次连续重建，则只记为一次掉线，或在业务过程中，没有触发 RRC 重建立，终端返回 RRC IDLE 或脱网状态，则记为一次掉线。业务掉线率是指业务测试中，掉线业务次数占总业务次数的比例，业务掉线是指持续出现 30s 应用层无流量或网络连接主动断开。

5.6.2 分析思路

日常优化中经常会遇到路测掉线或话务统计掉线 TOP 小区处理。针对路测掉线，维护人员可以检查掉线时的 SINR 和 RSRP。如果 RSRP 低，分析 RSRP 低的原因，如天线方位角、倾角设置不合理，阻挡或功率参数设置不当造成服务小区覆盖异常、漏配邻区或邻区配置错误无法切换、切换门限设置不合理造成切换过晚、站间距离过远等。如果 RSRP 正常，SINR 低，维护人员需检查有无干扰或硬件故障，无法定位时可结合后台小区掉线类型统计分析掉线可能原因，也可以通过提取关联指标进行辅助分析，逐步缩小问题范围。

1. 无线问题优化

针对原因值为无线原因的掉线，通常是由于弱覆盖，上行/下行干扰、邻区漏配、设备故障、终端异常等原因导致失步、信令流程交互失败等。

处理步骤：首先优先检查设备告警，确认是否存在硬件故障；其次结合上行 PRB 平均干扰电平、BLER 统计进行干扰分析，确认是否存在干扰；第三，检查参数和邻小区配置，是否存在漏配邻区、邻区定义错误或参数设置问题；第四，结合 MR 统计和测试数据进行覆盖排查，确认是否存在弱覆盖。如果上述检查均正常，且话统数据无法得到有效的结果，则可以通过 CHR 日志或信令跟踪进行深度问题定位，观察是否存在 TOP 用户，以及掉线前服务小区和周边邻区覆盖的情况。

2. 传输问题优化

针对原因值为 TNL 的掉线，通常是由于 eNode B 与 MME 之间传输异常导致，如 S1 接口传输闪断。

处理步骤：首先检查 S1 接口相关告警（SCTP 链路/S1 接口），其次检查 S1 接口 IPPATH 配置是否正确。通过告警排查，核查是否存在传输方面的告警。若存在传输告警，优先按照告警手册的处理建议进行告警恢复。

3．拥塞问题优化

针对原因值为拥塞的掉线，通常是由于 eNode B 侧无线资源不足导致的异常释放，如达到最大用户数。

处理步骤：短期拥塞可考虑打开负载均衡算法/互操作进行业务分流以减轻本小区的负载；长期拥塞则需要通过扩容、规划新站等方法解决。

4．切换掉线

针对原因值为切换失败引起的掉线，主要是由于用户在移动过程中由本小区切出时失败导致的异常释放。

处理步骤：首先检查切换参数设置是否合理，如切换算法开关、切换门限、迟滞等；其次检查邻区关系合理性；第三，切换性能分析，检查相邻小区性能和状态。

一旦某小区出现较多的由于切换出失败导致的掉线，维护人员可以通过特定两小区间的切出统计获知当前站点所在小区与某个特定目标小区的切换失败次数，针对失败次数较高的目标小区，进行邻小区关系合理性核查、切换参数优化，同时检查目标小区性能是否正常。在完成邻小区关系的核查及优化之后，再分析是源小区切换命令 UE 没有收到，还是目标小区随机接入不成功导致的切换掉线。

5．核心网类故障

针对原因值为 MME 引起的异常释放，通常是由于核心网在用户业务保持过程中主动发起的释放所致。

处理步骤：由于该原因为非 E-RAB 侧原因引起，维护人员需要通过核心网侧相关信息进行定位，获取 TOP 小区 S1 接口的跟踪消息；分析核心网主动发起释放的原因值分布，将统计结果及相关信令流程与核心网工程师进行交流，确认原因。

5.6.3　优化流程

全局掉线率指标分析时，宜从时间和空间两个维度，逐步缩小问题范围，定位掉线原因。首先从时间维度分析，统计一段时间以来掉线率和关联指标的变化趋势，分析有无掉线率变化拐点。若在某个时间节点开始出现掉话率指标异常上升，维护人员可检查该时间点有无重大网络调整，如批量参数修改、软件升级等。其次进行空间维度分析，对范围比较大的网络，维护人员可根据地理位置划分为多个区域，如县市公司、网格、不同覆盖场景等，分析是否有特定区域指标恶化，在此基础上根据掉线率和掉线次数进行 TOP 小区分析。掉线事件由于涉及的信令较少，而影响因素又比较多，目前一般根据掉线情况，采用渐进法和排除法进行掉线问题定位，如图 5-18 和图 5-19 所示。

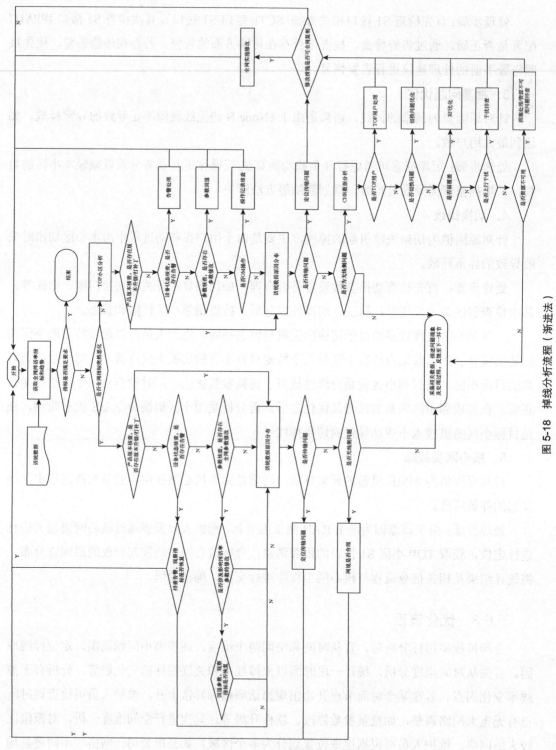

图 5-18 掉线分析流程（渐进法）

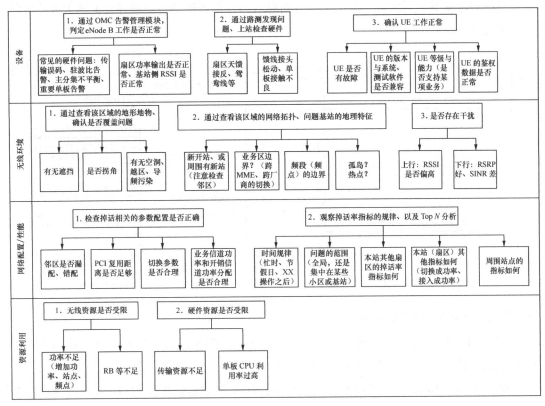

图 5-19　掉线分析流程（排除法）

5.7　切换性能优化

5.7.1　指标定义

1．eNode B 内切换成功率

eNode B 内切换成功率是指统计周期内，小区内 eNode B 内切换出成功次数和 eNode B 内切换出请求次数的比值。eNode B 内切换统计点如图 5-20 所示。

测量点：在 eNode B 内切换过程中，eNode B 源小区向 UE 发送携带移动控制信息的 RRC 连接重配置消息，指示 eNode B 内小区间切换出请求时统计切换请求次数 B。eNode B 目标小区收到 UE 回复的 RRC 连接重配置完成消息，等待切换过程中的缓存数据转发完成时统计切换成功次数 C。

2．eNode B 间 X2 口切换成功率

eNode B 间 X2 口切换成功率是指统计周期内，eNode B 间 X2 口切换出成功次数和 X2 口切换出请求次数的比值。X2 接口切换统计点如图 5-21 所示。

测量点：在 eNode B 间进行 X2 接口切换过程中，源 eNode B 向目标 eNode B 发送的切换请求消息，指示 eNode B 间通过 X2 接口切换出请求时统计切换请求次数 A。源 eNode B

收到目标 eNode B 发送的 UE 上下文释放消息后，等待切换过程中缓存数据转发完成时统计切换成功次数 C。

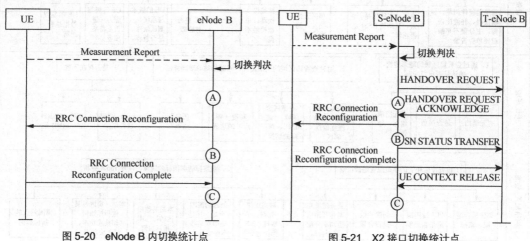

图 5-20　eNode B 内切换统计点　　　　图 5-21　X2 接口切换统计点

3. eNode B 间 S1 口切换成功率

eNode B 间 S1 接口切换成功率是指统计周期内，eNode B 间 S1 口切换出成功次数和 S1 口切换出请求次数的比值。S1 接口切换统计点如图 5-22 所示。

测量点：在 eNode B 间进行 S1 接口切换过程中，源 eNode B 向 MME 发送的切换请求 "HANDOVER REQUIRED" 消息，指示 eNode B 间通过 S1 接口切换出请求时统计切换请求次数 A。源 eNode B 收到 MME 发来的 UE 上下文释放命令消息后，等待切换过程中缓存数据转发完成时统计切换成功次数 C。

4. LTE→3G 切换成功率

LTE→3G 切换成功率是指统计周期内，LTE 到 3G 切换成功次数和 LTE 到 3G 切换尝试次数的比值。图 5-23 所示为 LTE 到 cdma2000 切换的统计。

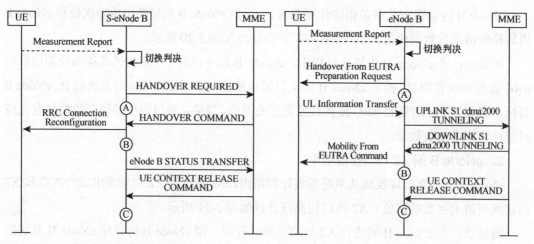

图 5-22　S1 接口切换统计点　　　　　图 5-23　LTE 到 cdma2000 切换统计点

测量点：eNode B 向 UE 发送切换命令消息 "Handover From E-UTRAN Preparation Request"，指示系统间（E-UTRAN→3G）分组域切换请求时统计切换尝试次数 A。UE 切入 3G 系统后，eNode B 收到 MME 发送的 UE 上下文释放命令 "UE CONTEXT RELEASE COMMAND" 消息时统计切换成功次数 C。

5.7.2 分析思路

当出现切换成功率低的问题时，维护人员可首先按照切换问题分类，了解切换问题的范围，然后从硬件、干扰、覆盖、参数配置等方面入手逐一排查解决。优化时一般采用如下步骤进行分段分析，确认原因，从而采取相应的优化方法。

1. UE 发多条测量报告仍没有收到切换命令

首先确认 eNode B 侧配置是否有问题，是否邻区漏配，或基于覆盖的同频/异频切换算法开关有没有打开。

2. 切换过程随机接入失败

首先查看相关的参数配置是否合理。随机接入性能与小区半径配置相关，如果 UE 在目标小区最大接入半径范围之外的地方发起随机接入，很可能出现 preamble 与 RAR 不匹配的问题，导致随机接入失败。

3. 测量报告丢失

判断测量报告丢失是否为上行信道质量差或上行接收通路故障所致。

4. X2_IPPATH 配置错误导致切换失败

源小区发出切换请求消息后出现切换准备失败消息，若失败原因为 "Transport-resource-unavailable"，其原因通常有传输资源不够用、X2_IPPATH 配置错误或没有配置 IPPATH，可结合切换失败原因定位是否是传输配置存在问题。

5. 异频/异系统切换失败

对于异频切换和异系统切换，由于在切换前需要通过启动 GAP 来进行异频或者异系统频点的测量，因此相关人员需要对 A2 参数进行合理配置，保证及时地启动 GAP 测量，从而避免启动 GAP 过晚导致终端来不及测试目标侧小区的信号而掉话，并合理地配置目标小区的门限。

6. 切换失败原因分类

图 5-24 所示为常见的 5 类切换失败问题分类。

优化中经常会遇到切换过晚的现象，这时可以结合现场情况通过调整切换参数加快切换，避免切换过晚导致失败。对于特定两个小区间切换问题，建议修改 CIO 配置参数，避免影响其他小区。

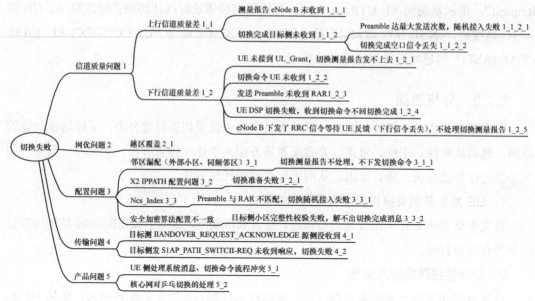

图 5-24　常见切换失败问题分类

5.7.3　优化流程

第一，通过话统分析确定切换失败的范围，如果是所有小区切换成功率低，维护人员要从切换特性参数、网络调整日志、系统时钟等方面来检查问题。

第二，过滤出切换成功率低且切换失败次数高的 TOP 小区，进行重点分析。

第三，查询切换性能测量中的出小区切换性能。分析问题小区邻区级切换统计，找出是往哪些小区切换时失败的。定位到切入失败高的小区后，检查目标小区性能是否正常，如是否存在设备告警、干扰或拥塞等。

第四，查询切换参数配置是否正常，维护人员可以和正常小区的参数配置进行对比分析。以某次路测为例，占用小区 A 后，测量报告显示多个邻区信号很好，但一直没有收到切换命令，结合测量配置信息检查已做了邻区关系，后检查发现小区 A 因基于覆盖的切换算法开关没有打开而导致失败。

实际优化中，如果是多个小区切换性能异常建议对切换失败高的小区进行 GIS 呈现，分析这些小区分布有无规律，如 TAC 边界、MME 交界处，或集中某个区域等。其次从切入失败角度分析，例如某个小区故障，会造成周边多个小区切出性能恶化，这样从切入角度更容易定位切换失败根源小区。

测试中遇到的切换问题，维护人员可结合后台小区切换性能统计、后台信令联合分析。切换优化流程如图 5-25 所示。

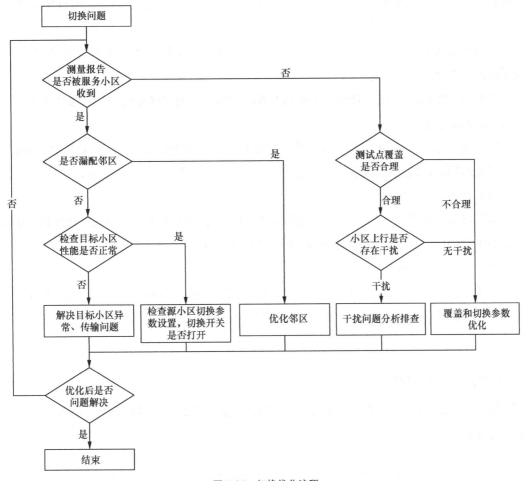

图 5-25　切换优化流程

5.8　吞吐率优化

5.8.1　指标定义

吞吐率定义：单位时间内下载或上传的数据量。

吞吐率公式：吞吐率=∑下载或上传数据量/统计时长。

吞吐率主要通过如下指标衡量，不同指标的观测方法一致，测试场景选择和限制条件有所不同。

（1）单用户峰值吞吐率

单用户峰值吞吐率以近点静止测试时，信道条件满足达到 MCS 最高阶以及 IBLER 为 0，采用 UDP/TCP 灌包，使用 RLC 层平均吞吐率进行评价。

（2）单用户平均吞吐率

单用户平均吞吐率以移动测试（DT）时，采用 UDP/TCP 灌包，使用 RLC 层平均吞吐率进行评价。移动区域包含近点、中点、远点区域，移动速率建议控制在 30km/h 以内。

（3）单用户边缘吞吐率

单用户边缘吞吐率是指移动测试，进行 UDP/TCP 灌包，对 RLC 吞吐率进行地理平均，以下面两种定义分别记录边缘吞吐率。

定义 1：以 CDF 曲线（Throughput vs SINR）5%的点为边缘吞吐率，一般用于在连续覆盖下路测的场景。

定义 2：以 PL 为 120 定义小区边缘，此时的吞吐率为边缘吞吐率。此处只定义 RSRP 边缘覆盖的场景，假定此时的干扰接近白噪声，此种场景类似于单小区测试。

（4）小区峰值吞吐率

小区峰值吞吐率测试时，用户均在近点，信道质量满足达到最高阶 MCS，IBLER 为 0，采用 UDP/TCP 灌包，通过小区级 RLC 平均吞吐率观测。

（5）小区平均吞吐率

小区平均吞吐率测试时，用户分布一般类似 1:2:1 分布，其中近点/中点/远点 RSRP 定义为−85dBm/−95dBm/−105dBm。采用 UDP/TCP 灌包，通过 OMC 跟踪小区 RLC 吞吐率观测得到。

5.8.2　分析思路

图 5-26 所示为吞吐率端到端分析示意，包含数据传输路由涉及的网元，以及潜在影响速率的因素。

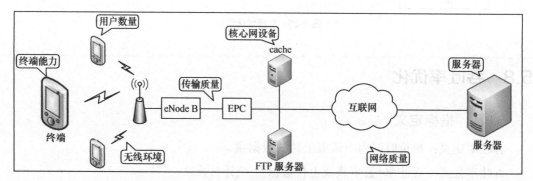

图 5-26　吞吐率端到端分析

影响用户吞吐率的直接因素主要有 3 方面：调度次数、传输块大小和传输模式，如图 5-27 所示。其中，传输块大小由可用 PRB 数、调制编码方式、UE 能力和开户信息共同决定。小区带宽（可用 RB 数）决定了最大可以使用的频谱资源，调制编码方式决定了频谱效率。UE 能力和开户速率决定了系统侧给终端分配的资源；调度次数与时隙、子帧配比和数据流量是否充足相关；传输（MIMO）模式主要考虑是分集发射，还是空间复用等。

日常优化中，维护人员宜首先分析 RF 侧是否存在弱覆盖或干扰，确保 RF 性能正常，可先判断 RSRP 值是否正常，如果存在弱覆盖，优先解决覆盖问题；如果 RSRP 值良好，SINR 值低，可判断为干扰，进行干扰分析排查，在此基础上再判断是否存在资源受限问题。

在排除 RF 侧问题后，维护人员再判断该数据传输业务是 UDP 业务还是 TCP 业务，如果当前是 TCP 流量不足，则先用单线程 UDP 上下行灌包探路，看 UDP 上下行流量能否达到峰值，此举是为了确认数据传输路由是否存在网卡限速、空口参数配置错误等因素影响。一般来说 UDP 无法达到峰值，TCP 流量也很难达到。UDP 流量问题定位，可采用追根溯源法，即从服务器到 UE 逐段排查。其次如果 UDP 流量能够达到峰值而 TCP 不能达到，则将问题原因锁定到 TCP 本身传输机制上。

端到端排查，一般可以按照数据传输路由进行逐段排查：服务器→核心网→传输链路→eNode B→UE，如图 5-28 所示。

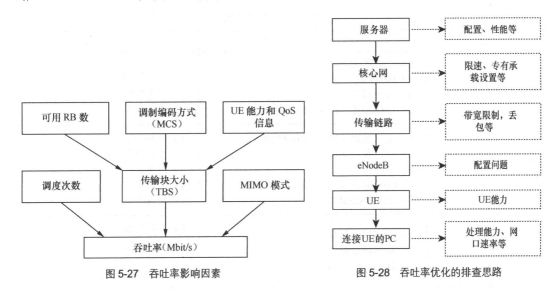

图 5-27　吞吐率影响因素　　　　　　　　图 5-28　吞吐率优化的排查思路

结合优化经验，对 UE 下行速率受限常见的可能原因进行归类，主要有以下几种情况。

（1）终端设备问题，如终端能力、PC 性能、TCP 窗口设置、FTP 软件设置等问题。

（2）空口无线环境问题。

（3）小区用户数多，资源不足问题。

（4）核心网 AMBR（聚合最大比特速率）开户速率太小。

（5）服务器性能、基站参数配置、传输问题等。

在外部局点测试时，核心网与 eNode B 之间的传输网络可能十分复杂，经常存在丢包及传输带宽受限的情况，因此维护人员在进行测试前有必要了解清楚传输网络的拓扑结构、带宽配置、有无丢包等，同时开户限制、信道质量差、调度问题、终端问题也是吞吐率测试中经常遇到的问题。针对吞吐率问题可按照下面的步骤定位。

（1）通过基站侧信令跟踪检查开户信息，核心网是否有其他特殊配置（如建立专有承载、限速等），或咨询核心网人员。

（2）检测信道质量是否满足要求（峰值测试时需要 SINR>25dB，误块率为 0）。

（3）检查连接 UE 的业务 PC 性能是否满足要求以及 UE 侧配置是否正确。

（4）在数据源充足及信道条件较好的前提下查看调度是否充足。

（5）检查服务器性能，是否能平稳地灌出足够的包。

（6）检查传输链路是否有带宽受限的网元。

当发现传输带宽受限时，维护人员首先需要检查传输链路的设备能力及接口配置参数是否存在瓶颈，若正常则需要在传输链路上进行分段抓包，逐段排查找出带宽受限的节点。表 5-3 所示为影响移动台上传、下载速率的常见因素。

表 5-3 影响传输速率的常见因素

网元	影响传输速率的因素	问题根源
UE	（1）终端能力 （2）PC 性能 （3）TCP 设置 （4）软件配置（FTP 配置，防火墙）	（1）硬件性能 （2）参数设置 （3）软件限制
空中接口 Uu	（1）空口编码（MCS/MIMO/BLER） （2）空口资源（Grant/RB） （3）空口时延 （4）QoS 配置（UE-AMBR） （5）RSRP/SINR	（1）参数配置错误 （2）业务容量受限 （3）弱覆盖 （4）干扰 （5）切换异常
eNode B	（1）基站速率限制 （2）基站处理能力 （3）算法特性限制	（1）参数配置 （2）工程问题 （3）基站故障 （4）软件版本问题
PTN 传输	（1）带宽限制 （2）大时延、抖动 （3）丢包、乱序	（1）参数配置 （2）容量或能力限制 （3）传输质量问题
SAE GW	（1）开户配置 （2）速率限制 （3）乱序	（1）参数配置 （2）设备故障 （3）版本问题
IP 传输 PGW-服务器	（1）流量控制 （2）公网带宽限制	（1）TCP 参数配置 （2）容量限制
远端服务器	（1）服务器能力 （2）TCP 参数 （3）软件设置	（1）硬件性能 （2）参数设置

5.8.3　优化流程

吞吐率总体优化流程如图 5-29 所示。

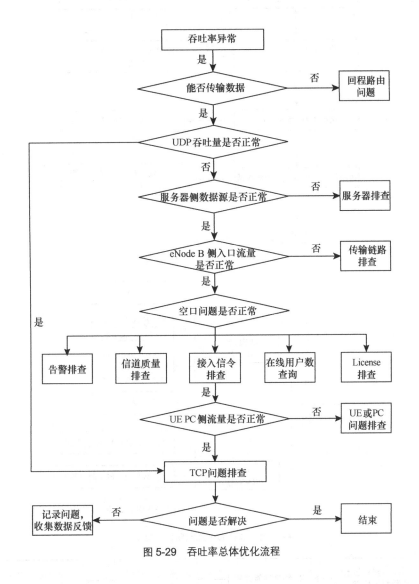

图 5-29　吞吐率总体优化流程

图 5-30 所示为 DT/CQT 测试时出现吞吐率低问题时的优化分析思路,常见原因有覆盖、干扰和容量三大类。优化时维护人员可结合问题起因采取对应的优化措施,如图 5-31 所示。

在排除 RF 侧问题后,维护人员可从协议、算法、参数配置等方面采用逐层分析,先从物理层开始,再到 MAC,再到应用层分段分析,如图 5-32 所示。

（1）先看站点有无告警、参数配置是否正常。

① 告警检查,若存在影响性能的告警,结合告警手册进行告警排查。

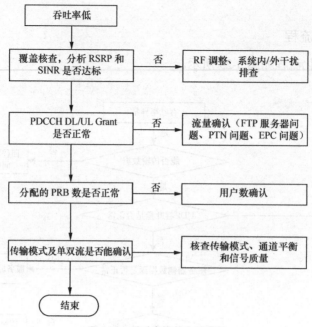

图 5-30　吞吐率优化分析思路

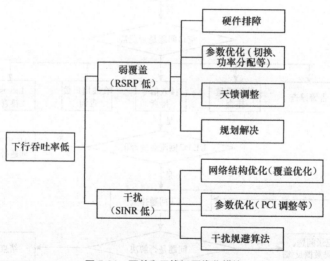

图 5-31　覆盖和干扰问题优化措施

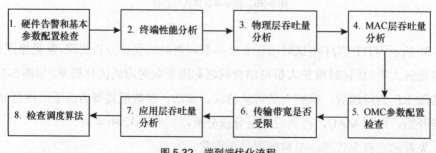

图 5-32　端到端优化流程

② 检查 eNode B 参数配置，避免带宽和天线数等基本配置不合理造成的吞吐量问题。

（2）更换测试设备，确认是否测试终端问题。

（3）观察物理层吞吐量是否正常。

现场测试检查无线信号质量是否满足要求。无线信号质量差，必然导致吞吐量降低，维护人员可找个近点测试，观察结果是否正常。

① 近点结果正常，继续定位远点问题，可能小区边缘干扰导致吞吐量恶化，寻找干扰源，进行 RF 优化。

② 近点结果异常，则定位近点问题，检查终端能力，判断当前速率是否已接近理论峰值。

（4）观察 MAC 层吞吐量是否正常。

MAC 层吞吐量结果异常，可能是大量 HARQ 重传导致，表现为 BLER 过高；也可能是 MCS 过低造成，或者是 PRB 有剩余（用户面应用层实际上有数据请求，但是空口没有达到满负荷）。

① BLER 过高，可能是 RSRP 过低或干扰等因素引起，需要进行 RF 优化。

② PRB 有剩余，进入步骤（6）。

③ 对于个别用户，以上两种情况都不是，进入步骤（7）。

（5）检查参数配置。

下行吞吐量低时检查，PDSCH 相对于 RS 的功率偏置是否过低，上行吞吐量低时检查 P0 和 Alpha 参数配置是否合理。

（6）检查传输带宽是否受限。

检查传输链路的设备能力及接口配置参数是否存在瓶颈，如果正常则需要在传输链路上进行分段抓包，逐段排查找出带宽受限的节点。从 UE 侧 ping 包经传输、S-GW、P-GW 到 PDN 服务器，检查 ping 包时延和丢包情况。如果出现超时和丢包，再逐段分析丢包出现的位置。如果不正常，即有大量丢包，说明传输存在问题，再逐段排查。

（7）检查核心网侧是否存在配置错误。

核心网 QoS 配置有问题或者 eNode B 接纳控制问题都会导致大量拥塞。

5.8.4　Iperf 工具使用方法

Iperf 是基于客户/服务器的网络性能测试工具，维护人员可以使用 TCP 或 UDP 进行测量。TCP 可用于测量网络带宽、MTU 以及指定 TCP 窗口大小。UDP 可用于测量指定 UDP 流的带宽，并测量分组丢失、延迟等参数。下文以下行 UDP 灌包为例演示基本的操作步骤（从服务器向终端灌包）。

1. 登录服务器

PC 机连接终端并连接成功后，运行 mstsc 进入远程桌面连接，如图 5-33 所示，输入 IP 地址。

连接后输入密码：Admin123，如图 5-33 所示，单击"确定"按钮即进入服务器界面。

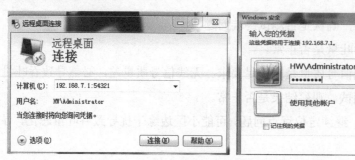

图 5-33　输入 IP 地址

2. 查看 PC 端 IP 地址

PC 机连接终端，运行 cmd 进入 DOS 界面，ipconfig 查看本机 IP 地址为：10.158.0.126，如图 5-34 所示。此时，如果 IP 地址网段不是 10.158，需要拔掉终端尝试重新连接，否则会导致灌包不成功。

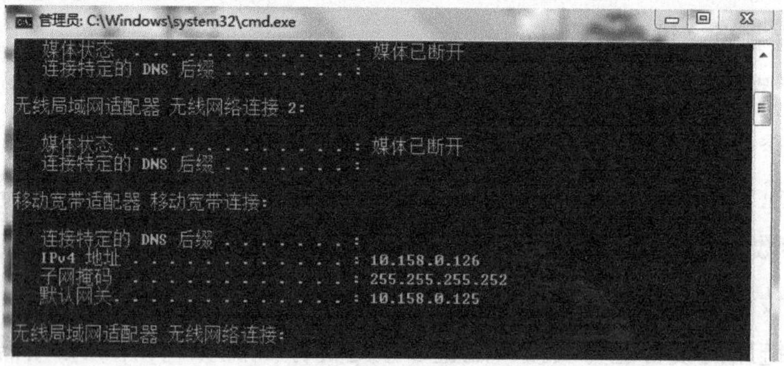

图 5-34　查看 PC 端 IP 地址

3. 设置服务器端 Iperf（作为 Iperf Client）

由于 Iperf 在服务器的 D 盘根目录下，打开 DOS 窗口返回到根目录后，输入命令：

```
Iperf -c 10.158.0.126 -u -b 100m -i 1 -t 600 -p 5321 -P 1
```

命令执行成功后，Iperf Client 开始向终端发送 512KB 测试数据。如果执行失败，尝试更改端口号（可能是该端口被占用）重新执行，如图 5-35 所示。

4. 设置终端侧 Iperf（作为 Iperf Server）

将 iperf.exe 复制到 PC 机 C 盘根目录下，打开 DOS 窗口切换到 C 盘根目录下，输入命令：

```
iperf -s -u -i 1 -t 99999 -p 5321 -P 1
```

命令执行成功后，Iperf Server 正常运行，接收 Iperf Client 传过来的测试数据，如图 5-36 所示。

上行 UDP 灌包（从终端向服务器灌包）过程与下行 UDP 灌包类似，区别是与终端连接的 PC 机作为 Iperf Client 向服务器端发送测试数据（服务器 IP 地址为：192.168.7.1）。服务器作为 Iperf Server 接收数据。

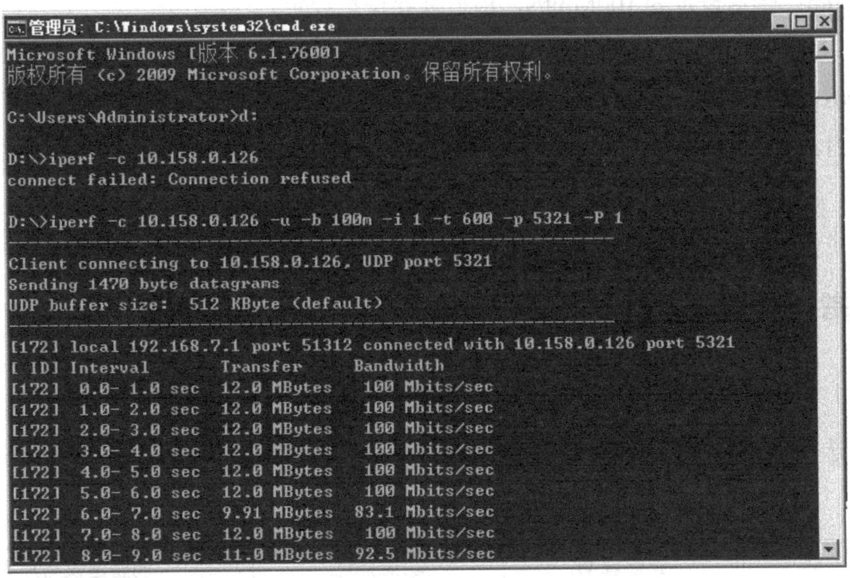

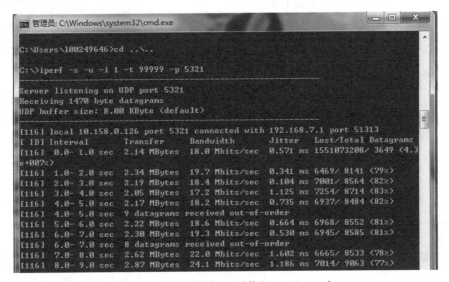

图 5-35　设置服务器端 Iperf（作为 Iperf Client）

PC 端命令：Iperf -c 192.168.7.1 -u -b 100m -i 1 -t 600 -p 5321 -P 1。

服务器端命令：Iperf -s -u -i 1 -t 99999 -p 5321 -P 1。

图 5-36　设置终端侧 Iperf（作为 Iperf Server）

参数说明如下。

-c 10.158.0.126：Iperf 以 Client 模式运行，连接到 Iperf 服务器端主机上（IP 是 10.158.0.126）。

-s：Iperf 以 Server 模式运行，接收测试数据。

-u：UDP 灌包。

-b 100m：带宽设定为 100Mbit/s，根据需要任意设定。

–i 1：interval，周期性带宽报告打印的时间间隔是 1s。

-t 600：灌包时间为 600s。

-p 5321：端口号。任意设定大于或等于 5 000 的数值（服务器端和终端的端口号必须一致）。

-P 1：启用 1 个线程，可任意设定多个线程。

5.9　常用小区参数

5.9.1　小区选择与重选

小区选择和重选参数如表 5-4 所示。

表 5-4　　　　　　　　　　　　　　小区选择与重选参数

参数名称	参数说明	功能描述	调整建议与原则
参数名称： 小区选择的最小信道要求； 协议名称： q-RxLevMin； 取值范围： −140～−44； 单位：2dBm； 默认值：−120	小区内 UE 的最小接收功率（配置时 q-Rxlevmin 应该参考 UE 的接收灵敏度） q-RxlevMin： INTEGER（−70,…,−22） 换算说明： 36.331 协议中规定 *Actual value=IE value× 2dBm*	要求 UE 的接收功率必须大于最小接收功率后方可接入	设置该值的目的是避免 UE 在接收信号电平很低的情况下接入系统，而接入后却无法为用户提供满意的通信质量且无谓地浪费网络的无线资源。对该参数的设置应结合运营商的服务策略，即兼顾覆盖边缘的接入概率和通话质量。该值设置时需要考虑小区的大小、小区的覆盖情况、背景噪声等因素。 减小该参数会扩大小区的允许接入范围，但此时通话质量可能会比较差。因此从网络性能评估的角度看，该值设置太低会导致覆盖边缘由于信号强度太弱而造成掉线升高；设置太高会形成覆盖盲区。此外，对应干扰噪声较大的地区，相关人员应适当提高该值以保证通话质量
参数名称： 上行链路最大发射功率； 协议名称： p-Max（可选）； 取值范围： −30～33； 单位：dBm； 默认值：23dBm（协议 36.101 上规定的最大值）	UE 允许使用的最大上行链路发射功率。 换算说明：无	用于限制 UE 在此小区内的发射功率	该参数的设置关系到 UE 接入成功率、控制干扰等，设置过大时，在基站附近的 UE 会对本小区造成较大的干扰，影响小区中其他 UE 的接入和通信质量；在确保小区边缘处 UE 有一定的接入成功率的前提下，尽可能减小 UE 的接入电平。 该参数为可选参数，如果不出现，则默认为 36.101 协议中规定的对应频段上的对应功率等级（功率等级为 3）的 UE 的最大输出功率

参数名称	参数说明	功能描述	调整建议与原则
参数名称： 同频小区测量门限； 协议名称： s-IntraSearch （可选）； 取值范围： 0~62； 单位：2dB； 默认值：6dB	定义空闲终端在何种情况下发起对同频邻小区的测量。 SIntraSearch： INTEGER（0,…,31）； 换算说明： 36.331 协议中规定 *Actual value=IE value×2dB*	当终端测得的服务小区的信号质量（S 值）低于该门限值时，开始进行同频邻小区的测量和重选过程	若该值取值过大，对相邻小区的测量发起早，增加了 UE 的开销，减少了待机时间，并且满足小区重选条件的小区概率增加，容易导致小区重选频繁。若该值取值过小，对相邻小区的测量发起晚，尽管减少了 UE 的开销及耗电量，但可能会使 UE 不能及时地驻留在最好的小区，所以在取值时需适中选择。 该参数为可选参数，如果不出现，则默认为要启动对同频邻小区的重选测量
参数名称： 非同频测量门限； 协议名称： s-NonIntraSearch（可选）； 取值范围： 0~62； 单位：2dB； 默认值：4dB	定义空闲终端在何种情况下发起对较低（包括相等）优先级的 E-UTRAN 异频频点或 inter-RAT 频点邻小区的测量。 SNoIntraSearch： INTEGER（0,…,31）； 换算说明： 36.331 协议中规定 *Actual value=IE value×2dB*	当终端测得的服务小区的信号质量（S 值）低于该门限值时，开始进行较低（包括相等）优先级的 E-UTRAN 异频频点或 inter-RAT 频点邻小区的测量和重选过程	参见"同频小区测量门限"参数设置
参数名称： 小区重选定时器； 协议名称： Treselection； 取值范围： 0~7； 单位：s； 默认值：3s	定义小区重选的一个判决时间。 换算说明：无	仅当新小区的质量持续好于服务小区 Treselection 时间后，UE 才可以重选，避免不必要的、频繁的重选动作	该参数取值过大，可能会使 UE 长期处于接收信号恶劣的情况下，而不能及时重选到信号质量好的小区；取值过小，会导致频繁的不必要的小区重选
参数名称： 当前服务小区重选滞后量； 协议名称：q-Hyst； 取值范围： 0~24； 单位：dB； 默认值：2dB	同频或等优先级异频小区重选中，计算服务小区信号质量的迟滞因子。 换算说明：无	主要目的是避免频繁的小区重选，仅用于 E-UTRAN同频或等优先级异频小区重选	目的是提高服务小区的优先级，降低小区重选的次数，减少不必要的位置更新，减轻信令负荷。可以根据服务小区的情况对该值进行相应调整。例如，某一小区业务量过载或小区处于拥塞状态，可以相应调低该小区的 q-Hyst 值，使小区重选容易发生，从而达到均衡业务量及防止小区进一步拥塞的目的

参数名称	参数说明	功能描述	调整建议与原则
参数名称：小区偏置；协议名称：q-OffsetCell、q-OffsetFreq（可选）取值范围：−24～24单位：2dB；默认值：0dB	邻区参数 q-OffsetCell 表示本地小区与同频邻区之间的小区偏置；q-OffsetFreq 是异频频点相对于服务频点的偏移。换算说明：$Actual\ value = IE\ value × 2dB$	同频情况下：$Qoffset = q\text{-}OffsetCell$；异频情况下：$Qoffset = q\text{-}OffsetCell + q\text{-}OffsetFreq$	用于控制小区重选的难易程度，参数值越大，越难重选到此邻区。当该参数配置为非 0dB 时，在系统消息 SIB4 中下发，参考 3GPP TS 36.331；当该参数配置为 0dB 时，不在系统消息 SIB4 中下发，UE 在重选判决时按照该值为 0dB 处理，参考 3GPP TS 36.304

4G 小区异频/异系统重选参数如表 5-5 所示。

表 5-5　　　　　　　　　　　　　　4G 小区异频/异系统重选参数

参数英文名称	参数中文名称	参数解释	调整影响
CellReselPriority	异系统/异频重选优先级配置	该参数表示小区重选优先级，0 表示最低优先级，在系统消息 SIB 6～8 中下发	参数设定为 0～7 中一个值该值越大，越容易触发 UE 重选到该小区
QRxLevMin	最低接收电平换算说明：$Actual\ value\ (gsm) = -115 + IE\ value × 2dBm$$Actual\ value\ (utra) = 1 + IE\ value × 2dBm$$Actual\ value\ (eutran) = IE\ value × 2dBm$	该参数表示服务小区或邻区定义的最低接入电平，应用于 S 准则，用于计算 Srxlev。在进行重选判决时，使用 UE 测得的目标小区的测量值减去本参数值和功率补偿值，得到 Srxlev，如果 Srxlev 在重选延迟时间内，总是大于重选目标小区的电平门限，则 UE 重选至该目标小区。参数使用细节参见 3GPP TS 36.304	增加某小区的该值，则 UE 选择该小区的难度增加，反之亦然
SNonIntraSearch	异系统/异频测量启动门限换算说明：$Actual\ value = IE\ value × 2dB$	该参数表示异频/异系统小区重选测量启动门限，步长为 2dB。对于重选优先级大于服务频点的异频/异系统，UE 总是启动测量；对于重选优先级小于等于服务频点的异频或者异系统小区，仅在 Srxlev 小于或等于该值时，UE 启动该异频/异系统测量	增加该值，则降低异频或异系统小区测量触发难度，反之亦然。电平换算：$QrxLevMin,s + IE\ value × 2\ (dBm)$
ThreshXHigh	高优先级重选门限值换算说明：$Actual\ value = IE\ value × 2dB$	该参数表示异频或异系统频点高优先级重选门限值，被评估的邻区 Srxlev 值大于高优先级重选门限，则 UE 可以重新至该小区。详细介绍参见协议 3GPP TS 36.304	增加该值，则增加选择该小区选择难度，反之亦然。电平换算：$QrxLevMin,n + IE\ value × 2\ (dBm)$
ThreshXLow	低优先级重选门限值换算说明：$Actual\ value = IE\ value × 2dB$	该参数表示异频或异系统频点低优先级重选门限值。UE 启动对目标频点下小区的小区重选测量后，如果目标低优先级小区的 Srxlev 一直高于该门限，则 UE 可以重选至该小区。详细介绍参见协议 3GPP TS 36.304	增加该值，则增加选择该小区难度，反之亦然。电平值换算：$QrxLevMin,n + IE\ value × 2\ (dBm)$

参数英文名称	参数中文名称	参数解释	调整影响
ThreshServLow	服务频点低优先级重选门限 换算说明： *Actual value = IE value ×* 2dB	该参数表示向低优先级小区重选时的服务小区低门限值，用来控制选择低优先级的异频或异系统小区重选事件的触发，当服务小区 Srxlev 值低于该值时，才可能重选到低优先级小区。详细介绍参见协议 3GPP TS 36.304	该值越大，则 UE 越容易重选到低优先级的小区。电平换算：*QrxLevMin,s+ IE value × 2 (dBm)*

5.9.2　切换控制

切换控制参数如表 5-6 所示。

表 5-6 切换控制参数

切换类型	参数名称	参数描述	范围	推荐值
通用参数	切换算法开关	该参数主要用来控制各种切换算法的打开和关闭	基于覆盖的同频切换算法开关，基于覆盖的异频切换算法开关，CSFB 开关等	
通用参数	切换模式开关	用来控制各种切换方式的打开和关闭，根据切换方式的开关状态来选择适当的切换策略	VoIP 能力开关，SRVCC 切换方式开关，盲切换开关，重定向，优化切换方式开关等	
同频切换	同频切换迟滞	该参数表示同频切换测量事件的迟滞，即 36.331 协议中 A3 测量报告计算公式中的 Hys	增大迟滞 Hys,将增加 A3 事件触发的难度，延缓切换，影响用户感受；减小该值，将使得 A3 事件更容易被触发，容易导致误判和乒乓切换	3（1.5dB）
同频切换	同频切换偏移量	该参数表示同频切换中邻区质量高于服务小区的偏移值，即 36.331 协议中 A3 测量报告计算公式中的 Off	若为正，将增加 A3 事件触发的难度，延缓切换；若为负，则降低 A3 事件触发的难度，提前进行切换	2（1dB）
同频切换	同频切换触发时长	该参数表示同频切换测量事件的时间迟滞	延迟触发时间的设置可以有效减少平均切换次数和误切换次数，防止不必要切换的发生。延迟触发时间越长，平均切换次数越小，但延迟触发时间的增加会增加掉线的风险	320ms
通用参数	小区偏移量（CIO）	邻区级参数,该参数表示同频邻区的小区偏移量。参考 3GPP TS 36.331	用于控制同频测量事件发生的难易程度，参数值越大越容易触发同频测量报告上报	0（0dB）
通用参数	服务小区偏置（CellSpecific Offset）	该参数表示服务小区的小区偏移量	用于控制服务小区与同频邻区触发切换的难易程度，参数值越小越容易触发测量报告上报。参考 3GPP TS 36.331	0（0dB）

切换类型	参数名称	参数描述	范围	推荐值
异频切换	小区频率偏置（QoffsetFreq）	该参数表示小区频点的特定频率偏置	在测量控制中下发，用于控制服务小区与邻区触发切换的难易程度，参考 3GPP TS 36.331	0（0dB）
异频切换	异频 A1A2 迟滞	该参数表示异频 A1A2 事件的幅度迟滞，即 36.331 协议中 A1A2 测量报告计算公式中的 Hys	增大该参数，将增加 A1A2 事件触发的难度，反之容易触发	3（1.5dB）
异频切换	异频 A1A2 触发时长	该参数表示异频 A1A2 事件时间迟滞	延迟触发时间的设置可以有效减少异频测量的启动次数，防止不必要的异频测量发生。延迟触发时间越长，平均启动异频测量次数越少，但延迟触发时间的增大会增加掉线的风险	640ms
异频切换	异频 A1A2 测量触发类型	该参数表示异频切换 A1A2 事件报告的触发类型。参见协议 3GPP TS 36.331	该触发量分为 RSRP 和 RSRQ。RSRP 测量值比较平稳，随负载变化不大，信号波动小；RSRQ 随负载变化较大，但更能实时跟踪当前小区的质量好坏	RSRP
异频切换	异频 A1 RSRP 门限	该参数表示异频切换测量的 A1 事件的 RSRP 触发门限，即 36.331 协议中 A1 测量报告计算公式中的 Thresh	增大该参数，将增加 A1 事件触发的难度，反之容易触发	−105dBm
异频切换	异频 A2 RSRP 门限	该参数表示异频切换测量的 A2 事件的 RSRP 触发门限，即 36.331 协议中 A2 测量报告计算公式中的 Thresh	增大该参数，将增加 A2 事件触发的难度，反之容易触发	−109dBm
异频切换	异频切换迟滞	该参数表示异频测量事件的幅度迟滞，即 36.331 协议中 A4 测量报告计算公式中的 Hys	增大该参数，将增加 A4 事件触发的难度，反之容易触发	2dB
异频切换	基于覆盖的异频切换 RSRP 门限	该参数表示异频切换测量的 A4 事件的 RSRP 触发门限，即 36.331 协议中 A4 测量报告计算公式中的 Thresh	增大该参数，将增加 A4 事件触发的难度，反之容易触发	−105dBm
通用参数	A4 测量报告类型	该参数表示异频切换事件报告的上报类型，分为 RSRP 和 RSRQ	RSRP 测量值比较平稳，随负载变化不大，信号波动小；RSRQ 随负载变化较大，但更能实时跟踪当前小区的质量好坏	SAME_AS_TRIG_QUAN

续表

切换类型	参数名称	参数描述	范围	推荐值
异频切换	异频切换触发时长	该参数表示异频切换测量事件触发的时间迟滞	当增大该参数值，则切换到异频小区的难度增大，平均切换次数越少，但延迟触发时间的增大会增加掉线的风险；反之亦然	640ms
异频切换	基于负载的异频 RSRP 门限	该参数表示基于覆盖异频切换测量的 A4 事件的 RSRP 触发门限，即 36.331 协议中 A4 测量报告计算公式中的 Thresh	增大该参数，将增加 A4 事件触发的难度；反之容易触发	−103dBm
异频切换	基于频率优先级异频切换 A1 RSRP 门限	该参数表示基于频率优先级的异频切换测量的 A1 事件的 RSRP 触发门限，即 36.331 协议中 A1 测量报告计算公式中的 Thresh	增大该参数，将增加 A1 事件触发的难度；反之容易触发	−85dBm
异频切换	基于频率优先级异频切换 A2 RSRP 门限	该参数表示基于频率优先级的异频切换测量的 A2 事件的 RSRP 触发门限，即 36.331 协议中 A2 测量报告计算公式中的 Thresh	增大该参数，将降低 A2 事件触发的难度；反之较难触发	−87dBm
通用参数	A1 Measurement trigger quantity of Freq Priority	该参数表示基于频率优先级的异频切换 A1 事件报告的触发类型。该触发量分为 RSRP 和 RSRQ	RSRP 测量值比较平稳，随负载变化不大，信号波动小；RSRQ 随负载变化较大，但更能实时跟踪当前小区的质量好坏	RSRP
通用参数	FreqPrior loadBased A4 Measurement trigger quantity	该参数表示基于频率优先级的和基于负载的异频切换 A4 事件报告的触发类型	该触发量分为 RSRP、RSRQ 和 Both。RSRP 测量值比较平稳，随负载变化不大，信号波动小；RSRQ 随负载变化较大，但更能实时跟踪当前小区的质量好坏	RSRP
异频切换	Interfreq A3 offset	该参数表示异频切换 A3 事件的频偏值，用于确定服务小区和邻区的边界	如果增大该值，将增加 A3 事件触发的难度，延缓切换	1dB
异频切换	A3 based interfreq A1 RSRP threshold	该参数表示停止基于 A3 事件的异频测量的 A1 事件 RSRP 触发门限	增大该参数，将增加 A1 事件触发的难度，即延缓停止异频测量；减小该参数，将使得 A1 事件更容易被触发，容易停止异频测量	−95dBm
异频切换	A3 based Interfreq A2 RSRP threshold	该参数表示启动基于 A3 事件的异频测量的 A2 事件 RSRP 门限	减小门限 Thresh，将增加 A2 事件触发的难度，即延缓触发异频测量；增大该值，将使得 A2 事件更容易被触发，容易触发异频测量	−99dBm

续表

切换类型	参数名称	参数描述	范围	推荐值
异频切换	Inter-Freq HO trigger Event Type	该参数表示触发基于覆盖的异频切换的事件类型。在切换算法中，该参数仅用于基于覆盖的异频切换	若选择 A3 事件，可增加同频段异频切换的性能，及时切换，减小干扰；若选择 A4 事件，则可以减少异频段异频切换的切换次数	EventA4
异系统切换	InterRAT A1A2 hysteresis	该参数表示异系统 A1A2 事件的迟滞	增大迟滞 Hys，将增加 A1/A2 事件触发的难度，即延缓停止异系统测量；减小该值，将使得 A1/A2 事件更容易被触发，容易经常启动异系统测量	2dB
异系统切换	InterRAT A1A2 time to trigger	该参数表示异系统 A1A2 事件时间迟滞	延迟触发时间的设置可以有效减少异系统测量的启动次数，防止不必要的异系统测量发生。延迟触发时间越大，平均启动异系统测量次数越少，但延迟触发时间的增大会增加掉线的风险	640ms
异系统切换	InterRat A1A2 measurement trigger quantity	该参数表示异系统切换 A1A2 事件报告的触发类型	该触发量分为 RSRP 和 RSRQ。RSRP 测量值比较平稳，随负载变化不大，信号波动小；RSRQ 随负载变化较大，但更能实时跟踪当前小区的质量好坏。参见协议 3GPP TS 36.331	RSRP
异系统切换	InterRAT A1 RSRP trigger threshold	A1 事件的触发条件：$Ms - Hys > Thresh$，Thresh 是该事件的门限参数	增大门限 Thresh，将增加 A1 事件触发的难度，即延缓停止异系统测量；减小该值，将使得 A1 事件更容易被触发，容易停止异系统测量	−111dBm
异系统切换	InterRAT A2 RSRP trigger threshold	A2 事件的触发条件：$Ms + Hys < Thresh$，Thresh 是该事件的门限参数	增大门限 Thresh，将降低 A2 事件触发的难度，即延缓停止异系统测量；减小该值，将使得 A2 事件更难被触发，容易停止异系统测量	−115dBm
异系统切换	Utran measurement trigger quantity	该参数表示异系统 UTRAN FDD B1 事件测量的值	以 WCDMA 切换的经验，CPICH RSCP 信号强度比较稳定，而 CPICH Ec/No 随网络负载波动较大。选择 RSCP，则可以减少不必要的切换次数	UTRAN_RSCP
异系统切换	CoverageBased UTRAN RSCP trigger threshold	该参数表示基于覆盖异系统 UTRAN 切换 RSCP 的 B1 事件触发门限	当增大该值，则切换到 UTRAN 小区的难度增加；反之亦然	−103dBm
异系统切换	CoverageBased UTRAN EcNo trigger threshold	该参数表示基于覆盖异系统 UTRAN 切换 EcNo 的 B1 事件触发门限	当增大该值，则切换到 UTRAN 小区的难度增加；反之亦然	−20dB
异系统切换	UTRAN time to trigger	该参数表示异系统 UTRAN 切换 B1 事件的时间迟滞	当增大该值，则切换到 UTRAN 小区的难度增加；反之亦然	640ms

切换类型	参数名称	参数描述	范围	推荐值
异系统切换	Load Service Based UTRAN EventB1 RSCP trigger threshold	该参数表示基于负载和业务异系统UTRAN切换RSCP的B1事件触发门限	当增大该值，则切换到UTRAN小区的难度增加；反之亦然	-101dBm
异系统切换	Load Service Based UTRANB1 EcNo threshold	该参数表示基于负载和业务异系统UTRAN切换EcNo的B1事件触发门限	当增大该值，则切换到UTRAN小区的难度增加；反之亦然	-18dB
异系统切换	CoverageBased GERAN trigger threshold	该参数表示基于覆盖异系统GERAN切换RSSI的B1事件触发门限	当增大该值，则切换到GERAN小区的难度增加；反之亦然	-100dBm
异系统切换	GERAN time to trigger	该参数表示异系统GERAN切换B1事件时间迟滞	当增大该值，则切换到GERAN小区的难度增加；反之亦然	640ms
异系统切换	Load Service Based Geran EventB1 trigger threshold	该参数表示基于负载和业务异系统GERAN切换RSSI的B1事件触发门限	当增大该值，则切换到GERAN小区的难度增加；反之亦然	-98dBm
切换开关	Handover Mode switch	该参数用于设置eNode B的切换策略	UtranPsHoSwitch: On/off; UtranRedirect Switch: On/off; GeranRedirectSwitch: On/off	

5.9.3　功率控制

功率控制参数如表 5-7 所示。

表 5-7　　　　　　　　　　　　　功率控制参数

参数名称	参数说明	功能描述	调整建议与原则
参数名称：上行 PUCCH 功控目标 SINR；取值范围：-127~128；单位：dB；默认值：6dB	上行 PUCCH 功控目标 SINR 换算说明：无	该值用于上行PUCCH闭环功控，是PUCCH上行功率功控期望获得的SINR目标值	该参数设置过高，会导致系统PUCCH所在资源上干扰增加；设置过低，会导致PUCCH的接收性能无法保证。建网初期，建议运营商根据厂家默认值配置；后期根据网络优化统计结果进行调整
参数名称：路损补偿系数；协议名称：alpha；取值范围：枚举取值{al0, al04, al05, al06, al07, al08, al09, al1}；默认值：al08	上行 PUSCH/SRS 功控中的路损补充系数。换算说明：无	该参数在终端计算上行 PUSCH/SRS 发送功率时使用	该参数取值越高，路损越能够得到补偿，提高边缘用户上行速率，同时可能导致边缘用户发送功率较高，从而增加整个系统的干扰水平；值值设置过低，会导致边缘用户的路损不能得到很好补偿，边缘用户上行速率低，但是可以降低小区间干扰水平。建网初期，建议运营商根据厂家默认值配置；后期根据网络优化统计结果进行调整

参数名称	参数说明	功能描述	调整建议与原则
参数名称： 非持续调度 PUSCH 期望接收功率； 协议名称： p0-NominalPUSCH； 取值范围： −126～24； 单位：dBm； 默认值：−70dBm	上行 PUSCH（动态调度）/SRS 功控中动态调度的期望接收功率，小区级参数。 换算说明：无	该参数在终端计算上行 PUSCH（动态调度）/SRS 发送功率时使用	该参数设置过高，会导致系统上行干扰水平增加；设置过低，会导致整个小区的上行业务速率低。建网初期，建议运营商根据厂家默认值配置；后期根据网络优化统计结果进行调整
参数名称： PUCCH 期望接收功率； 协议名称： p0-NominalPUCCH； 取值范围：−127～−96； 单位：dBm； 默认值：−112dBm	上行 PUCCH 功控中动态调度的期望接收功率，小区级参数。 换算说明：无	该参数在终端计算上行 PUCCH 发送功率时使用	该参数设置过高，会导致系统 PUCCH 所在资源上干扰增加；设置过低，会导致 PUCCH 的接收性能无法保证。建网初期，建议运营商根据厂家默认值配置；后期根据网络优化统计结果进行调整
参数名称： PBCH 信道 EPRE 与 CRS EPRE 的比值； 取值范围：−3～6dB； 单位：dB； 默认值：0	PBCH 信道 EPRE 与 CRS EPRE 的比值。 换算说明：无	该参数用于计算 PBCH 发送功率	该参数设置越高，PBCH 信道覆盖越远，但是在子帧 PRB 资源占用较满的情况下可能影响同符号的 PDSCH 信号的发送功率，从而影响 PDSCH 的接收性能。建网初期，建议运营商根据厂家默认值配置；后期根据网络优化统计结果进行调整
参数名称： 主同步信号 EPRE 与 CRS EPRE 的比值； 取值范围：−3～6dB； 单位：dB； 默认值：0	主同步信号 EPRE 与 CRS EPRE 的比值。 换算说明：无	该参数用于计算主同步信号发送功率	该参数设置越高，主同步信号覆盖越远，但是在子帧 PRB 资源占用较满的情况下可能影响同符号的 PDSCH 信号的发送功率，从而影响 PDSCH 的接收性能。建网初期，建议运营商根据厂家默认值配置；后期根据网络优化统计结果进行调整
参数名称： 辅同步信号 EPRE 与 CRS EPRE 的比值； 取值范围：−3～6dB； 单位：dB； 默认值：0	辅同步信号 EPRE 与 CRS EPRE 的比值。 换算说明：无	该参数用于计算辅同步信号发送功率	该参数设置越高，辅同步信号覆盖越远，但是在子帧 PRB 资源占用较满的情况下可能影响同子帧的 PDSCH 信号的发送功率，从而影响 PDSCH 的接收性能。建网初期，建议运营商根据厂家默认值配置；后期根据网络优化统计结果进行调整
参数名称： PCH 信道 EPRE 与 CRS EPRE 的比值； 取值范围：−3～6dB； 单位：dB； 默认值：0	PCH 信道 EPRE 与 CRS EPRE 的比值。 换算说明：无	该参数用于计算 PCH 发送功率	该参数设置越高，寻呼信号覆盖越远，但是在子帧 PRB 资源占用较满的情况下可能影响同子帧的 PDSCH 信号的发送功率，从而影响 PDSCH 的接收性能。建网初期，建议运营商根据厂家默认值配置；后期根据网络优化统计结果进行调整

参数名称	参数说明	功能描述	调整建议与原则
参数名称: 承载 SIB 的 DL-SCH 信道的 EPRE 与 CRS EPRE 的比值; 取值范围: -3~6dB; 单位: dB; 默认值: 0	承载 SIB 的 DL-SCH 信道的 EPRE 与 CRS EPRE 的比值。 换算说明: 无	该参数用于计算承载广播的 PDSCH 发送功率	该参数设置越高,广播信号覆盖越远,但是在子帧 PRB 资源占用较满的情况下可能影响同子帧的 PDSCH 信号的发送功率,从而影响 PDSCH 的接收性能。建网初期,建议运营商根据厂家默认值配置;后期根据网络优化统计结果进行调整
参数名称: PCFICH 信道 EPRE 与 CRS EPRE 的比值; 取值范围: -3~6dB; 单位: dB; 默认值: 3	PCFICH 信道 EPRE 与 CRS EPRE 的比值。 换算说明: 无	该参数用于计算 PCFICH 发送功率	该参数设置越高,PCIFCH 信道覆盖越远,但是在控制区资源占用较满的情况下可能影响同子帧的 PDCCH 信号的发送功率,从而影响 PDCCH 的接收性能。建网初期,建议运营商根据厂家默认值配置;后期根据网络优化统计结果进行调整
参数名称: PDSCH 与小区 RS 的功率偏差(P_A); 取值范围: enumerate (-6, -4.77, -3, -1.77, 0, 1, 2, 3); 单位: dB; 默认值: 0	PDSCH 与小区 RS 的功率偏差 (P_A_DCCH)。 换算说明: 无	该参数用于下行功率分配的计算,表示某一 UE 的数据 RE (不含导频的 OFDM 符号内) 功率与导频 RE 功率的比值	对应于协议 36.213 的 P_A,该参数值设置越高,说明给用户的数据 RE 分配的功率越大,在基站总功率不变的情况下,数据 RE 的接收功率增大,可以提升 SINR。建网初期,建议运营商根据厂家默认值配置;后期根据网络优化统计结果进行调整
参数名称: 天线端口信号功率比 (P_B); 取值范围: enumerate (0, 1, 2, 3); 默认值: 1	天线端口信号功率比。 换算说明: 无	该参数用于下行功率分配的计算,表示某一 UE 的 A 类数据 RE (不含导频的 OFDM 符号内) 功率与 B 类数据 RE (含导频的 OFDM 符号内) 功率的比值	对应于协议 36.213 的 P_B,该参数的设置值决定 TypeA 类符号和 TypeB 类符号上的数据 RE 的功率之比,不合理的设置会造成这两类符号上的数据 RE 功率不一致,导致功率资源分配不均衡。建网初期,建议运营商根据厂家默认值配置;后期根据网络优化统计结果进行调整
参数名称: 小区参考信号的功率; 取值范围: (-60,…,50); 单位: 0.1dBm; 默认值: 12dBm	小区参考信号的功率。 换算说明: *actual value=IE value×0.1dBm*	该参数指示小区参考信号的功率 (绝对值)。 小区参考信号用于小区搜索、下行信道估计、信道检测,直接影响到小区覆盖	下行信道的功率设定,均以参考信号功率为基准,因此参考信号功率的设定以及变更,影响到整个下行功率的设定。该参数设置过大,会造成导频污染以及小区间产生干扰;过小,会造成小区选择或重选不上、数据信道无法解调等。建网初期,建议运营商根据厂家默认值配置;后期根据网络优化统计结果进行调整

5.9.4　定时器

常见定时器如表 5-8 所示。

表 5-8　　　　　　　　　　　　常见定时器

参数名称	参数说明	功能描述	调整建议与原则
参数名称：T300； 协议名称：T300； 取值范围：（ms100，ms200，ms300，ms400，ms600，ms1 000，ms1 500，ms2 000） 单位：ms； 默认值：600	UE 在发送"RRC CONNECTION REQUEST"消息后启动此定时器，接收到"RRC CONNECTION SETUP、RRC CONNECTION REJECT"消息后停止。 换算说明：无	当 UE 在上行链路上发送一条"RRC CONNECTION REQUEST"消息后，启动定时器 T300。 当 UE 收到"RRC CONNECTION SETUP"消息时，应停止定时器 T300，并根据收到的信息按规范定义进行后续动作。 当 UE 收到"RRC CONNECTION REJECT"消息时，应停止定时器 T300，启动定时器 T302，T302 超时后，可根据需要重新发起 RRC 连接建立过程。 若定时器 T300 超时，则 UE 的 RRC 连接建立失败	随机接入过程需要一定的时间，如果 T300 设置太小，会降低 RRC 建立成功率。T300 设置过大，会降低资源利用率
参数名称：T301； 协议名称：T301； 取值范围：（ms100，ms200，ms300，ms400，ms600，ms1 000，ms1 500，ms2 000）； 单位：ms； 默认值：600	UE 在发送"RRCConnection R-eestablishment Req-uest"消息后启动此定时器，接收到"RRC-Connection Reestablishment、RRCConnection-Reestablishment-Reject"消息后停止。 换算说明：无	当 UE 在上行链路上发送"RRC ConnectionReestablishmentRequest"消息后，启动定时器 T301。 当 UE 收到"RRC Connection Reesta- blishment"消息时，应停止定时器 T301，并根据收到的信息按规范定义进行后续动作。 当 UE 收到"RRC Connection Reesta blishmen Rejectt"消息时，应停止定时器 T301，释放 RRC 连接进入空闲态。T301 超时，若没有激活安全模式，UE 进入 RRC_IDLE 态，否则发起 RRC 连接重建流程	同"T300"描述
参数名称：T310； 协议名称：T310； 取值范围：（ms0，ms50，ms100，ms200，ms500，ms1 000，ms2 000）； 单位：ms； 默认值：2 000	同步失步判决定时器。 换算说明：无	当 UE 的底层连续上报了 N310 个失步指示后，启动该定时器。在 T310 超时前，底层又连续上报了 N311 个同步指示，或者触发了切换过程，或者开始进行 RRC 连接重建立过程，则停止该定时器。 若 T310 超时，如果安全已激活，则释放 RRC 连接进入空闲态，如果安全未激活，触发 RRC 连接重建立过程	T310、N310 如果设置过小，则可能会在信号质量正常的时候频繁地触发重建过程，如果设置过大，则可能在信号质量已经很差的情况下，迟迟没有重建，导致掉话。N311 设置的越大，保证 RL 下行同步的可靠性，但相应地也会增加 T310 超时的风险
参数名称：N310； 协议名称：N310； 取值范围：（n1，n2，n3，n4，n6，n8，n10，n20）； 单位：次数； 默认值：20	接收底层失步指示最大次数。 换算说明：无	当 RRC 层收到来自底层的 N310 个失步指示，且 T300、T301、T304 和 T311 都没有启动时，启动定时器 T310	

续表

参数名称	参数说明	功能描述	调整建议与原则
参数名称：N311； 协议名称：N311； 取值范围：(n1, n2, n3, n4, n5, n6, n8, n10)； 单位：次数； 默认值：1	接收底层同步指示最大次数。 换算说明： 无	定时器 T310 已经启动时，当RRC 层收到来自底层的 N311 个同步指示，停止 T310	同"T310、N310"描述
参数名称：T304； 协议名称：T304； 取值范围：(ms50, ms100, ms150, ms200, ms500, ms1 000, ms2 000) 单位：ms； 默认值：2 000；	UE 执行切换过程的定时器。 换算说明： 无	UE 接收到切换命令（携带移动性控制参数的 RRC 连接重配消息）时，启动该定时器。 在切换成功完成后停止该定时器。 在 T304 超时时，启动重建立过程	T304 实际上要大于以下时间和：终端收到切换命令后进行目标小区同步的时间、随机接入过程的时间。该值越大，切换成功率相对会增大，同时切换时延会增加
参数名称：T311； 协议名称：T311； 取值范围：(ms1 000, ms3 000, ms5 000, ms10 000, ms15 000, ms20 000, ms30 000) 单位：ms； 默认值：3 000	重建立过程中的重选定时器。 换算说明： 无	UE 触发重建立过程时，启动定时器 T311，在选到合适的小区后停止该定时器。 T311 超时时，UE 释放 RRC 连接进入空闲状态	T311 实际上要大于以下时间和：UE 进行小区搜索的时间，UE 读取 MIB、SIB1、SIB2 的时间。 从多次测试来看，配置 2 000ms 较好

5.10　常用统计项分类

话统 KPI 是对网络性能进行监控和评估的重要手段，是对网络质量的最直观反映。话统 KPI 主要包括以下几大类：接入性指标、保持性指标、移动性指标、业务量指标、网络质量（如干扰、误块率等）、覆盖、调度、系统间互操作和网络资源利用率指标。

通过上述重点话统 KPI 指标的监测，可以达到：突发问题识别、风险提前预警、故障小区原因定位等。以接入类问题分析为例，维护人员可以统计各个信令流程点间对应的统计项 COUNT，然后根据不同信令点间 COUNT 差值定位在流程中哪段出现了问题，或对不同失败原因，如拥塞、无响应等，进行统计，确认低接入原因。

由于篇幅限制，表 5-9 只列出了每类统计中部分统计项，实际应用中可结合厂家手册和事件原因进一步完善。

表 5-9   常见统计项

类别	测量单元	统计项名称	统计项描述
接入性能	接入性能测量	RRC 连接成功率	小区 RRC 连接建立成功次数/RRC 连接建立请求次数×100%
		E-RAB 建立成功率	Init E-RAB 建立成功数目/Init E-RAB 请求建立数目×100%
		RRC 连接尝试次数	小区接收 UE 的 "RRC Connection Request" 消息次数（不包括重发）
		RRC 连接建立成功次数	小区接收 UE 返回的 "RRC Connection Setup Complete" 消息次数
		E-RAB 建立尝试次数	用户尝试发起 E-RAB 建立流程的总次数
		E-RAB 建立成功次数	用户发起 E-RAB 建立流程且建立成功的总次数
掉线率	E-RAB 释放测量	数据业务掉线率（小区）	所有 QCI 类型 E-RAB 异常释放次数/所有 QCI 类型 E-RAB 建立成功次数（包括切换入的 E-RAB 的数目）×100%
		E-RAB 异常释放次数	eNode B 触发的激活的 E-RAB 异常释放总次数
		E-RAB 正常释放次数	eNode B 正常释放 E-RAB 的总次数
		无线原因 E-RAB 异常释放次数	无线层问题导致激活的 E-RAB 异常释放次数
		TNL 原因 E-RAB 异常释放次数	传输层问题导致激活的 E-RAB 异常释放次数
		拥塞原因 E-RAB 异常释放次数	网络拥塞导致激活的 E-RAB 异常释放次数
		切换失败原因 E-RAB 异常释放次数	切换流程失败导致激活的 E-RAB 异常释放次数
		MME 引起的 E-RAB 异常释放次数	核心网问题导致 E-RAB 异常释放次数
切换性能	切换测量	同频切换成功率	同频切换出成功次数/同频切换尝试次数×100%
		异频切换成功率	异频切换出成功次数/异频切换尝试次数×100%
干扰	信道质量测量	上行平均干扰电平	系统上行每个 PRB 上检测到的干扰噪声的平均值
吞吐率	吞吐量或吞吐率测量	上行吞吐量	小区 PDCP 层所接收到的上行数据的总吞吐量
		PDCP 接收上行数据时长	小区 PDCP 层所接收到的上行数据的总时长
		下行吞吐量	小区 PDCP 层所发送的下行数据的总吞吐量
		PDCP 接收下行数据时长	小区 PDCP 层所发送的下行数据的总时长
覆盖	CQI 测量	全带宽 CQI 为 0～15 的上报次数	小区全带宽 CQI 的上报次数
调度	MCS 测量	PUSCH 上 MCS 0～31 索引值的调度次数	对小区的 PUSCH 调度时选择 MCS index 0～31 的次数进行统计
		PDSCH 上 MCS 0～31 索引值的调度次数	对小区的 PDSCH 调度时选择 MCS index 0～31 的次数进行统计

续表

类别	测量单元	统计项名称	统计项描述
2G/3G/4G 互操作	IRATHO 切换出 测量	E-UTRAN 向 2/3G 切换出的尝试次数	当 eNode B 向 MME 发送 "Handover Required" 请求消息，发起向 2/3G 系统切换时，统计 LTE 向 2/3G 切换出的尝试次数
		E-UTRAN 向 2/3G 切换出的执行次数	当 eNode B 向 UE 发送 "Mobility From E-UTRAN Command" 消息通知 UE 向 2/3G 系统切换时，统计 LTE 向 2/3G 切换出的执行次数
		E-UTRAN 向 2/3G 切换出的成功次数	当 eNode B 收到来自 MME 的 "UE Context Release Command" 消息，表明 UE 已经成功接入 2/3G 系统时，统计 LTE 向 2/3G 切换出的执行成功次数
容量分析	PRB 测量	上行 PRB 资源使用的平均个数	以 1s 为采样周期，采样当前上行 PRB 使用个数，在统计周期结束时根据采样值计算上行 PRB 的平均值
		PDSCH PRB 资源使用的平均个数	以 1s 为采样周期，采样当前下行 PRB 使用个数，在统计周期结束时根据采样值计算下行 PRB 的平均值
	用户数测量	平均激活用户数	在小区范围内，定期采样所有 UE（已连接，包括同步和失步），得到此时的用户数，采样周期为 1s，在统计周期末，取这些采样值的平均值作为该指标
VoLTE 性能	接入性能测量	IMS 注册成功率	IMS 注册成功次数/（IMS 注册失败次数+IMS 注册成功次数）×100%；IMS 注册成功是指终端发送 "SIP_REGISTER"，并收到 "SIP_REGISTER 200 OK"
		VoLTE 呼叫接通率	主叫收到 Invite 200 OK 的次数/主叫发起 SIP_Invite 的次数×100%
		呼叫建立时延	每次通话中，主叫 UE 发 "SIP Invite" 后收到网络侧下发的 "SIP 180 Ring" 消息之间的时间差（只统计接通）
	保持性	VoLTE 掉话率	VoLTE 掉话次数/（主叫接通次数+被叫接通次数）×100%
	业务质量	RTP 丢包率	（发送 RTP 数–接收 RTP 数）/发送 RTP 数×100%
		RTP 抖动	相继 RTP 包间的时延变化平均值，即相邻两个包的发送时间和接收时间的时间差的绝对值求和/统计次数
		RTP 端到端时延	从主叫发出到被叫接收的 VoLTE RTP 层数据包时延
	综合指标	全程呼叫成功率	（1–掉线率）×接通率×100%
		VoLTE 覆盖率	RSRP≥–95dBm & SINR≥3dB（LTE 条件采样点/LTE 总采样点×100%）

5.11 典型案例分析

1. 通过调整天馈改善弱覆盖

江三村_2 小区覆盖的长江小区路段的 RSRP（部分路段低于–100dBm）和 SINR（部分路段低于 0dB）都较差，存在切换失败及掉线风险，严重影响业务的正常进行。

问题分析：大地交通基站较低，主要用于热点覆盖。此路段主要由江三村_2小区覆盖，天线安装在单管塔上，天线基本为沿着道路方向覆盖，无明显阻挡。

优化措施：调整江三村_2扇区天线方位角和倾角，调整后复测问题解决。RSRP达到−90dBm，SINR达到11dB，如图5-37所示。

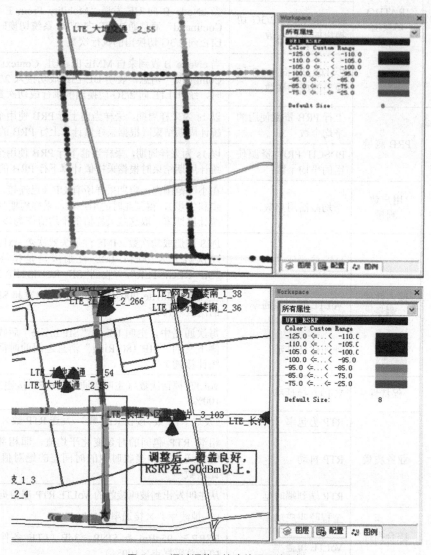

图 5-37　通过调整天馈改善弱覆盖案例

2. 通过调整 RS 功率改善覆盖

由南向北行驶，我们发现终端在小区 424 站下信号很弱，RSRP 很低，出现弱覆盖。

问题分析：终端由南向北行驶，切换到小区 424 后，出现弱覆盖。首先检查基站的天馈情况，天馈工程参数正常，检查小区发射功率后发现小区功率数值只有 9，由于该处的路损比较大，数值基本在 120 左右，所以终端的接收功率很低，造成弱覆盖。

优化措施：增加小区 424 功率数值到 15。复测下行覆盖有明显改善，如图5-38所示。

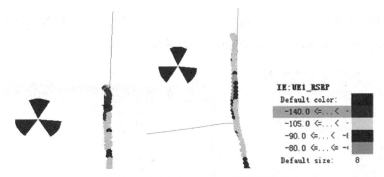

图 5-38　通过调整 RS 功率改善覆盖案例

3．PCI 干扰优化

从南往北行驶，UE 占用浦建材 3（PCI=101）上掉线 1 次，随后在住总 3（PCI=125）上重新开始业务，再掉线，再在浦吉瑞 3（PCI=188）上进行业务。在这短短 800 多米的路上掉线 3 次，掉线时服务小区的 SINR 在−8dB～−15dB。

问题分析：3 个小区覆盖相连，且 PCI 模三后都是 2，存在模三干扰。

优化措施：修改住总 3 的 PCI，从 125 到 124。调整后复测，切换顺利，未发生掉线，SINR 明显提升，如图 5-39 所示。

图 5-39　PCI 干扰优化案例

4．IPPATH 设置不正确导致接入失败

网络侧完成安全配置与 UE 能力的获取后向基站侧申请 GTP-U 资源。如果申请资源失

败，则会向核心网返回初始上下文建立失败消息"INITIAL_CONTEXT_SETUP_FAIL"，原因值"Transport Resource Unavailable(0)"，如图 5-40 所示。

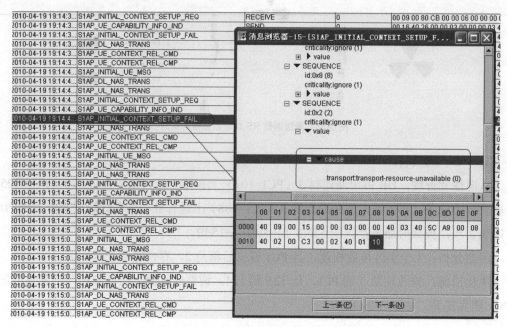

图 5-40　IPPATH 设置不正确导致接入失败案例

可能原因：MML 中的 IPPATH 配置错误，初始上下文建立请求消息中传输层地址 TransportLayerAddress 的信元值与规划配置的 IPPATH 值不一致。

通过 IFTS 跟踪，查到释放前的消息中存在"GTP-U Setup Fail"，通过核查确认 IPPATH 配置存在问题，重新配置 IPPATH 后问题解决。

5．CIO 配置不合理导致掉话

站点 1213 中小区 4 切换到站点 1252 的小区 9 过程中，未完成切换流程就出现重建，导致切换失败，业务中断几秒后，UE 重建接入小区 9，数据传输恢复。

对于切换失败问题，可以通过以下几个方面进行定位。

（1）从覆盖角度考虑，如果在切换点上存在覆盖问题，表现为某区域由于建筑物等遮挡，导致 UE 在该区域内出现信号电平的大幅抖动，导致切换失败。

（2）从配置角度考虑，如果邻区漏配、配置错误、切换参数配置不合理可能导致切换失败，如切换开关、切换门限、切换时间迟滞、切换 CIO 设置等，这些参数设置不合理都有可能造成过晚切换而引起失败。

（3）从传输角度考虑，如 eNode B 到核心网 S1 接口的传输、两个站间 X2 接口的传输，若传输资源不足，配置错误或故障也会造成切换失败。

如图 5-41 所示，从 4 向 9 移动在右转拐弯后是切换带，终端上报测量报告，此处存在快衰落，基站收不到测量报告或还没来得及完成切换，导致切换失败。

Type	Value
RSRQ(dB)	-15
RSSI(dBm)	-51
PUSCH Power(dBm)	6.59
PUCCH Power(dBm)	23.00
RACH Power(dBm)	0.00
SRS Power(dBm)	16.38
Power Headroom(dB)	15
PDCCH UL Grant Count	196
PDCCH DL Grant Count	906
Average SINR(dB)	-6.98
Rank1 SINR(dB)	-4.07
Rank2 SINR1(dB)	-7.61
Rank2 SINR2(dB)	-7.61
Rank3 SINR1(dB)	

图 5-41　CIO 配置不合理导致掉话案例

从消息跟踪结果来看，UE 测量到目标小区的 RSRP 与服务小区的 RSRP 差值超过切换门限，且 UE 已上报测量报告，但是源小区信号电平下降太快，没有收到测量报告，从而使 UE 只能在目标小区发起随机接入过程。根据现有情况分析，基站安装位置难以更改，天线调整也起不到作用，这时维护人员可以考虑通过调整切换参数，加快切换。

因为切换门限和迟滞时间都涉及多个小区，且在和其他小区的切换中不存在这种需要提前切换的问题，所以不建议修改。查看 CIO 配置，该配置默认值都为 0，将邻区 9 的小区偏置修改为 2dB。经过数次测试发现，切换恢复正常。

6. 参数配置错误导致切换失败

测试终端占用德信早城_3，邻区 RSRP 已强过 13dBm，上报测量报告，请求切换至铭和苑探梅坊_2，网络侧一直没有下发切换命令，最终切换失败，如图 5-42 所示。

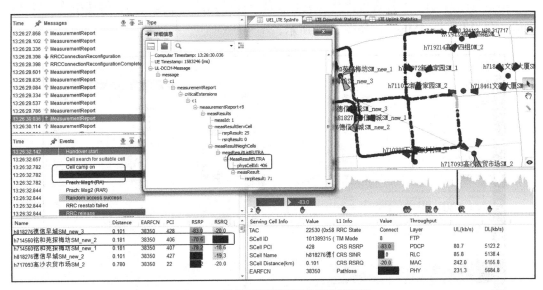

图 5-42　参数配置错误导致切换失败案例

后台信令跟踪发现目标小区号配置错误，如图 5-43 所示。

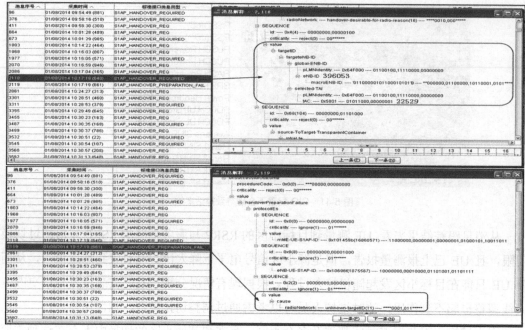

图 5-43　切换准备失败消息

参数检查发现外部小区"h714560 铭和苑探梅坊 SM"的 TAC 信息配置错误。德信早城外部小区中"h714560 铭和苑探梅坊 SM"的 TAC 为 22529，而"h714560 铭和苑探梅坊 SM"本站配置 TAC 为 22530。调整后复测，切换正常，问题解决。

7．时隙配比不一致导致上行吞吐率低

单站验证的过程中，在进行上传业务时发现下面站点的 3 个扇区的传输速率均比较低，只能达到 2Mbit/s～5Mbit/s，如图 5-44 所示。

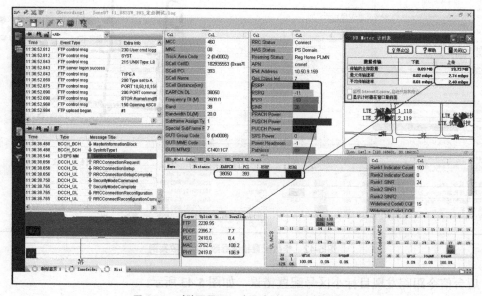

图 5-44　时隙配置不一致导致上行吞吐率低案例

测试中显示 BLER 较高，MCS 较低。经过核查发现滨江电力 3 小区的 TDD 帧配置为 2，即时隙配比为 3:1，而周边基站均为 2:2。在 LTE 网络，网络时隙配比需一致，否则会造成较大的交叉时隙干扰，影响业务指标。将 3 小区的时隙配比 TDD 帧配置改为 1 后，分别验证 3 个小区的上传速率，均达到了 15Mbit/s 以上。

8. 传输问题导致下行吞吐率低

单站验证的过程中，对某站进行定点的上传和下载业务，发现即使在覆盖"极好点"，该站的下载速率依旧只有 8Mbit/s～10Mbit/s，达不到测试的要求，如图 5-45 所示。

极好点	RSRP	>–85dBm	SINR >22dB
好点	RSRP	[–85, –95]dBm	SINR [15,20]dB
中点	RSRP	[–95, –105]dBm	SINR [5,10]dB
差点	RSRP	[–105, –115]dBm	SINR [–5, 0]dB

在该站采用不同的计算机分别在不同的极好点进行测试，下载速率均只能达到 8Mbit/s～10Mbit/s。根据 RSRP 和 SINR 值，我们可排除无线环境的因素。检查计算机网卡设置，设置正常，见表 5-10，排除计算机本身的网卡设置导致无法达到要求的上传速率。

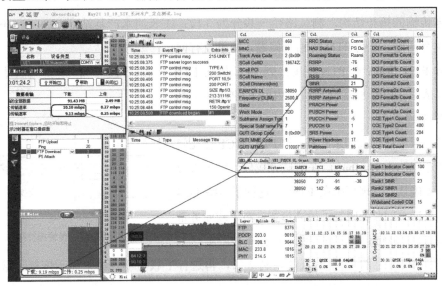

图 5-45　传输问题导致下行吞吐率低案例

表 5-10　　　　　　　　　　　　　计算机网卡设置

建议配置参数	服务器侧	终端侧
测试用 PC 系统		WinXP
TCP 接收窗长（RWIN）		1 034 816
默认发送窗		同 RWIN
MTU Size	1 446	1 446
ACKS 选择		打开
max duplicate ACKS		2

使用 Iperf，对传输进行推送测试，发现主要问题应该在传输上，由于传输的限制导致下载速率最大只能达到 10Mbit/s，如图 5-46 所示。

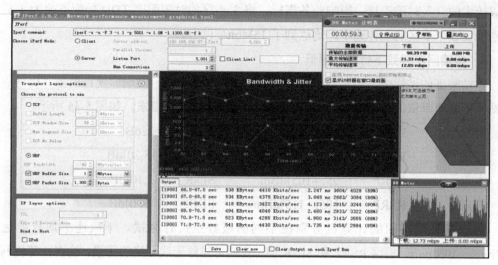

图 5-46　传输推送测试结果

根据传输的拓扑结构，测试路径一共分为 3 段：①长河水产基站到 PTN 侧 CE，如果下载速率有问题，证明 PTN 传输有问题，如果没有问题，排除 PTN 传输；②PTN 侧 CE 到 EPC 机房 FTP Server 测试；③EPC 机房交换机上内网 FTP Server 测试，如图 5-47 所示。

测试结果显示为长河水产基站到PTN侧CE存在问题，下载速率约为 10Mbit/s。在测试完成后，维护人员和设备厂家确认，发现厂家在 PTN 上进行了一些 QoS 的配置，根据不同业务限制了最高带宽，对下载业务带宽限制最高为 10Mbit/s，这样导致下载速率被限制。

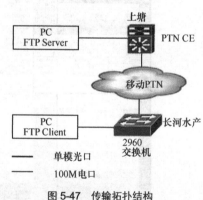

图 5-47　传输拓扑结构

改变了 PTN 上的 QoS 配置的限制之后，再进行下载验证，结果显示恢复正常，达到 30Mbit/s 以上，如图 5-48 所示。

9. 核心网配置问题导致下行 FTP 吞吐率异常

使用华为 UE 测试时，我们发现下行达到峰值时 FTP 吞吐率在 40Mbit/s 和 100Mbit/s 左右波动，远低于 150Mbit/s 的预期值（华为 UE 2.0 下行峰值 150Mbit/s），如图 5-49 所示。

从测试 LOG 日志查看，得到以下信息。

（1）信道质量较好，如图 5-50 所示。

（2）在速率为 40Mbit/s 时 MIMO 模式为 SFBC。

（3）由下行速率查看窗口得知，当速率为 40Mbit/s 时建立了专有承载，如图 5-51 所示。

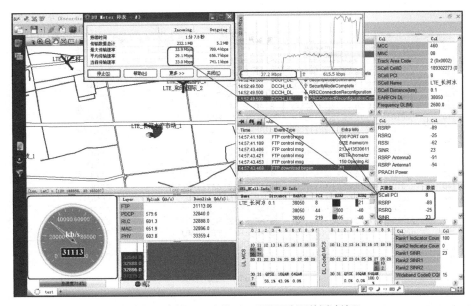

图 5-48　改变 PTN 上的 QoS 配置限制后的测试结果

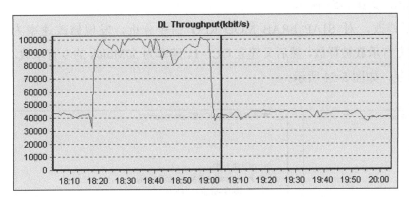

图 5-49　核心网配置问题导致下行 FTP 吞吐率异常案例

LTE Radio Parameters : MS1

Type	Value
PCI	0
RSRP(dBm)	-71
RSRQ(dB)	-10
RSSI(dBm)	-41
PUSCH Power(dBm)	-1.54
PUCCH Power(dBm)	12.16
RACH Power(dBm)	0.00
SRS Power(dBm)	4.65
Power Headroom(dB)	24
PDCCH UL Grant Count	606
PDCCH DL Grant Count	751
Average SINR(dB)	27.23
Rank1 SINR(dB)	26.96
Rank2 SINR1(dB)	14.32
Rank2 SINR2(dB)	14.32

图 5-50　LOG 日志检查结果

DL Throughput (kbit/s)

Index	PHY	MAC	RLC	PDCP
Throughput	46409.57	43914.74	43807.29	43773.60
RB0		0.00	0.00	0.00
RB1		0.00	0.00	0.00
RB2		0.00	0.00	0.00
RB3		13.95	13.95	20.80
RB4		43900.79	43900.79	43752.80

L3 Messages

Time /	TimeStamp	Source	Channel	Direction	Message
15:17:09.937	379367329	MS1	DL-DC...	eNodeB->MS	RRCConnectionReconfiguration
15:17:09.937	379370017	MS1	NAS	eNodeB->MS	ActivateDedicatedEPSBearerContextRequest
15:17:09.937	379370292	MS1	NAS	MS->eNodeB	ActivateDedicatedEPSBearerContextAccept
15:17:09.937	379374247	MS1	UL-DC...	MS->eNodeB	RRCConnectionReconfigurationComplete

图 5-51　下行速率查看窗口结果

从 S1 口信令分析，整个数据传输过程中不断进行承载建立、修改、释放，如图 5-52 所示。

33	2010-07-16 19:43:25(8879575)	S1AP_INITIAL_UE_MSG	SEND
34	2010-07-16 19:43:25(8908850)	S1AP_INITIAL_CONTEXT_SETUP_REQ	RECEIVE
35	2010-07-16 19:43:25(8952385)	S1AP_INITIAL_CONTEXT_SETUP_RSP	SEND
36	2010-07-16 19:43:45(8761855)	S1AP_ERAB_SETUP_REQ	RECEIVE
37	2010-07-16 19:43:45(8798043)	S1AP_ERAB_SETUP_RSP	SEND
38	2010-07-16 19:43:45(8800676)	S1AP_UL_NAS_TRANS	SEND
39	2010-07-16 19:45:32(2815796)	S1AP_ERAB_MOD_REQ	RECEIVE
40	2010-07-16 19:45:32(2819393)	S1AP_ERAB_MOD_RSP	SEND
41	2010-07-16 19:45:32(2871768)	S1AP_ERAB_REL_CMD	RECEIVE
42	2010-07-16 19:45:32(2872814)	S1AP_DL_NAS_TRANS	RECEIVE
43	2010-07-16 19:45:32(2896614)	S1AP_ERAB_REL_RSP	SEND
44	2010-07-16 19:45:32(2898669)	S1AP_UL_NAS_TRANS	SEND
45	2010-07-16 19:45:33(4059402)	S1AP_ERAB_SETUP_REQ	RECEIVE
46	2010-07-16 19:45:33(4123736)	S1AP_ERAB_SETUP_RSP	SEND
47	2010-07-16 19:45:33(4127705)	S1AP_UL_NAS_TRANS	SEND
48	2010-07-16 19:45:34(5476608)	S1AP_ERAB_MOD_REQ	RECEIVE
49	2010-07-16 19:45:34(5480254)	S1AP_ERAB_MOD_RSP	SEND
50	2010-07-16 19:45:34(5544595)	S1AP_ERAB_REL_CMD	RECEIVE
51	2010-07-16 19:45:34(5545664)	S1AP_DL_NAS_TRANS	RECEIVE
52	2010-07-16 19:45:34(5569491)	S1AP_ERAB_REL_RSP	SEND

图 5-52　S1 口信令异常

继续对 S1AP_ERAB_SETUP_REQ 信令分析，发现核心网发起建立了 QCI=1 的专有承载，并且速率为 50Mbit/s，如图 5-53 所示。

但是很快又进行了修改，对 S1AP_ERAB_MOD_REQ 信令分析，发现修改速率为 100Mbit/s，但是很快该专有承载被释放，然后又建立 QCI=1、速率为 50Mbit/s 的专有承载，再修改、释放，如此反复，如图 5-54 所示。

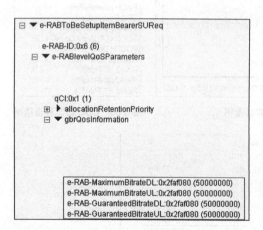

图 5-53　S1AP_ERAB_SETUP_REQ 信令分析

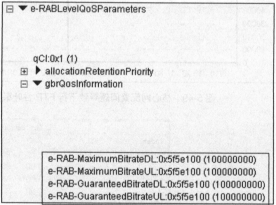

图 5-54　S1AP_ERAB_MOD_REQ 信令分析

由此，我们确认是核心网发起了专有承载的建立。通知核心网相关人员检查核心网配置，我们发现核心网侧对于 21 端口的 FTP 业务，会建立一个 QCI=1 专有承载，将速率限制到 50Mbit/s（空口实际达到的速率为 40Mbit/s 左右）。把这条规则删除以后，速率可以稳定在 100Mbit/s。因为 QCI=1 时协议规定 MIMO 模式为 SFBC，这就对之前测试中的显示结果做出了解释。但是此时下行还没有达到理论上 150Mbit/s 的峰值。通过查看 S1AP_UE_CONTEXT_SETUP_REQ 信令，UE 的开户信息即 100Mbit/s，如图 5-55 所示。

核心网侧将 UE 开户速率改为 150Mbit/s 以上，保证 APNAMBR 和 UEAMBR 都在 150Mbit/s 以上。

修改 UE 开户信息后下行速率达到 125Mbit/s，还没有达到 150Mbit/s 峰值。此时，由现象猜测应该是没有修改 PDCCH 符号数，向前方反馈将 PDCCH 符号数改为 1 个后下行速率达到 150Mbit/s 峰值。

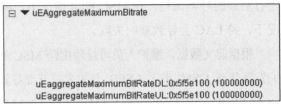

图 5-55　S1AP_UE_CONTEXT_SETUP_REQ 信令分析

PDCCH 符号数由 3 个改为 1 个后的简单计算：

$$2×6×1\ 000×12×100×2×0.85=24.48Mbit/s$$

具体含义：（每个子帧节省两个 OFDM 符号）×（6bit，64QAM）×（每个 RB 12 个子载波）×（100 个 RB）×（双码字）×（编码效率），所以修改之后就可以提高约 24Mbit/s（假设两个 OFDM 符号全用于 PDSCH），与实际相符。

10．CSFB 回落失败

CSFB 业务测试中，发现手机在上报 LAU 后网络无响应，后续直接信道释放，造成呼叫失败。通过比对信令，eNode B TAC 为 22718，回落 GSM 小区 LAC 为 22559，为同一 MSC Pool，如图 5-56 所示。

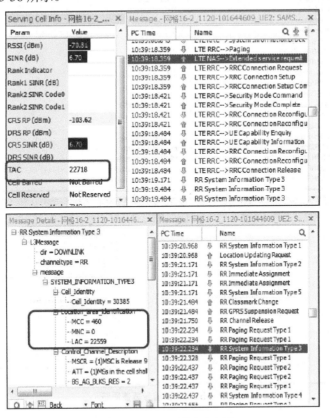

图 5-56　CSFB 回落失败案例

在正常信令流程中，若手机发生跨 LAC 情况，则会触发 LAU，等到 LAU 接受之后才进行后续的呼叫流程。在 MSC Pool 情况下，跨 LAC 会增加回落时延。在跨 MSC Pool 情况下，跨 LAC 会导致被叫失败。

根据前文数据，维护人员可排除由跨 MSC Pool 导致的失败。通过 BSC 侧信令跟踪，我们发现是该 GSM 小区 CSFB 开关未打开而导致的，重新开启后问题解决。命令格式：SET GCELLSOFT：IDTYPE= BYNAME，CELLNAME="×××××××××"，SUPPORTCSFB= SUPPORT。

11. P_a 和 P_b 设置不合理造成部分 RB 资源无法正常分配

LTE 优化测试过程中，UE 占用某 LTE 小区，测试时 SINR 大于 20dB，RSRP 大于 −75dBm，信号质量良好，但下载速率较低（基本小于 29Mbit/s），未能达到单站验证好点的要求。具体测试值如图 5-57 所示。

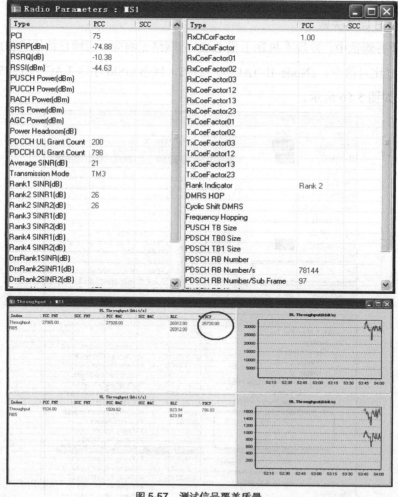

图 5-57　测试信号覆盖质量

查看基站运行状态正常，无任何告警；检查空口信号质量，下行信号强度为−75dBm，平均 SINR 值为 21dB，传输模式为 TM3，从上述信息可以看出不可能是干扰问题。查看调制编码方式，64QAM 占比为 83%，MCS 占用正常，如图 5-58 所示。

调度次数为 800，满调度，如图 5-59 所示。两根天线检测的 SINR 值相当，性能相同。

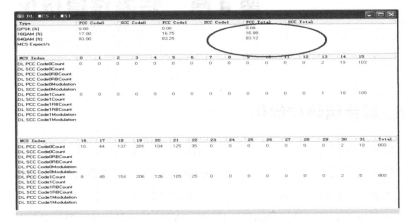

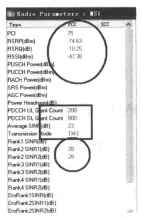

图 5-58　MCS 使用情况　　　　　　　　　　图 5-59　调度次数

观察每个 RB 调度次数，发现很多 RB 调度次数不足，如图 5-60 所示。

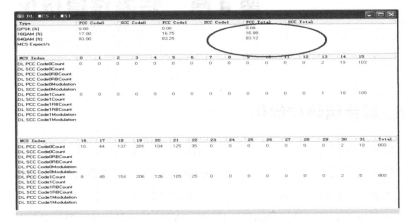

图 5-60　每 RB 调度次数

检查功率参数设置，发现 P_a 值设置为-3，P_b 值设置为 3，根据功率利用率分配表（如表 5-11 所示），我们可以知道 RRU 功率利用率仅为 67%。

表 5-11　　　　　　　　　　　不同 P_a 和 P_b 组合下的功率利用率 η

P_b ＼ P_a	–6	–4.77	–3	–1.77	0	1	2	3
0	67%	75%	86%	92%	100%	97%	94%	92%
1	75%	86%	100%	92%	83%	80%	77%	75%
2	86%	100%	83%	75%	67%	63%	61%	58%
3	100%	83%	67%	58%	50%	47%	44%	42%

重新设置 P_a 为-3，P_b 为 1 后问题解决。调整后整个 20M 带宽上的 100 个 RB 调度次数基本上维持在满调度 800 或接近满调度，测试下载速率提升到 44Mbit/s。

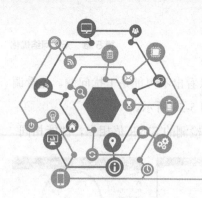

第 6 章　特殊场景优化

6.1　FDD 和 TDD 混合组网与优化

TDD-LTE 和 FDD-LTE 是一个技术规范下的两种不同的接入方式，二者在物理层对信道的利用方式有所不同，在标准里的差别约为 10%。在 3GPP 标准下，二者都使用 OFDM 接入方案，共用一套信道带宽（1.4MHz～20MHz），同样的子帧时长定义。由于 TDD 对同步要求更严格，二者同步方案要求有所不同。因此，在网络整体架构需求一致的情况下，因某些业务不同的需求对组网产生一定的影响。

实现 TDD 和 FDD 的融合发展，运营商首先需要构建统一的混合组网架构。从结构上看，二者分别涉及统一的核心网、统一的传输网、统一的基带单元、统一的网管系统，以及统一的网络资源规划。

（1）统一的核心网。在 LTE/EPC 网络架构中，接入侧（e-UTRAN）对于核心网是透明的，S1 接口是完全一致的，因此对于 TDD-LTE 和 FDD-LTE 而言，核心网没有区别，且同一核心网可以同时连接 FDD-LTE 无线接入网络及 TDD-LTE 无线接入网络。TDD、FDD 之间的频率间切换与 FDD 系统内部或 TDD 系统内部的切换流程是完全相同的。

（2）统一的传输网络。LTE 采用扁平化 IP 网络架构，无论是电信、联通选择建设的 IP RAN，还是移动建设的 PTN，都是出于自身优势考虑的可以支持 LTE 的 IP 传输网络。无论是 FDD 的 eNode B 或是 TDD 的 eNode B，到传输网均采用相同的 IP GE 接口，逻辑协议栈采用 3GPP S1/X2 接口定义。由于空口效率和多天线技术不同的性能，各个 LTE eNode B 所需的传输带宽可能由于采用的双工模式、多天线数量以及模式而有所差异。

（3）统一的基带单元。FDD-LTE 与 TDD-LTE 的差别主要在于物理层的不同双工方式的处理，因此在射频部分有着明显的差异，而基带部分完全可以实现共有平台。

（4）统一的网管系统。无线网络中最复杂的管理问题就是多网元的管理，而其中最复杂的就是各种传输模块的统一资源管理。采用统一网管系统有利于简化维护管理，降低运营维护成本。

（5）统一的网络资源规划。在一个 FDD 和 TDD 混合组网的网络中，结合网络的综合频谱资源考虑，运营商可以将 FDD 和 TDD 的各频点资源当作一个资源池来看待并分配。

在 TDD-LTE 与 FDD-LTE 混合组网时，由于频段和定位的不同，两网不会同步覆盖。

为了保证用户体验的一致性，需要实现两网之间的完美互操作。

TDD-LTE 与 FDD-LTE 互操作可从空闲态、连接态、移动性管理和负荷均衡几个维度考虑。

（1）空闲态：UE 根据检测的小区信号质量及开机搜网策略，驻留在信号质量好的 FDD-LTE 或 TDD-LTE 网络；或者根据运营商策略，通过设置 FDD-LTE、TDD-LTE 频点优先级和重选门限，引导 UE 优先驻留在 FDD-LTE 或 TDD-LTE 网络。

（2）连接态：通过 UE 驻留的 FDD-LTE 或 TDD-LTE 网络承载数据业务；或根据不同的业务类型承载在特定的 FDD-LTE 或 TDD-LTE 网络；也可以根据网络负荷情况，当 FDD-LTE 或 TDD-LTE 网络负荷较高时，通过负荷均衡实现两网之间的负荷分担。

（3）TDD-LTE 和 FDD-LTE 移动性管理策略，在基站级别综合考虑 FDD-LTE 或 TDD-LTE 目标小区选择，通过配置载频偏移量、小区偏移量来实现优先切换到 FDD-LTE 或 TDD-LTE。以 FDD-LTE、TDD-LTE 信号质量为基准，优选同频邻区作为 PS 切换目标小区，其次选择异频非同覆盖邻区作为 PS 切换目标小区，最后选择异频同覆盖邻区作为 PS 切换目标小区。

（4）TDD-LTE 和 FDD-LTE 负荷均衡策略，在基站级别综合考虑 FDD-LTE、TDD-LTE 的服务小区、邻区的负荷信息，通过 X2 接口交互其他基站相应的 FDD-LTE、TDD-LTE 邻区的负荷信息，负荷均衡模块统一进行策略判决，在 FDD-LTE、TDD-LTE 邻区中选择出合适小区，作为负荷均衡的目标小区。

6.2　LTE 与 2/3G 互操作策略

在实际网络运维过程中，存在 4G 用户回流到 2/3G 网络、4G 用户驻留率低问题，维护人员需要将 2/3G 与 4G 进行网络数据关联采集与分析，协同优化，优先将用户驻留 4G 网络，充分利用 4G 网络承载数据业务的技术优势，提高用户体验。

2/3G 与 4G 互操作总体原则：有 4G 覆盖的区域，4G 终端优先驻留在 4G 网络，在 4G 覆盖边缘保证用户及时重选到 2G 网络，避免脱网。

LTE 与 2/3G 互操作策略如图 6-1 所示。

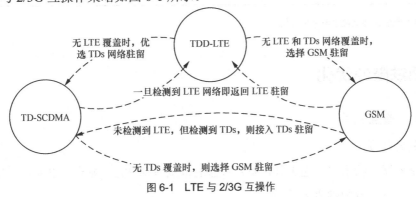

图 6-1　LTE 与 2/3G 互操作

2/3G 到 4G 重选参数优化原则：2/3G 侧配置 4G 频点的优先级为高。终端在 2/3G 始终测量 4G，当 4G 小区 *RSRP>THREUTRANHIGH+EUTRANQRXLEVMIN* 时，终端从 2/3G 重选到 4G。表 6-1 为 2/3G→4G 重选参数设置示例。

表 6-1　　　　　　　　　　　　　　　2/3→4G 重选参数设置

参数英文名称	参数名称	优化设置
GERANPRI	GERAN 优先级	1
EUTRANPRI	E-UTRAN 优先级	5~7
THREUTRANHIGH	基于优先级的 E-UTRAN 小区重选高门限	8dB
EUTRANQRXLEVMIN	基于优先级的 E-UTRAN 小区最小接收电平	-128dBm
TRESEL	基于优先级的小区重选时间磁滞	5S
QPEUTRAN	分组模式 E-UTRAN 小区搜索门限	7
Send2QuterFlag	是否发送 2QUATER 标志	YES(是)
SPTRESEL	支持重选	SUPPORT(支持)
LTECELLRESELEN	LTE 小区重选允许	YES(是)

4G 到 2/3G 重选参数优化原则：4G 终端在有 4G 覆盖的区域优先驻留 4G 网络，在 4G 覆盖边缘能够及时重选到 2/3G 网络。为保证终端优先驻留在 4G 网络，4G 到 2/3G 的重选采用高优先级到低优先级网络的重选，涉及的重选参数包括异系统测量启动门限、本系统判决门限、异系统判决门限和重选迟滞时间。表 6-2 为 4G→2/3G 重选参数设置示例。

表 6-2　　　　　　　　　　　　　　　4G→2/3G 重选参数设置

中文名	参　　数	设置值
异频/异系统测量启动门限	*SnonIntraSearch + EutranQrxlevmin-s*	-120dBm
服务频点低优先级重选门限	*ThrshServLow + EutranQrxlevmin-s*	-124dBm
异频频点低优先级重选门限	*ThreshXLow + EutranQrxlevmin-n*	-84dBm

注：表中设置值为加上最小电平后的值。

6.3　地铁隧道优化

6.3.1　覆盖特点

（1）覆盖范围

地铁作为城市的重要交通工具，需要覆盖的范围包括站厅、站台、出入口、公共区域、办公区域、设备区域和隧道区间。

（2）分站设计

通常一条地铁线路由十几到几十个地铁站组成，地铁线路分区通常以地铁站为单位，利用单小区覆盖能力完成一个地铁站的站厅、站台和两侧隧道等区域的覆盖。

（3）同频组网和连续覆盖

地铁具有良好的封闭特性，室外大网和地铁覆盖系统两者之间存在良好的信号隔离，建议地铁内外采用相同频率组网。LTE 网络要形成连续覆盖，避免在列车移动过程中发生非业务需要的 LTE 到 2/3G 的切换。

（4）覆盖容量考虑

一般采用单发单收方式。对于大型中转站或客流量特别大的站点，可以根据覆盖、容量需求建设两个或多个小区，对于地面上的地铁沿线和站点，可使用地铁专用小区覆盖。

（5）多系统

地铁通信系统需满足各移动通信运营商不同无线通信制式的语音及数据业务的承载。通信制式包含 GSM、CDMA、WCDMA、TD-SCDMA、Wi-Fi、LTE 等，不同项目可能有所差异。

（6）POI 平台多系统共用

POI 主要由宽频带的桥路合路器、多频段合路器、负载等无源器件组成，对多个运营商、多种制式的移动信号合路后引入天馈分布系统，可达到降低干扰、充分利用资源、节省投资的目的。地铁中一般采用收发分路单向传输。地铁 POI 合路平台主要由上行 POI 和下行 POI 两部分组成。上行 POI 的主要功能是将不同制式的手机发出的信号经过泄漏电缆或者天线的收集及馈线传输至上行 POI，经 POI 进行不同频段的信号滤波后送往不同的移动通信基站；下行 POI 的主要功能是将各移动通信系统不同频段的载波信号合成后送至共享的信号覆盖系统。

（7）干扰抑制

采用上行 POI 和下行 POI 进行信源收发合路，同时为增加各系统间的隔离度，地铁分布系统采用收发分缆的方式，即建设两套泄漏电缆系统，各系统的上行接收方向共同接入一套泄漏电缆系统，下行发射方向共同接入另一套泄漏电缆系统。

6.3.2　隧道链路预算

为保证多系统共用，地铁隧道覆盖采用宽频低损耗泄漏电缆，如 13/8 英寸泄漏电缆。通常各通信系统信号从 POI 的对应端口接入，在站台附近馈入泄漏电缆。根据隧道的长度考虑是否需要在隧道内新增信号放大器。隧道内覆盖链路预算表见表 6-3。

表 6-3　　　　　　　　　　　　　隧道内覆盖链路预算表

下行链路	参数	算法	单位
发射端	基站设备输出 RS 功率	A	dBm
	POI 损耗	B	dB
	机房至连接泄漏电缆处的总路由损耗	C	dB
	进入泄漏电缆的功率	$D=A-B-C$	dBm
接收端	业务最低解调要求/覆盖场强要求	E	dBm
	泄漏电缆耦合损耗	F	dB
	宽度因子	G	dB
	人体损耗	H	dB
余量	阴影衰落余量	I	dB
	车体损耗	J	dB
	切换增益	K	dB
	干扰余量	L	dB
泄漏电缆传输	单边允许的最大传播损耗	$N=D-E-F-G-H-I-J+K-L$	dB
	泄漏电缆百米传输损耗	O	dB
	单边传播距离	$P=N/O\times100$	m
	双边传播距离	$Q=2\times P$	m

以 LTE 的参考信号 RSRP 为例，对涉及的参数进行说明。

（1）基站设备输出功率：小区发射功率 20W，RSRP 发射功率设置为 15dBm（根据国家标准 GB 8702-1988《电磁辐射防护规定》要求，天线口总功率不能超过 15dBm）。

（2）POI 损耗：通常为 6dB，延伸覆盖时取 3dB。

（3）机房至连接漏缆处的总路由损耗：含基站设备到 POI 的跳线损耗、POI 至接入漏缆处的各种馈线传输损耗，通过各种无源器件（功分器、耦合器和馈线接头等）的损耗，以及 POI 到接入漏缆处所用的各种跳线损耗，这个值可从提供 POI 的公司获取。

（4）覆盖场强要求：通常以 RSRP 大于-105dBm 作为地铁覆盖场强的要求。

（5）泄漏电缆耦合损耗：泄漏电缆在指定距离内辐射信号的效率，工业标准采用 2m 距离。耦合损耗和覆盖概率相关，通常泄漏电缆厂家会提供 50% 和 95% 的耦合损耗值。

（6）宽度因子：泄漏电缆到地铁列车远端的距离 D 相对于 2m 距离产生的空间损耗，宽度因子=20log（D/2）。通常取 D=4m，则宽度因子为 6dB。

（7）人体损耗：通常仅针对语音业务取 3dB 人体损耗，其他业务和导频不计该损耗。

（8）阴影衰落余量：取值与标准差、覆盖概率相关。如在泄漏电缆耦合损耗取值时已考虑覆盖概率，则此处不再取阴影衰落余量。

（9）车体损耗：隧道内泄漏电缆的安装位置和列车车窗在同一水平面上，泄漏电缆信号穿透列车窗户玻璃对列车内部实施覆盖。通常车体损耗约为 10dB。

（10）切换增益：克服慢衰落的增益，与边缘覆盖率相关。

（11）干扰余量：体现网络负荷对网络覆盖的影响程度。负荷为 50%时，干扰余量为 3dB；负荷为 75%时，干扰余量为 6dB。

隧道内信源覆盖方式建议：按隧道覆盖链路预算表，以边缘导频–105dBm 作为设计要求。以 1.8G 频段为例，针对不同隧道长度推荐的信源覆盖方式见表 6-4。

表 6-4　　　　　　　　　　　　不同隧道长度推荐的信源覆盖方式

分类	长度	信源方式	单边覆盖能力（m）	双边覆盖能力（m）	总覆盖能力（m）	说明
短隧道	<600m	地铁站机房内信源的覆盖	450	900	900	
长隧道	>600m	隧道增加 $N×$RRU	$N×580$	$N×1 160$	$900+N×1 160$	优选 RRU 拉远，将拉远 RRU 和地铁站机房内信源配置成合并小区。若无法满足条件再考虑直放站或干放
		隧道增加 $N×$光纤直放站	$N×580$	$N×1 160$	$900+N×1 160$	光纤直放站，可延伸单边 450m、双边 900m 的隧道覆盖能力，单边不超过两个
		隧道增加干放	$N×450$		$900+N×450$	5W 干放，可中继延伸 450m，一般不超过两个

6.3.3　TAC 区规划考虑

作为城市立体交通的重要组成部分，地铁承载了大量出行用户。地铁线路通常跨度很大，以某城市地铁 1 号线为例，横跨 7 个行政区，全程行驶时间超过 1h。

由于地铁跨度大，穿越了地面大网的多个 TAC 区，因此运营商必须做好地铁 TAC 区规划，减少地铁运行过程中的 TAC 区变更，同时减少用户在出入地铁站时和大网之间的 TAC 变更。表 6-5 结合地铁线路的话务特点，给出了 3 种 TAC 规划方案。

表 6-5　　　　　　　　　　　　TAC 规划方案

场景	TAC 设置模式	优点	缺点
话务量轻	TAC 与地面大网一致	不需要单独设置 TAC	话务量到一定程度时，边界 eNode B 的控制信道负荷较重
话务量重	TAC 单独设置	隧道和站台间不需要执行 TAU	高峰时有大量用户出入地铁站，有大量的 TAU 请求，可能会导致 CPU 利用率过高，优化时需重点关注
混合 TAC	话务量大的 TAU 与地面大网一致	话务量大的站点进出不需要执行 TAU	优化时需要关注个别站点

6.3.4　地铁切换带设置

地铁内外小区间的重选、切换的时间和用户移动的速率决定了重叠区域的大小。切换区域主要发生在 3 类区域。

（1）隧道内不同站之间

在 LTE 系统中，完成切换所需要的时间在 100ms 左右，完成重选所需要的时间在 3s 以内，地铁列车的最大时速是 80km，即每秒列车运行 22.2m。其重选单边需要预留约 67m，双边预留 134m，即重选区域为 134m。而针对切换区，单边预留 22.2m，双边预留约 45m。

（2）地铁站出入口

通常，乘客乘坐自动扶梯或走楼梯进出地铁站。由于地铁出口处的阻挡、自动扶梯的运动，以及人群拥挤等原因，使得在地铁出入口容易发生信号锐减的情况，信号重叠区域不够，易造成用户通话中断。当用户从地铁内乘坐自动扶梯或走楼梯离开地铁站时，信号呈逐渐衰减趋势，而地铁外的大网信号却呈逐渐上升趋势，我们建议重选/切换区设置在自动扶梯或楼梯附近。

（3）地铁线路进出地面隧道洞口

当列车从地下隧道进出地面时，先前占用的小区信号将剧烈下降，形成明显的拐角效应。通常采用的方法是：在隧道出口处设置宽频带定向天线，将隧道内泄漏电缆信号延伸至隧道洞口外，在隧道外设置重选区/切换区。

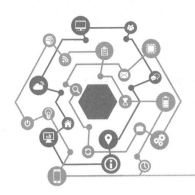

1. rrcConnectionRequest

rrcConnectionRequest : (struUL-CCCH-Message)

|_criticalExtensions :

　　|_rrcConnectionRequest-r8 :

　　　　|_ue-Identity :

　　　　|　|_randomValue :　---- '11000011100001010001010001101110001111101'B

　　　　|_establishmentCause :　---- mo-Signalling(3) ---- ****011*

　　　　|_spare :　---- '0'B ---- *******

2. rrcConnectionSetup

rrcConnectionSetup-r8 : (struDL-CCCH-Message)

|_radioResourceConfigDedicated :

　　|_srb-ToAddModList :

　　|　|_SRB-ToAddMod :

　　|　　|_srb-Identity :　---- 0x1(1) ---- *****0**

　　|　　|_rlc-Config :

　　|　　|_logicalChannelConfig :

　　|_mac-MainConfig :

　　|_physicalConfigDedicated :

3. rrcConnectionSetupComplete

rrcConnectionSetupComplete : (struUL-DCCH-Message)

|_rrc-TransactionIdentifier :　---- 0x1(1) ---- *****01*

|_criticalExtensions :

　　|_rrcConnectionSetupComplete-r8 :

　　　　|_selectedPLMN-Identity :　---- 0x1(1) ---- ****000*

　　　　|_registeredMME :

```
    |    |_mmegi :    ---- '0000000110100000'B ---- 0000000110100000
    |    |_mmec :     ---- '10001010'B ---- 10001010
         |_dedicatedInfoNAS :   ----
```

附录 A   LTE 常用信令消息

4. initialUEMessage(ePS-attach)

S1ap-Msg:

|_initialUEMessage :

|_eNB-UE-S1AP-ID :   ---- 0x166377(1467255) ----

|_nAS-PDU :

| |_no-security-protection-MM-message :

| |_attachRequest :

| |_nAS-key-set-identifier :

| | |_tsc :   ---- native-security-context(0) ----

| | |_nAS-key-set-identifier :   ---- no-key(7) ----

| |_ePS-attach-type : ePS-attach(1)

| |_old-GUTI-or-IMSI :

| | |_type-of-identity :   ---- guti(6) ---- *****110

| | |_guti-body :

| | |_mcc-mnc :   ---- 0x64f000(6615040) ----

| | |_mME-Group-ID :   ---- 0x1a0(416) ----

| | |_mME-Code :   ---- 0x8a(138) ---- 10001010

| | |_mTMSI :   ---- 0xe80dc359(3893216089) ----

| |_ue-network-capability :   ---- 0xE0E0C0C0 ----

| |_eSM-message-container :

| | |_no-security-protection-SM-message :

| | |_ePS-bearer-identity :   ---- 0x0(0) ----

| | |_procedure-transaction-identity :   ---- 0x1(1)

| | |_msg-body :

| | |_pDNConnectivityRequest :

| | |_pDN-type : iPv4(1)

| | |_request-type : initial-attach(1)

| | |_protocol-configuration-options :

| | |_configuration-protocol : pPP-for-use-with-IP-PDP-type(0)

| | |_protocol-list-package :

```
|      |_last-visited-registered-TAI :
|      |  |_mcc-mnc :    ---- 0x64f000(6615040) ----
|      |  |_tac :    ---- 0x581e(22558) ---- 0101100000011110
|      |_dRX-parameter :
|          |_sPLIT-PG-CYCLE-CODE :    ---- 0x20(32) ---- 00100000
|          |_cN-Specific-DRX-cycle-length-coefficient :
|          |_sPLIT-on-CCCH :    ----
|          |_non-DRX-timer :    ---- no(0) ---- *****000
|_tAI :
|  |_pLMNidentity :    ---- 0x64F000 ---- 011001001111000000000000
|  |_tAC :    ---- 0x581E ---- 0101100000011110
|_eUTRAN-CGI :
|  |_pLMNidentity :    ---- 0x64F000 ---- 011001001111000000000000
|  |_cell-ID :    ---- '01100000010110100011100000010'B ----
|_rRC-Establishment-Cause :    ---- mo-Signalling(3) ---- 0011****
```

5. AuthenticationRequest

```
S1ap-Msg :
    |_downlinkNASTransport :
      |_no-security-protection-MM-message :
         |_authenticationRequest :
            |_spare-half-octet :    ---- 0x0(0) ---- 0000****
            |_key-set-identifier :
            |  |_nAS-key-set-identifier :    ---- nas-KSI3(3) ----
            |_authentication-parameter-RAND :    ----
            |_authentication-parameter-AUTN :    ----
```

6. AuthenticationResponse

```
S1ap-Msg :
    |_uplinkNASTransport :
      |_mME-UE-S1AP-ID :    ---- 0x160ef85(23129989) ----
      |_eNB-UE-S1AP-ID :    ---- 0x166377(1467255) ----
      |_nAS-PDU :
      |  |_NAS-MESSAGE :
```

```
      |      |_no-security-protection-MM-message :
      |            |_authenticationResponse :
      |                  |_authentication-response-parameter :  ----
  |_eUTRAN-CGI :
  |      |_pLMNidentity :   ---- 0x64F000 ---- 011001001111000000000000
  |      |_cell-ID :    ---- '0110000001011010011100000010'B ----
  |_tAI :
        |_pLMNidentity :   ---- 0x64F000 ---- 011001001111000000000000
        |_tAC :    ---- 0x581E ---- 0101100000011110
```

7. InitialContextSetupRequest

```
S1ap-Msg :
  |_initialContextSetupRequest :
    |_protocolIEs :
      |_mME-UE-S1AP-ID :    ---- 0x160ef85(23129989) ----
      |_eNB-UE-S1AP-ID :    ---- 0x166377(1467255) ----
      |_uEAggregateMaximumBitrate :
      |      |_uEaggregateMaximumBitRateDL :    ---- 0xc350000(204800000) ----
      |      |_uEaggregateMaximumBitRateUL :    ---- 0xc350000(204800000) ----
      |_e-RABToBeSetupListCtxtSUReq :
      |      |_e-RABToBeSetupItemCtxtSUReq :
      |            |_e-RAB-ID :  ---- 0x5(5) ---- ***00101
      |            |_e-RABlevelQoSParameters :
      |            |      |_qCI :  ---- 0x6(6) ---- ***0000000000110
      |            |      |_allocationRetentionPriority :
      |            |      |      |_priorityLevel :   ---- highest(1) ---- **0001**
      |            |      |      |_pre-emptionCapability : shall-not-trigger-pre-emption(0)
      |            |      |      |_pre-emptionVulnerability :   ---- pre-emptable(1)
      |            |_transportLayerAddress :   ----
      |            |_gTP-TEID :   ---- 0xCCF06F0A ----
      |            |_nAS-PDU :
      |            |      |_NAS-MESSAGE :
      |            |      |_security-protected-and-ciphered-NAS-message :
      |            |      |_protected-nas :   ----
```

|_uESecurityCapabilities：

| |_encryptionAlgorithms：   ---- '1100000000000000'B ----

| |_integrityProtectionAlgorithms：   ---- '1100000000000000'B ----

|_securityKey：   ----

|_traceActivation：

|_handoverRestrictionList：

　　　|_servingPLMN：   ---- 0x64F000 ---- 011001001111000000000000

8.　InitialContextSetupResponse

S1ap-Msg：

　|_initialContextSetupResponse：

　　　|_protocolIEs：

　　　　　|_mME-UE-S1AP-ID：   ---- 0x160ef85(23129989) ----

　　　　　|_eNB-UE-S1AP-ID：   ---- 0x166377(1467255) ----

　　　　　|_e-RABSetupListCtxtSURes：

　　　　　　　|_e-RAB-ID：   ---- 0x5(5) ---- **00101*

　　　　　　　|_transportLayerAddress：   ----

　　　　　　　|_gTP-TEID：   ---- 0x0000749E ----

9.　UeCapabilityInformationIndication

ueCapabilityInformation-r8

　　|_accessStratumRelease：   ---- rel9(1) ---- ******0001******

　　|_ue-Category：   ---- 0x4(4) ---- **011***

　　|_pdcp-Parameters：

　　| |_supportedROHC-Profiles：

　　| | |_profile0x0001：   ---- FALSE(0) ---- *******0

　　| |_maxNumberROHC-ContextSessions：   ---- cs2(0) ---- 0000****

　　|_phyLayerParameters：

　　| |_ue-TxAntennaSelectionSupported：   ---- FALSE(0) ---- ****0***

　　| |_ue-SpecificRefSigsSupported：   ---- FALSE(0) ---- *****0**

　　|_rf-Parameters：

　　| |_supportedBandListEUTRA：

　　| |_SupportedBandEUTRA：

　　| | |_bandEUTRA：   ---- 0x28(40) ---- ****100111******

```
|       |   |_halfDuplex :    ---- TRUE(1) ---- **1*****
|       |_SupportedBandEUTRA :
|           |_bandEUTRA :    ---- 0x27(39) ---- ***100110*******
|           |_halfDuplex :    ---- TRUE(1) ---- *1******
|_measParameters :
|   |_bandListEUTRA :
|       |_BandInfoEUTRA :
|       |   |_interFreqBandList :
|       |   |   |_InterFreqBandInfo :
|       |   |   |   |_interFreqNeedForGaps :    ---- TRUE(1) ---- *******1
|       |   |   |_InterFreqBandInfo :
|       |   |   |   |_interFreqNeedForGaps :    ---- TRUE(1) ---- 1*******
|       |_BandInfoEUTRA :
|           |_interFreqBandList :
|               |_InterFreqBandInfo :
|               |   |_interFreqNeedForGaps :    ---- TRUE(1) ---- 1*******
|               |_InterFreqBandInfo :
|                   |_interFreqNeedForGaps :    ---- TRUE(1) ---- *1******
|_featureGroupIndicators :    ---- '01000100000011010001100010000000'B
|_interRAT-Parameters :    ---- (0) ---- **0000000*******
|_nonCriticalExtension :
   |_phyLayerParameters-v920 :
   |   |_enhancedDualLayerFDD-r9 :    ---- supported(0)
   |   |_enhancedDualLayerTDD-r9 :    ---- supported(0)
   |_interRAT-ParametersGERAN-v920 :    ---- (0) ---- *******00*******
   |_deviceType-r9 :    ---- noBenFromBatConsumpOpt(0)
   |_csg-ProximityIndicationParameters-r9 :
   |   |_intraFreqProximityIndication-r9 :    ---- supported(0)
   |   |_interFreqProximityIndication-r9 :    ---- supported(0)
   |_neighCellSI-AcquisitionParameters-r9 :
   |   |_intraFreqSI-AcquisitionForHO-r9 :    ---- supported(0)
   |   |_interFreqSI-AcquisitionForHO-r9 :    ---- supported(0)
   |_son-Parameters-r9 :
      |_rach-Report-r9 :    ---- supported(0)
```

10. rrcConnectionReconfiguration(radioResourceConfigDedicated)

rrcConnectionReconfiguration-r8 : (RRC-MSG)

   |_radioResourceConfigDedicated :

     |_srb-ToAddModList :

     | |_SRB-ToAddMod :

     | |_srb-Identity :   ---- 0x2(2) ---- 1*******

     | |_rlc-Config :

     | |_logicalChannelConfig :

     |_drb-ToAddModList :

     | |_DRB-ToAddMod :

     | |_eps-BearerIdentity :   ---- 0x5(5) ---- ***0101*

     | |_drb-Identity :   ---- 0x1(1) ---- *******00000****

     | |_pdcp-Config :

     | | |_discardTimer :   ---- ms1500(6) ---- 110*****

     | | |_rlc-AM : statusReportRequired :   ---- TRUE(1) ---- ***1****

     | | |_headerCompression : notUsed :   ---- (0)

     | |_rlc-Config :

     | |_logicalChannelIdentity :   ---- 0x3(3) ---- ***000**

     | |_logicalChannelConfig :

     |_physicalConfigDedicated :

11. rrcConnectionReconfiguration (measConfig)

rrcConnectionReconfiguration-r8 :

   |_measConfig :

     |_measObjectToAddModList :

     | |_MeasObjectToAddMod :

     | |_measObjectId :   ---- 0x1(1) ---- **00000*

     | |_measObject :

     | |_measObjectEUTRA :

     | |_carrierFreq :   ---- 0x95ce(38350) ---- *1001010111001110*******

     | |_allowedMeasBandwidth :   ---- mbw100(5) ---- *101****

     | |_presenceAntennaPort1 :   ---- FALSE(0) ---- ****0***

     | |_neighCellConfig :   ---- '01'B ---- *****01*

     | |_offsetFreq :   ---- dB0(15) ---- *******01111****

```
                            |_cellsToAddModList :
       |                       |_CellsToAddMod :
       |                       |  |_cellIndex :    ---- 0x1(1) ---- *00000**
       |                       |  |_physCellId :    ---- 0x68(104) ---- ******001101000*
       |                       |  |_cellIndividualOffset :    ---- dB0(15) ---- *******01111****
       |                       |_CellsToAddMod :
       |                       |  |_cellIndex :    ---- 0x2(2) ---- ****00001*******
       |                       |  |_physCellId :    ---- 0x6a(106) ---- *001101010******
       |                       |  |_cellIndividualOffset :    ---- dB6(21) ---- **10101*
       |                       |_CellsToAddMod :
       |                          |_cellIndex :    ---- 0x3(3) ---- *******00010****
       |                          |_physCellId :    ---- 0x13(19) ---- ****000010011***
       |                          |_cellIndividualOffset :    ---- dB-12(6) ---- *****00110******
    |_reportConfigToAddModList :
    |  |_ReportConfigToAddMod :
    |  |  |_reportConfigId :    ---- 0x1(1) ---- *******00000****
    |  |  |_reportConfig :
    |  |       |_reportConfigEUTRA :
    |  |          |_triggerType :
    |  |          |  |_event :
    |  |          |     |_eventId :
    |  |          |     |  |_eventA3 :
    |  |          |     |     |_a3-Offset :    ---- 0x2(2) ---- ***100000*******
    |  |          |     |     |_reportOnLeave :    ---- FALSE(0) ---- *0******
    |  |          |     |_hysteresis :    ---- 0x4(4) ---- **00100*
    |  |          |     |_timeToTrigger :    ---- ms320(8) ---- *******1000*****
    |  |          |_triggerQuantity :    ---- rsrp(0) ---- ***0****
    |  |          |_reportQuantity :    ---- sameAsTriggerQuantity(0) ---- ****0***
    |  |          |_maxReportCells :    ---- 0x4(4) ---- *****011
    |  |          |_reportInterval :    ---- ms240(1) ---- 0001****
    |  |          |_reportAmount :    ---- infinity(7) ---- ****111*
    |  |_ReportConfigToAddMod :
    |  |  |_reportConfigId :    ---- 0x2(2) ---- *******00001****
    |  |  |_reportConfig :
```

```
|  |        |_reportConfigEUTRA :
|  |            |_triggerType :
|  |            |  |_event :
|  |            |      |_eventId :
|  |            |      |  |_eventA1 :
|  |            |      |      |_a1-Threshold :
|  |            |      |          |_threshold-RSRP : ---- 0x2c(44) ---- ****0101100*****
|  |            |      |_hysteresis :    ---- 0x2(2) ---- ***00010
|  |            |      |_timeToTrigger :    ---- ms640(11) ---- 1011****
|  |            |_triggerQuantity :    ---- rsrp(0) ---- ****0***
|  |            |_reportQuantity :    ---- both(1) ---- *****1**
|  |        |_maxReportCells :    ---- 0x1(1) ---- ******000*******
|  |        |_reportInterval :    ---- ms480(2) ---- *0010***
|  |        |_reportAmount :    ---- r1(0) ---- *****000
|  |_ReportConfigToAddMod :
|      |_reportConfigId :    ---- 0x3(3) ---- 00010***
|      |_reportConfig :
|          |_reportConfigEUTRA :
|              |_triggerType :
|              |  |_event :
|              |      |_eventId :
|              |      |  |_eventA2 :
|              |      |      |_a2-Threshold :
|              |      |          |_threshold-RSRP :   ---- 0x2a(42) ---- *****0101010****
|              |      |_hysteresis :    ---- 0x2(2) ---- ****00010*******
|              |      |_timeToTrigger :    ---- ms640(11) ---- *1011***
|              |_triggerQuantity :    ---- rsrp(0) ---- *****0**
|              |_reportQuantity :    ---- both(1) ---- ******1*
|          |_maxReportCells :    ---- 0x1(1) ---- *******000******
|          |_reportInterval :    ---- ms480(2) ---- **0010**
|          |_reportAmount :    ---- r1(0) ---- ******000*******
|_measIdToAddModList :
|  |_MeasIdToAddMod :
|      |_measId :    ---- 0x3(3) ---- ****00010*******
```

```
        |        |_measObjectId :    ---- 0x1(1) ---- *00000**
        |        |_reportConfigId :    ---- 0x3(3) ---- ******00010*****
        |_quantityConfig :
        |   |_quantityConfigEUTRA :
        |        |_filterCoefficientRSRP :    ---- fc6(6) ---- **00110*
        |        |_filterCoefficientRSRQ :    ---- fc6(6) ---- *******00110****
        |_s-Measure :  ---- 0x0(0) ---- ****0000000*****
        |_speedStatePars :
            |_release :    ---- (0)
```

12. MeasurementReport

```
RRC-MSG :
 |_struUL-DCCH-Message :
  |_measurementReport-r8 :
     |_measResults :
        |_measId :    ---- 0x1(1) ---- ****00000*******
        |_measResultPCell :
        |    |_rsrpResult :    ---- 0x2a(42) ---- *0101010
        |    |_rsrqResult :    ---- 0x13(19) ---- 010011**
        |_measResultNeighCells :
            |_measResultListEUTRA :
                |_MeasResultEUTRA :
                    |_physCellId :    ---- 0x6a(106) ---- *****001101010**
                    |_measResult :
                        |_rsrpResult :    ---- 0x28(40) ---- *0101000
```

13. HandoverRequired

```
S1ap-Msg : (eNode B to MME)
 |_handoverRequired :
  |_protocolIEs :
     |_mME-UE-S1AP-ID :    ---- 0x6294f48(103370568) ----
     |_eNB-UE-S1AP-ID :    ---- 0x1e2cf(123599) ----
     |_handoverType :    ---- intralte(0) ---- 0000****
     |_cause : handover-desirable-for-radio-reason(16) ----
```

|_targetID :

| |_targeteNB-ID :

| | |_global-ENB-ID :

| | | |_pLMNidentity :   ---- 0x64F000 ---- 01100100111000000000000

| | | |_eNB-ID :

| | | |_macroENB-ID :   ---- '01100000010110100111'B ----

| | |_selected-TAI :

| | |_pLMNidentity :   ---- 0x64F000 ---- 01100100111000000000000

| | |_tAC :   ---- 0x581E ---- 0101100000011110

|_source-ToTarget-TransparentContainer :

source-ToTarget-TransparentContainer :

|_intraLte :

| |_SourceeNB-ToTargeteNB-TransparentContainer :

| | |_rRC-Container :

| | | |_HandoverPreparationInformation :

| | | |_handoverPreparationInformation-r8 :

| | | |_ue-RadioAccessCapabilityInfo :

| | | |_as-Config (source cell):

| | | |_as-Context :

| | |_e-RABInformationList :

| | | |_e-RABInformationListItem :

| | | |_e-RAB-ID :   ---- 0x5(5) ---- ***00101

| | | |_dL-Forwarding :   ---- dL-Forwarding-proposed(0) ---- 0*******

| | |_targetCell-ID :

| | | |_pLMNidentity :   ---- 0x64F000 ---- 01100100111000000000000

| | | |_cell-ID :   ---- '0110000001011010011100000011'B ----

| | |_uE-HistoryInformation :

| | | |_LastVisitedCell-Item :

| | | |_e-UTRAN-Cell :

| | | |_global-Cell-ID :

| | | | |_pLMNidentity :   ---- 0x64F000 ---- 01100100111000000000000

| | | | |_cell-ID :   ---- '0110000000110110100100000001'B ----

| | | |_cellType :

```
|   |_cell-Size :     ---- medium(2) ---- ******010********
    |_time-UE-StayedInCell :    ---- 0x71(113) ---- *00000000000000001110001
```

14. rrcConnectionReconfiguration (mobilityControlInfo)

```
rrcConnectionReconfiguration-r8 :
    |_mobilityControlInfo :
    |   |_targetPhysCellId :    ---- 0x6a(106) ---- ******001101010*
    |   |_carrierFreq :
    |   |   |_dl-CarrierFreq :    ---- 0x95ce(38350) ---- 1001010111001110
    |   |_t304 :    ---- ms500(4) ---- 100*****
    |   |_newUE-Identity :    ---- '0000101000110010'B ---- ***0000101000110010*****
    |   |_radioResourceConfigCommon :
    |   |_rach-ConfigDedicated :
    |       |_ra-PreambleIndex :    ---- 0x3f(63) ---- *******111111***
    |       |_ra-PRACH-MaskIndex :    ---- 0x0(0) ---- *****0000*******
    |_radioResourceConfigDedicated :
    |   |_mac-MainConfig :
    |   |_physicalConfigDedicated :
    |_securityConfigHO :
        |_handoverType :
            |_intraLTE :
                |_securityAlgorithmConfig :
                |_keyChangeIndicator :    ---- FALSE(0) ---- 0*******
                |_nextHopChainingCount :    ---- 0x2(2) ---- *010****
```

15. eNBStatusTransfer

```
-S1ap-Msg :
  |_eNBStatusTransfer :
    |_mMME-UE-S1AP-ID :    ---- 0x1610644(23135812) ----
    |_eNB-UE-S1AP-ID :    ---- 0x37fe20(3669536) ----
    |_eNB-StatusTransfer-TransparentContainer :
        |_bearers-SubjectToStatusTransfer-Item :
            |_e-RAB-ID :    ---- 0x5(5) ---- ***00101
                |_uL-COUNTvalue :
```

```
|   |_pDCP-SN :    ---- 0x2e5(741) ----
|   |_hFN :     ---- 0x67(103) ---- 0000000001100111
|_dL-COUNTvalue :
    |_pDCP-SN :    ---- 0x704(1796) ----
    |_hFN :     ---- 0xbd(189) ---- 0000000010111101
```

16. handoverRequest

```
handoverRequest : (MME to Target eNode B)
|_mME-UE-S1AP-ID :    ---- 0x160fb20(23132960) ----
|_handoverType :    ---- intralte(0) ---- 0000****
|_cause :handover-desirable-for-radio-reason(16) ---- ****0010000*****
|_uEAggregateMaximumBitrate :
|           |_uEaggregateMaximumBitRateDL :    ---- 0xc350000(204800000) ----
|           |_uEaggregateMaximumBitRateUL :    ---- 0xc350000(204800000) ----
|_e-RABToBeSetupListHOReq :
|       |_e-RABToBeSetupItemHOReq :
|           |_e-RAB-ID :    ---- 0x5(5) ---- **00101*
|           |_transportLayerAddress :    ----
|           |_gTP-TEID :    ---- 0xCCF06F0A ----
|           |_e-RABlevelQosParameters :
|               |_qCI :    ---- 0x6(6) ---- ***0000000000110
|               |_allocationRetentionPriority :
|                   |_priorityLevel :    ---- highest(1) ---- **0001**
|                   |_pre-emptionCapability :
|                   |_pre-emptionVulnerability :    ---- pre-emptable(1)
|_source-ToTarget-TransparentContainer :
|       |_intraLte :
|           |_SourceeNB-ToTargeteNB-TransparentContainer :
|               |_rRC-Container :
|               |  |_HandoverPreparationInformation :
|               |      |_handoverPreparationInformation-r8 :
|               |          |_ue-RadioAccessCapabilityInfo :
|               |          |_as-Config :
|               |          |_as-Context :
```

```
|                |_e-RABInformationList :
|                |      |_e-RABInformationListItem :
|                |             |_e-RAB-ID :    ---- 0x5(5) ---- ***00101
|                |             |_dL-Forwarding :    ----
|                |_targetCell-ID :
|                |      |_pLMNidentity :    ---- 0x64F000 ----
|                |      |_cell-ID :    ---- '01100000010110100111000000011'B ----
|                |_uE-HistoryInformation :
|_uESecurityCapabilities :
|       |_encryptionAlgorithms :    ---- '1100000000000000'B ----
|       |_integrityProtectionAlgorithms :    ---- '1100000000000000'B ----
|_handoverRestrictionList :
|       |_servingPLMN :    ---- 0x64F000 ---- 011001001111000000000000
|_securityContext :
        |_nextHopChainingCount :    ---- 0x6(6) ---- **110***
        |_nextHopParameter :    ----
```

17. handoverRequestAcknowledge

```
S1ap-Msg :
|_handoverRequestAcknowledge : (to MME)
|_protocolIEs :
|      |_mME-UE-S1AP-ID :    ---- 0x160fb20(23132960) ----
|      |_eNB-UE-S1AP-ID :    ---- 0x1d21bb(1909179) ----
|      |_e-RABAdmittedList :
|      |      |_e-RABAdmittedItem :
|      |             |_e-RAB-ID :    ---- 0x5(5) ---- ******00101*****
|      |             |_transportLayerAddress :    ----
|      |             |_gTP-TEID :    ---- 0x000006A4 ----
|      |             |_dL-transportLayerAddress :    ----
|      |             |_dL-gTP-TEID :    ---- 0x00007CEB ----
|      |             |_uL-TransportLayerAddress :    ----
|      |             |_uL-GTP-TEID :    ---- 0x0000366E ----
|      |_target-ToSource-TransparentContainer :
|                   |_rrcConnectionReconfiguration-r8 :
```

```
                    |_mobilityControlInfo :
                    |_radioResourceConfigDedicated :
                    |   |_mac-MainConfig :
                    |   |_physicalConfigDedicated :
                    |_securityConfigHO :
                        |_handoverType :
                            |_intraLTE :
                                |_securityAlgorithmConfig :
                                |_keyChangeIndicator :     ---- FALSE(0) ---- *****0**
                                |_nextHopChainingCount :    ---- 0x6(6) ---- ******110*******
X2ap-Msg :
    |_handoverRequestAcknowledge : (to eNode B)
        |_protocolIEs :
            |_uE-X2AP-ID-OLD :     ---- 0x1c7(455) ---- 0000000111000111
            |_uE-X2AP-ID-NEW :     ---- 0x1c7(455) ---- 0000000111000111
            |_e-RABs-Admitted-List :
            |   |_e-RABs-Admitted-Item :
            |       |_e-RAB-ID :    ---- 0x5(5) ---- ****00101*******
            |       |_uL-GTP-TunnelEndpoint :
            |       |   |_transportLayerAddress :    ----
            |       |   |_gTP-TEID :    ---- 0x00007D4B ----
            |       |_dL-GTP-TunnelEndpoint :
            |           |_transportLayerAddress :    ----
            |           |_gTP-TEID :    ---- 0x00007D7C ----
            |_targeteNBtoSource-eNBTransparentContainer :
```

18.　pathSwitchRequest

```
S1ap-Msg :
    |_pathSwitchRequest :
        |_protocolIEs :
            |_eNB-UE-S1AP-ID :    ---- 0x1976(6518) ----
            |_e-RABToBeSwitchedDLList :
            |   |_e-RABToBeSwitchedDLItem :
            |       |_e-RAB-ID :    ---- 0x5(5) ---- **00101*
```

```
|         |_transportLayerAddress :   ----
|            |_gTP-TEID :    ---- 0x0000112E ----
|_mME-UE-S1AP-ID :    ---- 0x16109b8(23136696) ----
|_eUTRAN-CGI :
|         |_pLMNidentity :    ---- 0x64F000 ---- 011001001111000000000000
|         |_cell-ID :    ---- '0110000001011010011100000010'B ----
|_tAI :
|         |_pLMNidentity :    ---- 0x64F000 ---- 011001001111000000000000
|         |_tAC :    ---- 0x581E ---- 0101100000011110
|_uESecurityCapabilities :
```

19. pathSwitchRequestAcknowledge

```
S1ap-Msg :
|_successfulOutcome :
    |_pathSwitchRequestAcknowledge :
        |_mME-UE-S1AP-ID :    ---- 0x16109b8(23136696) ----
        |_eNB-UE-S1AP-ID :    ---- 0x1976(6518) ----
        |_e-RABToBeSwitchedULList :
        |     |_e-RABToBeSwitchedULItem :
        |         |_e-RAB-ID :    ---- 0x5(5) ---- **00101*
        |         |_transportLayerAddress :   ----
        |         |_gTP-TEID :    ---- 0xCCF06F0A ----
        |_securityContext :
                |_nextHopChainingCount :    ---- 0x0(0) ---- **000***
                |_nextHopParameter :    ----
```

20. rlc−Config

```
rlc-Config :
|_ul-AM-RLC :
|     |_t-PollRetransmit :    ---- ms45(8) ---- **001000
|     |_pollPDU :    ---- pInfinity(7) ---- 111*****
|     |_pollByte :    ---- kBinfinity(14) ---- ***1110*
|     |_maxRetxThreshold :    ---- t32(7) ---- *******111******
|_dl-AM-RLC :
```

　　　　|_t-Reordering：　---- ms35(7) ---- **00111*

　　　　|_t-StatusProhibit：　---- ms0(0) ---- *******000000***

21.　logicalChannelConfig

logicalChannelConfig：

　　|_ul-SpecificParameters：

　　　　|_priority：　---- 0x1(1) ---- *0000***

　　　　|_prioritisedBitRate：　---- infinity(7) ---- *****0111*******

　　　　|_bucketSizeDuration：　---- ms300(3) ---- *011****

　　　　|_logicalChannelGroup：　---- 0x0(0) ---- ****00**

22.　mac−MainConfig

mac-MainConfig：

　　|_ul-SCH-Config：

　　|　|_maxHARQ-Tx：　---- n5(4) ---- *****0100*******

　　|　|_periodicBSR-Timer：　---- sf10(1) ---- *0001***

　　|　|_retxBSR-Timer：　---- sf320(0) ---- *****000

　　|　|_ttiBundling：　---- FALSE(0) ---- 0*******

　　|_timeAlignmentTimerDedicated：　---- sf10240(6) ---- *110****

　　|_phr-Config：

　　　　|_setup：

　　　　　　|_periodicPHR-Timer：　---- sf1000(6) ---- *****110

　　　　　　|_prohibitPHR-Timer：　---- sf100(4) ---- 100*****

　　　　　　|_dl-PathlossChange：　---- dB3(1) ---- ***01***

23.　physicalConfigDedicated

physicalConfigDedicated：

　|_pdsch-ConfigDedicated：

　|　|_p-a：　---- dB-3(2) ---- 010*****

　|_pucch-ConfigDedicated：

　|　|_ackNackRepetition：

　|　|　|_release：　---- (0)

　|　|_tdd-AckNackFeedbackMode：　---- bundling(0) ---- *****0**

　|_pusch-ConfigDedicated：

| |_betaOffset-ACK-Index :   ---- 0x9(9) ---- ******1001******

| |_betaOffset-RI-Index :   ---- 0x5(5) ---- **0101**

| |_betaOffset-CQI-Index :   ---- 0xc(12) ---- ******1100******

|_uplinkPowerControlDedicated :

| |_p0-UE-PUSCH :   ---- 0x0(0) ---- ***1000*

| |_deltaMCS-Enabled :   ---- en0(0) ---- *******0

| |_accumulationEnabled :   ---- TRUE(1) ---- 1*******

| |_p0-UE-PUCCH :   ---- 0x0(0) ---- *1000***

| |_pSRS-Offset :   ---- 0x7(7) ---- *****0111*******

| |_filterCoefficient :   ---- fc6(6) ---- *00110**

|_tpc-PDCCH-ConfigPUCCH :

| |_release :   ---- (0)

|_tpc-PDCCH-ConfigPUSCH :

| |_release :   ---- (0)

|_cqi-ReportConfig :

| |_cqi-ReportModeAperiodic :   ---- rm30(3) ---- **011***

| |_nomPDSCH-RS-EPRE-Offset :   ---- 0x0(0) ---- *****001

| |_cqi-ReportPeriodic :

| |_setup :

| |_cqi-PUCCH-ResourceIndex :   ---- 0x8(8) ---- **00000001000***

| |_cqi-pmi-ConfigIndex :   ---- 0x21(33) ---- *****0000100001*

| |_cqi-FormatIndicatorPeriodic :

| | |_widebandCQI :   ---- (0)

| |_simultaneousAckNackAndCQI :   ---- FALSE(0) ---- 0*******

|_soundingRS-UL-ConfigDedicated :

| |_setup :

| |_srs-Bandwidth :   ---- bw2(2) ---- **10****

| |_srs-HoppingBandwidth :   ---- hbw0(0) ---- ****00**

| |_freqDomainPosition :   ---- 0xa(10) ---- ******01010*****

| |_duration :   ---- TRUE(1) ---- ***1****

| |_srs-ConfigIndex :   ---- 0x19(25) ---- ****0000011001**

| |_transmissionComb :   ---- 0x0(0) ---- ******0*

| |_cyclicShift :   ---- cs0(0) ---- *******000******

|_antennaInfo :

| | |_transmissionMode : ---- tm2(1) ---- ****001*
| | |_ue-TransmitAntennaSelection :
| | |_release : ---- (0)
| |_schedulingRequestConfig :
| |_setup :
| |_sr-PUCCH-ResourceIndex : ---- 0x5(5) ---- *00000000101****
| |_sr-ConfigIndex : ---- 0x7(7) ---- ****00000111****
| |_dsr-TransMax : ---- n64(4) ---- ****100*

24. MasterInformationBlock

MasterInformationBlock :
  |_dl-Bandwidth : ---- n100(5) ---- ****101*
  |_phich-Config :
  |_phich-Duration : ---- normal(0) ---- *******0
  |_phich-Resource : ---- one(2) ---- 10******
  |_systemFrameNumber : ---- '00000000'B ---- **00000000******
  |_spare : ---- '0000000000'B ---- **0000000000****

25. SystemInformationBlockType1

SystemInformationBlockType1 :
  |_cellAccessRelatedInfo :
  | |_plmn-IdentityList :
  | | |_PLMN-IdentityInfo :
  | | |_plmn-Identity :
  | | | |_mcc :
  | | | | |_MCC-MNC-Digit : ---- 0x4(4) ---- ****0100
  | | | | |_MCC-MNC-Digit : ---- 0x6(6) ---- 0110****
  | | | | |_MCC-MNC-Digit : ---- 0x0(0) ---- ****0000
  | | | |_mnc :
  | | | |_MCC-MNC-Digit : ---- 0x0(0) ---- *0000***
  | | | |_MCC-MNC-Digit : ---- 0x0(0) ----
  | | |_cellReservedForOperatorUse : ---- notReserved(1)
  | |_trackingAreaCode : ---- '0101100000011110'B ----
  | |_cellIdentity : ---- '0110000000110110100100000001'B ----

| |_cellBarred :   ---- notBarred(1) ---- ******1*

| |_intraFreqReselection :   ---- allowed(0) ---- *******0

| |_csg-Indication :   ---- FALSE(0) ---- 0*******

|_cellSelectionInfo :

| |_q-RxLevMin :   ---- -64(-64) ---- **000110

|_p-Max :   ---- 0x17(23) ---- 110101**

|_freqBandIndicator :   ---- 0x28(40) ---- ******100111****

|_schedulingInfoList :

| |_SchedulingInfo :

| | |_si-Periodicity :   ---- rf16(1) ---- *001****

| | |_sib-MappingInfo :

| | |_SIB-Type :   ---- sibType3(0) ---- *00000**

| |_SchedulingInfo :

| | |_si-Periodicity :   ---- rf32(2) ---- ******010*******

| | |_sib-MappingInfo :

| | |_SIB-Type :   ---- sibType5(2) ---- ******00010*****

| |_SchedulingInfo :

| |_si-Periodicity :   ---- rf64(3) ---- ***011**

| |_sib-MappingInfo :

| |_SIB-Type :   ---- sibType7(4) ---- ***00100

|_tdd-Config :

| |_subframeAssignment :   ---- sa2(2) ---- 010*****

| |_specialSubframePatterns :   ---- ssp7(7) ---- ***0111*

|_si-WindowLength :   ---- ms40(6) ---- *******110******

|_systemInfoValueTag :   ---- 0x17(23) ---- **10111*

26. SystemInformationBlockType2

SystemInformationBlockType2 :

|_radioResourceConfigCommon :

|_ue-TimersAndConstants :

| |_t300 :   ---- ms1000(5) ---- *******101******

| |_t301 :   ---- ms600(4) ---- **100***

| |_t310 :   ---- ms1000(5) ---- *****101

| |_n310 :   ---- n20(7) ---- 111*****

```
|    |_t311 :    ---- ms1000(0) ---- ***000**
|    |_n311 :    ---- n1(0) ---- ******000*******
|_freqInfo :
|    |_additionalSpectrumEmission :    ---- 0x1(1) ---- ***00000
|_timeAlignmentTimerCommon :    ---- sf10240(6) ---- 110*****
```

27. as-Config

```
as-Config :
  |_MeasConfig :
  |_RadioResourceConfig :
  |_SecurityAlgorithmConfig :
  |_UE-Identity :    ---- '0000110001110111'B ----
  |_MasterInformationBlock :
  |_SystemInformationBlockType1 :
  |_SystemInformationBlockType2 :
  |_antennaInfoCommon :
  |    |_antennaPortsCount :    ---- an2(1) ---- ***01***
  |_Dl-CarrierFreq :    ---- 0x9952(39250) ----
```

28. as-Context

```
as-Context :
|_reestablishmentInfo :
    |_sourcePhysCellId :    --- 0xc(12) ---- 000001100*******
    |_targetCellShortMAC-I :    ---- '0111110011110011'B ----
    |_additionalReestabInfoList :
        |_AdditionalReestabInfo :
        |    |_cellIdentity :    ---- '01100000010110100011100000101'B
        |    |_key-eNode B-Star :    ----
        |    |_shortMAC-I :    ---- '1010001110001100'B ----
        |_AdditionalReestabInfo :
        |    |_cellIdentity :    ---- '01100000010110100011100000010'B
        |    |_key-eNode B-Star :    ----
        |    |_shortMAC-I :    ---- '0100110100101000'B ----
        |_AdditionalReestabInfo :
```

　　|_cellIdentity：　---- '0110000001011010011100000001'B

　　|_key-eNode B-Star：　----

　　|_shortMAC-I：　---- '1101010110011110'B ----

29. radioResourceConfigCommon

radioResourceConfigCommon：

　|_rach-ConfigCommon：

　|　|_preambleInfo：

　|　|　|_numberOfRA-Preambles：　---- n52(12) ---- *******1100*****

　|　|　|_preamblesGroupAConfig：

　|　|　　|_sizeOfRA-PreamblesGroupA：　---- n28(6) ---- ****0110

　|　|　　|_messageSizeGroupA：　---- b56(0) ---- 00******

　|　|　　|_messagePowerOffsetGroupB：　---- dB10(4) ---- **100***

　|　|_powerRampingParameters：

　|　|　|_powerRampingStep：　---- dB4(2) ---- *****10*

　|　|　|_preambleInitialReceivedTargetPower：　---- dBm-100(10) ----

　|　|_ra-SupervisionInfo：

　|　|　|_preambleTransMax：　---- n10(6) ---- ***0110*

　|　|　|_ra-ResponseWindowSize：　---- sf10(7) ---- *******111******

　|　|　|_mac-ContentionResolutionTimer：　---- sf64(7) ---- **111***

　|　|_maxHARQ-Msg3Tx：　---- 0x5(5) ---- *****100

　|_prach-Config：

　|　|_rootSequenceIndex：　---- 0x0(0) ---- *0000000000*****

　|　|_prach-ConfigInfo：

　|　　|_prach-ConfigIndex：　---- 0x35(53) ---- ***110101*******

　|　　|_highSpeedFlag：　---- FALSE(0) ---- *0******

　|　　|_zeroCorrelationZoneConfig：　---- 0x6(6) ---- **0110**

　|　　|_prach-FreqOffset：　---- 0x8(8) ---- ******0001000***

　|_pdsch-ConfigCommon：

　|　|_referenceSignalPower：　---- 0xd(13) ---- *****1001001****

　|_p-b：　---- 0x1(1) ---- ****01**

　|_pusch-ConfigCommon：

　|　|_pusch-ConfigBasic：

　|　|　|_n-SB：　---- 0x4(4) ---- ******11

| | |_hoppingMode：　---- interSubFrame(0) ---- 0*******

| | |_pusch-HoppingOffset：　---- 0x19(25) ---- *0011001

| | |_enable64QAM：　---- TRUE(1) ---- 1*******

| |_ul-ReferenceSignalsPUSCH：

| 　　|_groupHoppingEnabled：　---- FALSE(0) ---- *0******

| 　　|_groupAssignmentPUSCH：　---- 0x0(0) ---- **00000*

| 　　|_sequenceHoppingEnabled：　---- FALSE(0) ---- *******0

| 　　|_cyclicShift：　---- 0x0(0) ---- 000*****

|_pucch-ConfigCommon：

| |_deltaPUCCH-Shift：　---- ds1(0) ---- ***00***

| |_nRB-CQI：　---- 0x4(4) ---- *****0000100****

| |_nCS-AN：　---- 0x0(0) ---- ****000*

| |_n1PUCCH-AN：　---- 0xa(10) ---- *******00000001010******

|_soundingRS-UL-ConfigCommon：

| |_setup：

| 　　|_srs-BandwidthConfig：　---- bw2(2) ---- ****010*

| 　　|_srs-SubframeConfig：　---- sc0(0) ---- *******0000*****

| 　　|_ackNackSRS-SimultaneousTransmission：　---- TRUE(1) ---- ***1****

| 　　|_srs-MaxUpPts：　---- true(0)

|_uplinkPowerControlCommon：

| |_p0-NominalPUSCH：　---- -87(-87) ---- ****00100111****

| |_alpha：　---- al07(4) ---- ****100*

| |_p0-NominalPUCCH：　---- -105(-105) ---- *******10110****

| |_deltaFList-PUCCH：

| | |_deltaF-PUCCH-Format1：　---- deltaF0(1) ---- ****01**

| | |_deltaF-PUCCH-Format1b：　---- deltaF3(1) ---- ******01

| | |_deltaF-PUCCH-Format2：　---- deltaF1(2) ---- 10******

| | |_deltaF-PUCCH-Format2a：　---- deltaF2(2) ---- **10****

| | |_deltaF-PUCCH-Format2b：　---- deltaF2(2) ---- ****10**

| |_deltaPreambleMsg3：　---- 0x6(6) ---- ******111*******

|_p-Max：　---- 0x17(23) ---- *110101*

|_tdd-Config：

| |_subframeAssignment：　---- sa2(2) ---- *******010******

| |_specialSubframePatterns：　---- ssp6(6) ---- **0110**

|_ul-CyclicPrefixLength： ---- len1(0) ---- ******0*

30. securityAlgorithmConfig

securityAlgorithmConfig：

    |_cipheringAlgorithm： ---- eea1(1) ---- 0001****

    |_integrityProtAlgorithm： ---- eia1(1) ---- ****0001

31. Extended service request(CSFB)

ServiceType: (0)mobile originating CS fallback or 1xCS fallback

TSC: (0)native security context (for KSI_ASME)

NAS_Key_Set_Identifer: (5)possible values for the NAS key set identifier

M_TMSI：

        Odd_Even_Indic: (4)even number of identity digits and also when the TMSI/P-TMSI or TMGI

        and optional MBMS Session Identity is used

Type_Of_Identity: (4)TMSI/P-TMSI/M-TMSI

32. rrcConnectionRelease-r8 (CSFB)

releaseCause: other

redirectedCarrierInfo

  geran

    startingARFCN: 512

    bandIndicator: dcs1800

    followingARFCNs

    explicitListOfARFCNs

    ARFCN-ValueGERAN: 636

    ARFCN-ValueGERAN: 91

33. IMS_SIP_Invite (VoLTE)

dir: Uplink

Invite tel:15224025076;phone-context=ims.mnc002.mcc460.3gppnetwork.org SIP 2.0

f: <tel:+8615224023212>;;tag=136125887

t: <tel:15224025076;phone-context=ims.mnc002.mcc460.3gppnetwork.org>;

CSeq: 136125876 Invite

i: 136125876_2328608856@2409:8805:8301:71dc:9543:cecb:80d7:aeea

v: SIP 2.0 TCP [2409:8805:8301:71dc:9543:cecb:80d7:aeea]:8905;branch=z9hG4bK4265378382

Max-Forwards: 70

m: <sip:+8615224023212@[2409:8805:8301:71dc:9543:cecb:80d7:aeea]:8905;user=phone>;;

+g.3gpp.icsi-ref="urn%3Aurn-7%3A3gpp-service.ims.icsi.mmtel";video;

+g.3gpp.mid-call;+g.3gpp.srvcc-alerting;+g.3gpp.ps2cs-srvcc-orig-pre-alerting

Route: <sip:[2409:8015:8029:13:ffff::1]:9900;lr>;

P-Access-Network-Info: 3GPP-E-UTRAN-TDD; utran-cell-id-3gpp=460005812B8DEE01

Security-Verify:

ipsec-3gpp;alg=hmac-md5-96;prot=esp;mod=trans;ealg=aes-cbc;spi-c=2890320772;

spi-s=3740923568;port-c=9951;port-s=9900

Proxy-Require: sec-agree

Require: sec-agree

P-Preferred-Identity: <tel:+8615224023212>;

Allow: Invite,ACK,CANCEL,BYE,UPDATE,PRACK,MESSAGE,REFER,NOTIFY,INFO

c: application sdp

Accept: application sdp,application 3gpp-ims+xml

P-Preferred-Service: urn:urn-7:3gpp-service.ims.icsi.mmtel

a: *;+g.3gpp.icsi-ref="urn%3Aurn-7%3A3gpp-service.ims.icsi.mmtel"

k: 100rel,replaces,precondition,histinfo

P-Early-Media: supported

l: 623

Content

v=0

o=root 1093 1000 IN IP6 2409:8805:8301:71dc:9543:cecb:80d7:aeea

s=QC VOIP

c=IN IP6 2409:8805:8301:71dc:9543:cecb:80d7:aeea

t=0 0

m=audio 50010 RTP AVP 104 102 105 100

b=AS:49

b=RS:600

b=RR:2000

a=rtpmap:104 AMR-WB 16000 1

a=fmtp:104 mode-change-capability=2;max-red=0

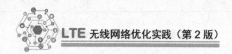

a=rtpmap:102 AMR 8000 1

a=fmtp:102 mode-change-capability=2;max-red=0

a=rtpmap:105 telephone-event 16000 1

a=fmtp:105 0-15

a=rtpmap:100 telephone-event 8000 1

a=fmtp:100 0-15

a=curr:qos local none

a=curr:qos remote none

a=des:qos mandatory local sendrecv

a=des:qos optional remote sendrecv

a=sendrecv

a=maxptime:240

a=ptime:20

Content

34. Activate dedicated EPS bearer context request (VoLTE)

dir: DOWNLINK

    EPSBearerIdentity: 7

    ProcedureTransactionIdentity: 0

    ACTIVATE_DEDICATED_EPS_BEARER_CONTEXT_REQUEST

Linked_EPS_bear_identity: 6

EPS_QoS

    QCI: (1)QCI 1

    MaxBitRate_UL: (52)Kbps

    MaxBitRate_DL: (52)Kbps

    GuaranteedBitRate_UL: (52)Kbps

    GuaranteedBitRate_DL: (52)Kbps

TFT

    TFTOperationCode: (0)Spare

    Ebit: (2)parameters list is not included

    Number_of_packet_filters: 4

Transation_identifier

    TIFlag: (0)The message is sent from the side that originates the TI

    TIO: (2)TI value 2

    TIE: (48)The TI value is the binary representation of TIE

Negotiated_QoS

    DelayClass: (1)Delay class 1

    ReliabityClass: (4)Unacknowledged GTP, LLC, and RLC, Protected data

    PeakThroughput: (3)Up to 4 000 octet/s

    PrecedenceClass: (1)High priority

    MeanThroughput: (31)Best effort

    TrafficClass: (1)Conversational class

    DeliveryOrder: (2)Without delivery order ('no')

    DeliveryOfErroneousSDU: (1)No detect ('-')

    MaximumSDUSize: (150)Reserved

    MaximumBitRateForUplink: (52)kbps

    MaximumBitRateForDownlink: (52)kbps

    ResidualBER: 7

    SDUErrorRatio: 1

    TransferDelay: 10

    TrafficHandlingPriority: (3)Priority level 3

    GuaranteedBitRate_UL: (52)kbps

    GuaranteedBitRate_DL: (52)kbps

    SignallingIndication: (0)Not optimised for signalling traffic

    SourceStatisticsDescriptor: (1)speech

    MaxBitRate_DL_Ex: (0)Mbps

    GuaranteedBitRate_DL_Ex: (0)Mbps

    MaxBitRate_UL_Ex: (0)Mbps

    GuaranteedBitRate_UL_Ex: (0)Mbps

Negotiated_LLC_SAPI

    LLC_SAPI_Value: (9)SAPI 9

Radio_priority: 655618

Packet_flow_identifier

    PacketFlowIdentifierValue: (10)dynamically assigned

35. 183 Session Progress (VoLTE)

dir: Downlink

Via: SIP 2.0 TCP

    [2409:8805:8301:71DC:9543:CECB:80D7:AEEA]:8905;branch=z9hG4bK4265378382

Record-Route:

        \<sip:[2409:8015:8029:0013:FFFF:0000:0000:0001]:9900;transport=tcp;lr;Hpt=

        8ea2_116;CxtId=3;

        TRC=ffffffff-ffffffff;X-HwB2bUaCookie=19025\>;

Call-ID: 136125876_2328608856@2409:8805:8301:71dc:9543:cecb:80d7:aeea

From: \<tel:+8615224023212\>;;tag=136125887

To: \<tel:15224025076;phone-context=ims.mnc002.mcc460.3gppnetwork.org\>;;tag=bcdarjct

CSeq: 136125876 Invite

Allow:

        Invite,UPDATE,BYE,PRACK,INFO,OPTIONS,CANCEL,SUBSCRIBE,ACK,REF

ER,NOTIFY,

        REGISTER,PUBLISH,MESSAGE

Contact:

        \<sip:[2409:8015:8029:0013:FFFF:0000:0000:0001]:9900;Hpt=8ea2_16;CxtId=3;TRC=fffff

fff-ffffffff\>;;

        video;+g.3gpp.icsi-ref="urn%3Aurn-7%3A3gpp-service.ims.icsi.mmtel"

Require: precondition,100rel

RSeq: 1

P-Early-Media: gated

P-Access-Network-Info:

        3GPP-E-UTRAN;utran-cell-id-3gpp=460005812B8DEE01;sbc-domain=SBC3.0571.zj.chin

amobile.com;

        ue-ip=[2409:8805:82F1:D9C:3435:EFAE:E80:4963];ue-port=8012;network-provided

Feature-Caps: *;+g.3gpp.srvcc;+g.3gpp.mid-call;+g.3gpp.srvcc-alerting

Content-Length: 522

Content-Type: application sdp

Content

v=0

o=- 19982689 19982689 IN IP6 2409:8015:8029:0013:FFFF:0000:0000:0023

s=SBC call

c=IN IP6 2409:8015:8029:0013:FFFF:0000:0000:0023

t=0 0

m=audio 17356 RTP AVP 104 105

b=AS:49

b=RS:600

b=RR:2000

a=rtpmap:104 AMR-WB 16000 1

a=fmtp:104 mode-change-capability=2;max-red=0

a=curr:qos local none

a=curr:qos remote none

a=des:qos mandatory local sendrecv

a=des:qos mandatory remote sendrecv

a=conf:qos remote sendrecv

a=sendrecv

a=maxptime:240

a=ptime:20

a=rtpmap:105 telephone-event 16000

a=fmtp:105 0-15

Content

36. PRACK (VoLTE)

dir: Uplink

PRACK sip:[2409:8015:8029:0013:FFFF:0000:0000:0001]:9900;Hpt=8ea2_16;

CxtId=3;TRC=ffffffff-ffffffff SIP 2.0

i: 136125876_2328608856@2409:8805:8301:71dc:9543:cecb:80d7:aeea

f: <tel:+8615224023212>;;tag=136125887

t: <tel:15224025076;phone-context=ims.mnc002.mcc460.3gppnetwork.org>;;tag=bcdarjct

CSeq: 136125877 PRACK

P-Access-Network-Info: 3GPP-E-UTRAN-TDD; utran-cell-id-3gpp=460005812B8DEE01

Feature-Caps: *;+g.3gpp.srvcc;+g.3gpp.mid-call;+g.3gpp.srvcc-alerting

l: 0

v: SIP 2.0 TCP[2409:8805:8301:71dc:9543:cecb:80d7:aeea]:8905;branch=z9hG4bK12157105

Max-Forwards: 70

Security-Verify:

ipsec-3gpp;alg=hmac-md5-96;prot=esp;mod=trans;ealg=aes-cbc;spi-c=2890320772;

spi-s=3740923568;port-c=9951;port-s=9900

RAck: 1 136125876 Invite

Route: <sip:[2409:8015:8029:0013:FFFF:0000:0000:0001]:9900;transport=tcp;lr;

Hpt=8ea2_116;CxtId=3;TRC=ffffffff-ffffffff;X-HwB2bUaCookie=19025>;

Proxy-Require: sec-agree

Require: sec-agree

Content

37. UPDATE (VoLTE)

dir: Uplink

UPDATE sip:[2409:8015:8029:0013:FFFF:0000:0000:0001]:9900;Hpt=8ea2_16;
       CxtId=3;TRC=ffffffff-ffffffff SIP 2.0

i: 136125876_2328608856@2409:8805:8301:71dc:9543:cecb:80d7:aeea

f: <tel:+8615224023212>;;tag=136125887

t: <tel:15224025076;phone-context=ims.mnc002.mcc460.3gppnetwork.org>;;tag=bcdarjct

CSeq: 136125878 UPDATE

P-Access-Network-Info: 3GPP-E-UTRAN-TDD; utran-cell-id-3gpp=460005812B8DEE01

l: 494

m: <sip:+8615224023212@[2409:8805:8301:71dc:9543:cecb:80d7:aeea]:8905;
    user=phone>;;+g.3gpp.icsi-ref="urn%3Aurn-7%3A3gpp-service.ims.icsi.mmtel";video

v: SIP 2.0 TCP [2409:8805:8301:71dc:9543:cecb:80d7:aeea]:8905;branch=z9hG4bK1484783980

Max-Forwards: 70

Security-Verify: ipsec-3gpp;alg=hmac-md5-96;prot=esp;mod=trans;ealg=aes-cbc;
        spi-c=2890320772;spi-s=3740923568;port-c=9951;port-s=9900

Route: <sip:[2409:8015:8029:0013:FFFF:0000:0000:0001]:9900;transport=tcp;lr;
    Hpt=8ea2_116;CxtId=3;TRC=ffffffff-ffffffff;X-HwB2bUaCookie=19025>;

Allow: Invite,ACK,CANCEL,BYE,UPDATE,PRACK,MESSAGE,REFER,NOTIFY,INFO

c: application sdp

Require: sec-agree,precondition

Proxy-Require: sec-agree

Content

v=0

o=root 1093 1001 IN IP6 2409:8805:8301:71dc:9543:cecb:80d7:aeea

s=QC VOIP

c=IN IP6 2409:8805:8301:71dc:9543:cecb:80d7:aeea

t=0 0

m=audio 50010 RTP AVP 104 105

b=AS:49

b=RS:600

b=RR:2000

a=rtpmap:104 AMR-WB 16000 1

a=fmtp:104 mode-change-capability=2;max-red=0

a=rtpmap:105 telephone-event 16000 1

a=fmtp:105 0-15

a=curr:qos local sendrecv

a=curr:qos remote none

a=des:qos mandatory local sendrecv

a=des:qos mandatory remote sendrecv

a=sendrecv

a=maxptime:240

a=ptime:20

Content

38.　Mobility From EUTRA Command (SRVCC)

mobilityFromEUTRACommand-r8

cs-FallbackIndicator: false

handover

targetRAT-Type: geran

targetRAT-MessageContainer:

062B225609504B2605D86200000000000000000000020000 008000632172010390

nas-SecurityParamFromEUTRA: 0E

bandIndicator: dcs1800

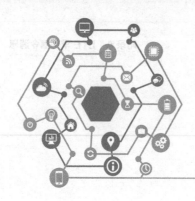

英文缩写	英文全称	中文含义
16QAM	16 Quadrature Amplitude Modulation	16 正交幅度调制
64QAM	64 Quadrature Amplitude Modulation	64 正交幅度调制
AAA	Answer-Auth-Answer	应答鉴权响应
AAR	Answer-Auth-Request	应答鉴权请求
ACK/NACK	Acknowledgement/Not-acknowledgement	确认/非确认
AKA	Authentication and Key Agreement	鉴权和密钥协商
AM	Acknowledged Mode	确认模式
AMBR	Aggregate Maximum Bit Rate	聚合最大比特率
AMC	Adaptive Modulation and Coding	自适应调制编码
ANR	Automatic Neighbor Relation	自动化邻区关系
APN	Access Point Name	接入点名称
ARP	Allocation and Retention Priority	接入保持优先级
ARQ	Automatic Repeat reQuest	自动重传请求
ATCF	Access Transfer Control Function	接入切换控制功能
ATGW	Access Transfer Gateway	接入切换网关
AUTN	Authentication Token	鉴权令牌
BGCF	Breakout Gateway Control Function	出口网关控制功能
CFI	Control Format Indicator	控制格式指示
CINR	Carrier-to-Interference and Noise Ratio	载干噪比
CK	Ciphering Key	加密秘钥
CoMP	Coordinated Multiple Point	协作多点处理
CP	Cyclic Prefix	循环前缀
CQI	Channel Quality Indication	信道质量指示
C-RAN	Cloud-Radio Access Network	云无线接入网
C-RNTI	Cell-Radio Network Temporary Identifier	小区无线网络临时标识
CSFB	Circuit Switch Fall Back	电路域回落
DCI	Downlink Control Information	下行控制信息
DFT	Discrete Fourier Transform	离散傅里叶变换
DL-SCH	Downlink - Shared CHannel	下行共享信道

英文缩写	英文全称	中文含义
DMRS	DeModulation Reference Signal	解调参考信号
DNS	Domain Name Server	域名服务器
DRA	Diameter Relay Agent	Diameter 信令转接代理
DRB	Dedicated Radio Bearer	专用无线承载
DRS	Dedicated Reference Signal	专用参考信号
DwPTS	Downlink Pilot TimeSlot	下行导频时隙
EARFCN	E-UTRA Absolute Radio Frequency Channel Number	E-UTRA 绝对无线频率信道号
EIRP	Equivalent Isotropic Radiated Power	等效全向辐射功率
EMM	EPS Mobility Management	EPS 移动管理
eNode B	Evolved NodeB	演进的 NodeB
EPC	Evolved Packet Core	演进型分组核心网
EPRE	Energy Per Resource Element	每 RE 能量
EPS	Evolved Packet System	演进型分组系统
E-RAB	EPS Radio Access Bearer	EPS 无线接入承载
ESM	EPS Session Management	EPS 会话管理
eSRVCC	Enhanced Single Radio Voice Call Continuity	增强的双模单待无线语音呼叫连续性
E-UTRAN	Evolved Universal Terrestrial Radio Access Network	演进的通用陆地无线接入网络
FFR	Fractional Frequency Reuse	部分频率复用
FFT	Fast Fourier Transform	快速傅里叶变换
FSTD	Frequency Switched Transmit Diversity	频率切换发射分集
GBR	Guaranteed Bit Rate	保证比特率
GP	Guard Period	保护间隔
GUTI	Globally Unique Temporary Identity	全球唯一临时标识
HSS	Home Subscriber Server	归属签约用户服务器
IAM	Initial Address Message	初始地址消息
ICI	Inter Carriers Interference	载波间干扰
ICIC	Inter-cell interference coordination	小区间干扰协调
I-CSCF	Interrogating-Call Session Control Function	查询呼叫会话控制功能
iFC	initial Filter Criteria	初始过滤规则
IFFT	Inverse Fast Fourier Transform	快速傅里叶反变换
IK	Integrity Key	完整性保护秘钥
IM-MGW	IP Multimedia-Media Gateway	IP 多媒体媒体网关
IMPI	IP Multimedia Private Identity	IP 多媒体私有标识

LTE 无线网络优化实践（第 2 版）

英文缩写	英文全称	中文含义
IMPU	IP Multimedia Public Identity	IP 多媒体公有标识
IMS	IP Multimedia Subsystem	IP 多媒体子系统
IoT	Interference over Thermal noise	干噪比
IR	Incremental Redundancy	增量冗余
IRC	Interference rejection combining	干扰抑制合并
ISI	Inter Symbol Interference	符号间干扰
LTE	Long Term Evolution	长期演进
MBMS	Multimedia Broadcast Multicast Service	多媒体广播多播业务
MBSFN	Multicast/Broadcast Singal Frequency Network	多播/广播单频网
MCS	Modulation and Coding Scheme	调制编码方式
MIMO	Multi Input Multi Output	多输入多输出
MME	Mobility Management Entity	移动管理实体
MSISDN	Mobile Subscriber International ISDN/PSTN number	移动用户号码
MU-MIMO	Multi User - MIMO	多用户 MIMO
NAS	Non Access Stratum	非接入层
NFC	Near Field Communication	近距离无线通信
OFDM	Orthogonal Frequency Division Multiplexing	正交频分复用
OFDMA	Orthogonal Frequency Division Multiple Access	正交频分多址
PAPR	Peak to Average Power Ratio	峰均比
PBCH	Physical Broadcast CHannel	物理广播信道
PCC	Policy Charging Control	策略计费控制
PCC	Primary Component Carrier	主载波
Pcell	Primary Cell	主小区
PCFICH	Physical Control Format Indication CHannel	物理控制格式指示信道
PCH	Paging CHannel	寻呼信道
PCRF	Policy and Charging Control Function	策略及计费控制功能
P-CSCF	Proxy-Call Session Control Function	代理呼叫会话控制功能
PDCCH	Physical Downlink Control CHannel	物理下行控制信道
PDCP	Packet Data Convergence Protocol	分组数据汇聚协议
PDN-GW	Packet Data Network - Gateway	PDN 网关
PDP	Packet Data Protocol	分组数据协议
PDSCH	Physical Downlink Shared CHannel	物理下行共享信道
PF	Paging Frame	寻呼帧
P-GW	Packet Data Network Gateway	分组数据网网关

英文缩写	英文全称	中文含义
PHICH	Physical Hybrid ARQ Indicator CHannel	物理 HARQ 指示信道
PHY	Physical Layer	物理层
PMI	Precoding Matrix Indication	预编码矩阵指示
PO	Paging Occasion	寻呼时刻
PRACH	Physical Random Access CHannel	物理随机接入信道
PRB	Physical Resource Block	物理资源块
PSS	Primary Synchronization Signal	主同步信号
PUCCH	Physical Uplink Control CHannel	物理上行控制信道
PUSCH	Physical Uplink Shared CHannel	物理上行共享信道
QCI	QoS Class Identifier	QoS 类别标识
QoS	Quality of Service	业务质量
QPSK	Quadrature Phase Shift Keying	四相相移键控
RA	Random Access	随机接入
RACH	Random Access Channel	随机接入信道
RBG	Resource Block Group	资源块组
REG	Resource Element Group	资源粒子组
RI	Rank Indication	秩指示
RNTI	Radio Network Temporary Identity	无线网络临时识别符
RNTP	Relative Narrowband TX Power	相对窄带发射功率
RoHC	Robust Header Compression	包头压缩
RS	Reference Signal	参考信号
RSRP	Reference Signal Received Power	参考信号接收功率
RSRQ	Reference Signal Received Quality	参考信号接收质量
RSSI	Received Signal Strength Indicator	接收信号强度指示
SAE	System Architecture Evolution	系统结构演进
SBC	Session Border Controller	会话边界控制器
SCC	Secondary Component Carrier	辅载波
Scell	Secondary Cell	辅小区
SCC AS	Service Centralization and Continuity Application Server	业务集中及连续性应用服务器
SC-FDMA	Single Carrier-Frequency Division Multiple Access	单载波频分多址
S-CSCF	Serving-Call Session Control Function	服务呼叫会话控制功能
SDP	Session Description Protocol	会话描述协议
SFBC	Space Frequency Block Coding	空频块编码
SFN	System Frame Number	系统帧号

英文缩写	英文全称	中文含义
SFR	Soft Frequency Reuse	软频率复用
SGSN	Serving GPRS Support Node	服务 GPRS 支持节点
S-GW	Serving Gateway	服务网关
SI	System Information	系统信息
SIB	System Information Block	系统消息块
SINR	Signal-to-Interference and Noise Ratio	信干噪比
SIP	Session Initiation Protocol	会话初始协议
SI-RNTI	System Information-Radio Network Temporary Identifier	系统消息无线网络临时标识
SON	Self Organization Network	自组织网络
SPS	Semi-Persisting Scheduling	半持续调度
SR	Scheduling Request	调度请求
SRB	Signaling Radio Bearer	信令无线承载
SRI	Scheduling Request Indication	调度请求指示
SRS	Sounding Reference Signal	探测参考信号
SS	Synchronization Signal	同步信号
SSS	Secondary Synchronization Signal	辅同步信号
STC	Space Time Coding	空时编码
SU-MIMO	Single User - MIMO	单用户 MIMO
TAC	Tracking Area Code	跟踪区码
TAI	Tracking Area Identity	跟踪区标识
TAS	Telephony Application Server	电话业务应用服务器
TB	Transport Block	传输块
TBS	Transport Block Size	传输块大小
TDD	Time Division Duplex	时分双工
TEID	Tunnel Endpoint Identifier	隧道端点标识
TF	Transport Format	传输格式
TFT	Traffic Flow Template	业务流模板
TM	Transparent Mode	透明模式
TM	Transmission Mode	发射模式
TSTD	Time Switched Transmit Diversity	时间切换发射分集
TTI	Transmission Time Interval	发送时间间隔
UAR	User-Authorization-Request	用户授权请求
UDA	User-Data-Answer	用户数据响应
UDP	User Datagram Protocol	用户数据报协议

英文缩写	英文全称	中文含义
UM	Unacknowledged Mode	非确认模式
UpPTS	Uplink Pilot Time Slot	上行导频时隙
URI	Uniform Resource Identifier	统一资源标识符
VoLTE	Voice over LTE	基于 IMS 的多媒体语音业务
VP	Video Phone	视频电话
VRB	Virtual Resource Block	虚拟资源块
XRES	Expected Response	预期回应
ZC	Zadoff-Chu	一种正交序列

[1]3GPP TS 36.104.E-UTRA: Base Station (BS) radio transmission and reception.

[2]3GPP TS 36.331.E-UTRA: Radio Resource Control (RRC); Protocol specification.

[3]3GPP TS 36.413.S1 Application Protocol (S1AP).

[4]3GPP TS 36.304.User Equipment (UE) procedures in idle mode.

[5]沈嘉，索士强，等.3GPP 长期演进技术原理与系统设计. 北京：人民邮电出版社，2008.

[6]（意）Stefania Sesia，等著. LTE-UMTS 长期演进理论与实践. 马霓，等译. 北京：人民邮电出版社，2009.

[7]李晓莺.FDD 与 TDD 完美融合构建面向未来的优质 LTE 网络，人民邮电报，2013.

[8]黄韬，等. LTE/SAE 移动通信技术网络技术. 北京：人民邮电出版社，2009.

[9]（芬）Harri Holma，等著. UMTS 中的 LTE：基于 OFDMA 和 SC-FDMA 的无线接入. 郎为民，等译. 北京：机械工业出版社，2010.

[10]张建国.TD-LTE 覆盖距离分析，移动通信，2011 年第 10 期.

[11]张新程，等.LTE 空中接口技术与性能. 北京：人民邮电出版社，2009.

[12]王振世 编著，LTE 轻松进阶，电子工业出版社，2012.

[13]江林华，LTE 语音业务及 VoLTE 技术详解，电子工业出版社，2016.